"十三五"职业教育国家规划教材

应用型人才培养"十三五"规划教材

房屋建筑构造与识图

◎ 谭晓燕　主编

化学工业出版社

·北京·

本书分为建筑认知、建筑施工图准备知识、建筑施工图识读和建筑构造认知四个部分。为了便于教学，每章开始设有能力目标和知识目标，根据培养和提高应用能力的需要，每章后面附有小结和拓展训练，立足实用，强化能力，注重实践。本书着重对方法的理解和理论的运用；以实际建筑工程施工图为例，密切联系实际工程，做到图文并茂、深入浅出，注重实践能力和职业能力的训练。

本书可作为应用型本科学校、高职高专、成人高校及民办高校的建筑工程技术、工程监理等土建施工类专业和工程造价、房地产经营与管理、物业管理等相关专业的教材，亦可作为相关专业技术人员、企业管理人员业务知识学习培训用书。

图书在版编目（CIP）数据

房屋建筑构造与识图/谭晓燕主编. —北京：化学工业出版社，2018.8（2023.7重印）
ISBN 978-7-122-32537-2

Ⅰ.①房…　Ⅱ.①谭…　Ⅲ.①房屋结构②建筑制图-识图　Ⅳ.①TU22②TU204.21

中国版本图书馆CIP数据核字（2018）第145358号

责任编辑：李仙华　　　　　　　　　　　　　　文字编辑：向　东
责任校对：吴　静　　　　　　　　　　　　　　装帧设计：张　辉

出版发行：化学工业出版社（北京市东城区青年湖南街13号　邮政编码100011）
印　　装：北京科印技术咨询服务有限公司数码印刷分部
787mm×1092mm　1/16　印张16¾　字数406千字　2023年7月北京第1版第10次印刷

购书咨询：010-64518888　　售后服务：010-64518899
网　　址：http://www.cip.com.cn
凡购买本书，如有缺损质量问题，本社销售中心负责调换。

定　　价：45.00元

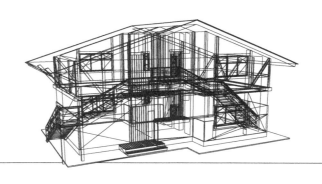

前言

　　《房屋建筑构造与识图》是建筑工程类相关专业的一门重要基础课，不仅有系统理论知识，更有较强的实践综合性和工程应用性。本书根据建筑行业的员证职业岗位技能要求，以实际工程的施工图纸分析建筑施工图的读图方法和技巧，强化建筑构造方案的认知，提升建筑方案的识图技能。本书为"十三五"职业教育国家规划教材。

　　本书结合目前建筑上应用的新材料、新技术、新工艺，按照最新的国家标准规范，重点分析了一般民用建筑的建筑读图和建筑构造方案。全书共分四个模块12个任务：模块一建筑认知；模块二建筑施工图准备知识；模块三建筑施工图识读；模块四建筑构造认知。本书重点分析了建筑施工图纸的读图，以及一般房屋的建筑构造措施。

　　本书配套有丰富的数字资源，其中包含视频、图片、拓展训练答案等，可通过扫描书中二维码获取。

　　本书同时还提供电子课件，可登录网址 www.cipedu.com.cn 获取。

　　本书由沙洲职业工学院谭晓燕担任主编。其中，沙洲职业工学院谭晓燕编写了模块一、模块二、模块三、模块四（任务7、9、10、11），江阴职业技术学院偶丹萍编写了模块四（任务6），沙洲职业工学院姚祺编写了模块四（任务8），沙洲职业工学院陆红优编写了模块四（任务12）。

　　本书在编写时，力求做到通用性强、适用面广、内容完整、简明扼要。但是由于编写水平和经验有限，书中难免有疏漏之处，恳请读者批评指正。

编　者

2018 年 6 月

目录

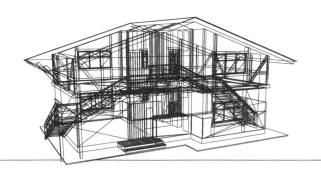

模块 四 建筑构造认知

二维码资源目录

模块一　建筑认知

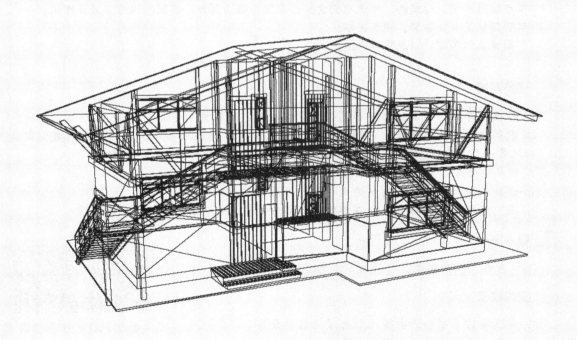

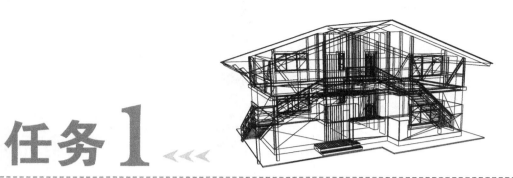

任务 1 ‹‹‹

建筑的初步认知

 能力目标

1. 能区别建筑物与构筑物。
2. 能识别不同建筑类型，确定建筑等级。
3. 熟悉建筑模数内涵，能理解建筑模数运用价值。
4. 能初步评价建筑。
5. 能描述建筑构造组成内容及各部分功能要求。

 知识目标

1. 重点掌握建筑、建筑物、构筑物的含义；建筑等级的划分；建筑的构造组成及作用。
2. 掌握建筑工业化含义；建筑模数。
3. 了解建筑的类型，以及模数类型。

 任务布置

1. 寻找优秀典型建筑。了解其类型、等级情况、建筑特点等。
2. 调研身边熟悉的建筑。了解其类型、等级情况、建筑风格等。详细了解其建筑尺度，以及各个组成构配件的要求作用。
3. 模数制规定了几种尺寸？都是什么尺寸？
4. 建筑物耐久性分为几级？适用于何种性质的建筑物？
5. 民用建筑的主要组成部分有哪些？各部分的作用是什么？

 导入案例

工程实例（优秀建筑、校园建筑等）。

 实践提示

1. 建筑物的类型和分类情况，思考为何要分类。
2. 建筑物的重要性及使用要求会影响分级。
3. 建筑要加快工业化程度。

优秀建筑　　校园建筑

1.1 建筑的基本概念

1.1.1 建筑的含义

建筑通常的含义是建筑物和构筑物的总称。它是满足人们生理与心理需要，而人工创造的空间环境。它是集技术和艺术于一身的综合体，横跨工程技术和人文艺术的学科。

建筑物是指供人们居住、生活，以及从事生产和文化活动的房屋或场所。本书分析的建筑所指的主要是建筑物。例如，工业建筑、民用建筑、农业建筑和园林建筑等，如图1-1～图1-4所示。

图1-1 工业建筑

图1-2 民用建筑

图1-3 农业建筑

图1-4 园林建筑

构筑物一般指人们不直接在内进行生产和生活活动的场所。如水塔、烟囱、栈桥、堤坝、蓄水池和储气罐等，如图1-5、图1-6所示。

图1-5 蓄水池

图1-6 储气罐

1.1.2 建筑构造设计原则

建筑构造是建筑设计的组成部分，建筑设计不仅必须考虑建筑物与外部环境的协调、内部空间合理安排以及外部和内部的艺术效果，同时必须提供切实可行的构造措施。

建筑构造是专门研究建筑物各组成部分以及各部分之间的构造方法和组合的科学原理。建筑构造具有综合性、实践性强的特点，它涉及建筑材料、建筑结构、建筑物理、建筑设备和建筑施工等有关知识。具体原则如下：

（1）必须满足建筑使用功能要求　房屋的建造地点不同、使用功能不同，往往对建筑构造的要求也不相同。民用建筑讲究使用者的舒适性；工业建筑应当满足生产的需要。根据具体情况，综合运用有关的技术知识，反复比较，选择合理的房屋构造方案。

（2）必须有利于结构安全　建筑构造设计应该从材料、结构、施工三方面引入先进技术，但是必须注意因地制宜，不能脱离实际。即在构造方案上首先应考虑坚固实用，保证房屋的整体刚度，安全可靠，经久耐用。

（3）必须适应建筑工业化的需要　在满足建筑使用功能、艺术形象的前提下，应尽量采用标准设计和通用构配件，使构配件的生产工厂化，节点构造定型化、通用化，为机械化施工创造条件，以适应建筑工业化的需要。

（4）必须讲求建筑经济的综合效益　建筑构造设计处处都应考虑经济合理，在选用材料上应就地取材，注意节约钢材、水泥、木材三大材料，并在保证质量前提下降低造价。

（5）必须注意美观　建筑的立面和体型是确定建筑形象的决定因素，但细部的构造处理也对建筑的整体美观有很大的影响。

应当本着满足功能、技术先进、经济适用、确保安全、美观大方、符合环保要求的原则，对不同的构造方案进行比较和分析，做出最佳选择。

1.2　建筑物的分类和分级

1.2.1　建筑物的分类

建筑构造和建筑物的类型有关，不同类型的建筑物，建筑构造也不同。建筑物的种类很多，分类的方法也很多，一般可按建筑物的功能性质、某些特征和规律分类。主要有以下几种类。

1.2.1.1　按建筑物的层数分类

建筑物按其高度和层数可分为低层建筑、多层建筑、高层建筑和超高层建筑。具体划分如下：

（1）住宅建筑　一般把1~3层称为低层建筑；4~6层称为多层建筑；7~9层称为中高层建筑；10层以上称为高层建筑。

（2）公共建筑和综合建筑　我国《民用建筑设计通则》（GB 50352—2005）中规定，把总高度超过24m的公共建筑和综合建筑称为高层建筑（不包括高度超过24m的单层主体建筑）。

（3）超高层建筑　按我国《建筑设计防火规范》（GB 50016—2014）中规定，建筑高度超过100m时，不论住宅或公共建筑均为超高层建筑。

世界高楼

（4）工业建筑　分为单层厂房、多层厂房、混合层数的厂房。

 知识延伸

1. 建筑高度（H）：从室外设计地面到屋面的垂直距离，如图1-7所示。

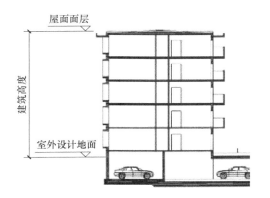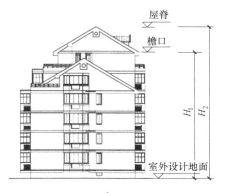

建筑高度 $H = \dfrac{1}{2}(H_1 + H_2)$

图1-7　建筑高度

2. 世界各国对高层建筑的界限不尽相同，一般对高层建筑起始高度的有关规定见表1-1。

表1-1　高层建筑起始高度划分界限

国名	起始高度	国名	起始高度
英国	24.3m	美国	22~25m或7层以上
日本	31m（11层）	俄罗斯	住宅：10层及10层以上
德国	＞22m（至底层室内地面）	法国	住宅：＞50m；其他建筑：＞28m
比利时	25m（至室外地面）		

1.2.1.2　按主要承重结构材料分类

（1）**砖木结构建筑**　建筑物的承重构件以砖木为主，一般竖向承重构件的墙体、柱子采用砖砌，水平承重构件的楼板、屋架采用木材，这类房屋的层数较低（3层以下），多用于盛产木材的地区，如图1-8、图1-9所示。

图1-8　木结构的住宅　　　　　　　　　　图1-9　木斗拱

（2）**砖混结构建筑**　采用砖墙、钢筋混凝土楼板层、木屋架或钢筋混凝土屋顶构造的房屋，称为砖-钢筋混凝土混合结构，简称砖混结构建筑。这类房屋的竖向承重结构采用砖墙或砖柱，水平承重构件采用钢筋混凝土楼板、大梁、过梁、屋面板。这种结构便于就地取材、节约钢材和水泥、降低造价，是采用最为广泛的一种结构类型，如图1-10所示。

图 1-10 砖混结构的教学楼和小别墅

（3）钢筋混凝土结构建筑 主要承重构件，如梁、板、柱采用钢筋混凝土结构，而非承重墙用砖砌或其他轻质材料做成。按其施工方式的不同又可分为现浇钢筋混凝土和预制装配式钢筋混凝土结构。这种结构具有强度高、抗震性好、耐火性好、刚度大、平面布置灵活等优点，故这类结构形式应用比较广泛，可建成多层、高层、大跨度、大空间结构的建筑，如图 1-11 所示。

图 1-11 钢筋混凝土结构的教学楼

（4）钢结构建筑 钢结构是指建筑物主要承重构件全部由钢材制作的结构。它具有强度高、构件重量轻、平面布局灵活、延性良好、抗震性能好、施工速度快等特点。因此，目前主要用于大跨度、大空间以及高层建筑中，如图 1-12 所示。

图 1-12 钢结构厂房

（5）钢-混凝土结构建筑　建筑物的主要承重构件采用型钢混凝土，适合于大跨度结构。

1.2.1.3　按建筑物的使用功能分类

（1）民用建筑　民用建筑主要是指供人们生活、学习、工作的非生产性建筑，它包括居住建筑和公共建筑。

① 居住建筑　主要是指供人们起居用的建筑物，如住宅、宿舍等，如图 1-13 所示。

图 1-13　居住建筑——住宅楼和宿舍楼

② 公共建筑　是指供人们从事政治、文化、行政办公、商业、生活服务等活动所需要的建筑物，如图 1-14、图 1-15 所示。

图 1-14　办公楼　　　　　　　　　　图 1-15　商业楼

其中包括：

a. 行政办公建筑——政府机关、企业、事业单位的办公楼等。

b. 医疗建筑——医院、疗养院等。

c. 文教建筑——学校、图书馆、文化宫等。

d. 商业建筑——商店、商场等。

e. 托幼建筑——托儿所、幼儿园等。

f. 科研建筑——科学实验楼、研究所等。

g. 体育建筑——体育场、体育馆等。

h. 旅馆建筑——宾馆、旅馆、招待所等。

i. 交通建筑——火车站、汽车站、候机楼、航运站、地铁站等。

j. 观览建筑——电影院、剧院、音乐厅等。

k. 通信广播建筑——电信楼、广播电视台、邮电局等。

l. 园林建筑——公园、动物园、植物园等。

m. 纪念建筑——纪念馆、纪念堂等。

n. 娱乐建筑——游艺厅、歌舞厅、夜总会等。

o. 展览建筑——展览中心、博物馆等。

p. 金融建筑——银行、储蓄所等。

q. 其他特殊建筑——监狱等。

（2）工业建筑　主要是指进行工业生产所需要的各种房屋。如主要生产厂房、辅助性生产厂房、动力用房、仓储建筑等，如图1-16、图1-17所示。

图 1-16　厂房　　　　　　　　　　　　　　　　　图 1-17　车间

（3）农业建筑　是指供农副业生产和加工的各种建筑。如粮仓、温室、保鲜库、畜禽养殖场、农副业产品加工厂、水产品养殖场等，如图1-18、图1-19所示。

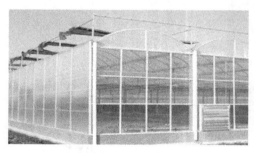 

图 1-18　温室　　　　　　　　　　　　　　　　　图 1-19　畜禽养殖场

1.2.1.4　按建筑结构的承重方式分类

（1）墙承重的砖混结构　主要用墙体来承受楼面及屋面传来的荷载，砖石混合结构（简称砖混结构）就是这种承重方式，如图1-20、图1-21所示。

（2）排架结构　主要承重体系由屋架（或屋面梁）和柱组成。屋架（或屋面梁）与柱的顶端为铰连接（通常为焊接或螺栓连接），而柱的下端嵌固（通常以细石混凝土连接）于基础内。房屋的这种承重方式叫做排架结构。单层工业厂房多数采用排架结构，如图1-22所示。

（3）框架结构　主要承重体系由横梁和柱组成，但横梁和柱为刚接（钢筋混凝土结构中，通常通过端焊接或浇灌混凝土，使其形成整体）连接，从而构成一个整体框架。这种承重的方式叫做框架结构。一般多层工业厂房或高层民用建筑多采用框架结构。

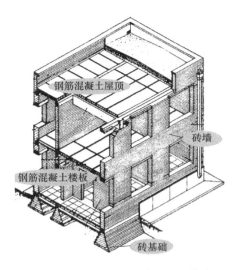

图 1-20 砖混结构（纵横墙承重模式）

图 1-21 四合院

图 1-22 排架结构的厂房

框架剪力墙对比　　空间结构建筑

（4）空间结构 采用空间网架、悬索及各种类型的壳体承受荷载，称为空间结构，如体育馆、展览馆等。

1.2.1.5 按建筑的规模分类

（1）大量性建筑 单体建筑规模不大，兴建数量多，分布面广的建筑。如住宅、学校、办公楼、商店、医院等。

（2）大型性建筑 规模大、耗资多、影响较大的建筑。如大型火车站、博物馆、大会堂等，如图 1-23、图 1-24 所示。

图 1-23 机场候机楼

图 1-24 人民大会堂

1.2.2 建筑物的等级划分

不同的建筑类别对其质量要求也不同，为了便于控制和掌握，常按建筑物的耐久年限、耐火程度及建筑物重要性划分等级。

1.2.2.1 按建筑物的耐久年限划分

建筑物的耐久年限主要是根据建筑物的重要性和建筑物的质量标准而定，作为基本建设及投资、建筑设计和材料选择的重要依据。在我国《民用建筑设计通则》（GB 50352—2005）中，主体结构确定的建筑物耐久年限分为四类。见表1-2。

表 1-2　按设计使用年限分类

类别	示　例	设计使用年限/年	类别	示　例	设计使用年限/年
1	临时性建筑	5	3	普通建筑和构筑物	50
2	易于替换结构构件的建筑	25	4	纪念性建筑和特别重要的建筑	100

1.2.2.2 按建筑物的耐火等级划分

根据我国《建筑设计防火规范》（GB 50016）规定，建筑物的耐火等级是由建筑物构件的燃烧性能和耐火极限两个方面决定的，共分为四级，见表1-3。

表 1-3　建筑物构件的燃烧性能和耐火极限　　　　单位：h

构件名称		耐火等级			
		一级	二级	三级	四级
墙	防火墙	不燃烧体 3.00	不燃烧体 3.00	不燃烧体 3.00	不燃烧体 3.00
	承重墙	不燃烧体 3.00	不燃烧体 2.50	不燃烧体 2.00	难燃烧体 0.50
	非承重外墙	不燃烧体 1.00	不燃烧体 1.00	不燃烧体 0.50	燃烧体
	楼梯间、前室的墙、电梯井的墙；居住建筑单元之间的墙和分户墙	不燃烧体 2.00	不燃烧体 2.00	不燃烧体 1.50	难燃烧体 0.50
	疏散走道两侧的隔墙	不燃烧体 1.00	不燃烧体 1.00	不燃烧体 0.50	难燃烧体 0.25
	房间隔墙	不燃烧体 0.75	不燃烧体 0.50	难燃烧体 0.50	难燃烧体 0.25
柱		不燃烧体 3.00	不燃烧体 2.50	不燃烧体 2.00	难燃烧体 0.50
梁		不燃烧体 2.00	不燃烧体 1.50	不燃烧体 1.00	难燃烧体 0.50
楼板		不燃烧体 1.50	不燃烧体 1.00	不燃烧体 0.50	燃烧体
屋顶承重构件		不燃烧体 1.50	不燃烧体 1.00	燃烧体 0.50	燃烧体
疏散楼梯		不燃烧体 1.50	不燃烧体 1.00	不燃烧体 0.50	燃烧体
吊顶（包括吊顶搁栅）		不燃烧体 0.25	难燃烧体 0.25	难燃烧体 0.15	燃烧体

1.3　建筑物的构造组成和作用

建筑物由很多构件组成，一般民用建筑由基础、墙和柱、楼板层、楼梯、屋顶和门窗等基本构配件组成，如图 1-25 所示。它们所处的位置不同，作用也不同。其中有的起承重作用，承受建筑物全部或部分荷载，确保建筑物的安全；有的起围护作用，保证建筑物的使用和耐久年限；有的构件则起承重和围护双重作用。

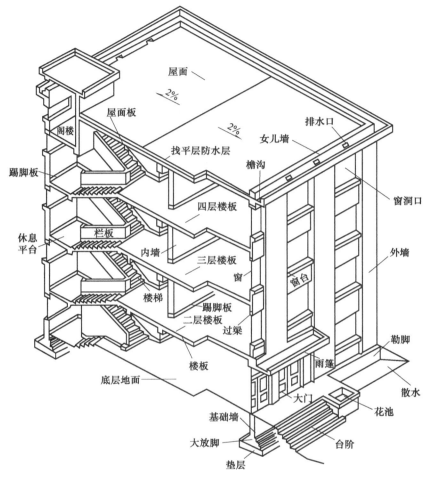

图 1-25 建筑物的构造组成

（1）基础　基础是位于建筑物的最下部的承重构件，其作用是承受建筑物的全部荷载，并把这些荷载传给地基。因此基础必须具有足够的强度和稳定性，同时应能抵御地下各种有害因素的侵蚀。

（2）墙和柱　墙是建筑物的竖向围护构件，在多数情况下也为承重构件，承受屋顶、楼层、楼梯等构件传来的荷载，并将这些荷载传给基础。外墙分隔建筑物内外空间，抵御自然界各种因素对室内的侵袭；内墙分隔建筑内部空间，避免各空间之间的相互干扰。因此，对墙体的要求，依据功能的不同，分别应具有足够的强度和稳定性，以及保温、隔热、防火、防水等功能，并且应具有耐久性和经济性。

为了扩大建筑物空间，提高空间灵活性，满足结构的需要，有时用柱来代替墙体作为建筑物竖向承重构件。

（3）楼层和地层　楼层是楼房建筑中水平方向的承重构件，按房间层高将整幢建筑物沿水平方向分为若干部分。楼板层承受家具、设备、人体、隔墙等荷载及本身自重，并将这些荷载传给墙和柱。同时，楼板层还对墙身起着水平支撑作用，增加墙的稳定性。楼板层必须具有足够的强度和刚度。根据上下空间的使用特点，还应具有隔声、防水、保温、隔热、防潮等功能。

地层是底层房间与土壤的隔离构件，除承受作用其上的荷载外，还具有防水、防潮、保温等功能。

（4）楼梯与电梯　楼梯是楼层间垂直的交通设施，在平时供给人们上下楼层；在遇火灾、地震等紧急情况时可供人们紧急疏散。楼梯应满足坚固、安全和足够通行能力的要求。高层建筑物中，除设置楼梯外，还应设置电梯。

（5）屋顶　屋顶是建筑物顶部的承重构件和维护构件。它承受屋顶的全部荷载，并将荷载传给墙或柱。作为围护构件，它抵御着自然界中的雨、雪、太阳辐射等对建筑物顶层房间的影响。因此，屋顶应具有足够的强度、刚度以及防水、保温、隔热等性能。

（6）门和窗　门的主要功能是交通出入、分隔和联系内部与外部或室内空间，有的兼起通风和采光的作用。窗的主要功能是采光和通风，门和窗均属围护构件。根据建筑物所处环境，门窗应具有保温、隔热、节能、隔声、防风沙等功能。

（7）其他构配件　根据建筑需要，选用的一些其他构件和设施。例如：阳台、雨篷、烟道、垃圾井、台阶等。

一般来说，基础、墙柱、楼板层、屋顶是建筑物的主体部分，门窗、楼梯是建筑物的附属部分。

1.4　建筑的标准化和模数

随着我国工农业生产向现代化方向发展，建筑业以机械化生产代替了简单的手工操作，推动了建筑业水平的提高。建筑业也必须要用先进的大工业生产的方式以适应建筑工业化的需要。建筑工业化的特征是：设计标准化、构配件生产工厂化、施工机械化。设计标准化是指统一设计构配件，尽量减少其类型，进而形成整个房屋或单元的标准化设计；构配件生产工业化是指在工厂里生产建筑构配件，逐步做到构配件商品化；施工机械化是指使用机械取代繁重的体力劳动。在建筑工业化的这三个特征中，设计标准化是建筑工业化的前提。

1.4.1　建筑标准化

建筑标准化主要包含两项内容：一是国家颁发的有关条文，如建筑法规、建筑设计规范、建筑制图标准、建筑统一模数制、定额与技术经济指标等；二是国家或地方设计、施工部门所编制的标准构配件图集，整个房屋的标准设计图，以及从事构配件的生产、运输到施工组织管理等一整套生产管理体系。

1.4.2　建筑模数制

为了实现设计的标准化，必须使不同的建筑物及各部分之间的尺寸统一协调，为此我国颁布了《建筑统一模数制》（GBJ 2-73），作为设计、施工、构件制作、科研的尺寸依据。

模数制：模数是以 100mm 为基本单位（称为一个模数），进行叠加和分割，产生一系列尺寸数值，并按等差级数的规律排列。国家标准把不同类型建筑物及其组成部分的尺寸数值具体规定在相应的范围内选用。模数分为以下三类：

（1）基本模数　　基本模数是指模数尺寸中的最基本数值，用 M 表示，其长度 M＝100mm；整个建筑或其一部分建筑物组合构件模数化尺寸都应该是基本模数的倍数。

（2）扩大模数　　扩大模数是基本模数的整倍数。为了减少类型，统一规格，《建筑模数协调标准》（GB/T 50002）规定的扩大模数只选用了 3M（300mm）、6M（600mm）、12M（1200mm）、15M（1500mm）、30M（3000mm）、60M（6000mm）六种规格。

（3）分模数　　分模数是基本模数的分数，有 $\frac{1}{2}$ M（50mm）、$\frac{1}{5}$ M（20mm）、$\frac{1}{10}$ M（10mm）三种规格。由基本模数、扩大模数和分模数组成的模数系列称为模数制，如表 1-4 所列。

表 1-4　建筑模数数列

模数名称		基本模数	扩大模数						分模数		
模数基数	代号	1M	3M	6M	12M	15M	30M	60M	$\frac{1}{10}$ M	$\frac{1}{5}$ M	$\frac{1}{2}$ M
	尺寸/mm	100	300	600	1200	1500	3000	6000	10	20	50
模数数列及幅度		100	300	600	1200	1500	3000	6000	10	20	50
		200	600	1200	2400	3000	6000	12000	20	40	100
		300	900	1800	3600	4500	9000	18000	30	60	150
		400	1200	2400	4800	6000	12000	24000	40	80	200
		500	1500	3000	6000	7500	15000	30000	50	100	250
		600	1800	3600	7200	9000	18000	36000	60	120	300
		700	2100	4200	8400	10500	21000		70	140	350
		800	2400	4800	9600	12000	24000		80	160	400
		900	2700	5400	10800		27000		90	180	450
		1000	3000	6000	12000		30000		100	200	500
		1100	3300	6600			33000		110	220	550
		1200	3600	7200			36000		120	240	600
		1300	3900	7800					130	260	650
		1400	4200	8400					140	280	700
		1500	4500	9000					150	300	750
		1600	4800	9600						320	800
		1700	5100							340	850
		1800	5400							360	900
		1900	5700							380	950
		2000	6000							400	1000
适用范围		建筑构件截面、门窗、洞口、开间、进深、层高等尺寸	建筑物的进深、楼距、层高及建筑配件的尺寸						用于缝隙、构造节点构配件截面尺寸等		

1.4.3　建筑标注的三尺寸

为了保证构件设计、生产、建筑制品等有关尺寸的统一协调，必须明确标志尺寸、构造尺寸和实际尺寸的定义及其相互间的关系，如图 1-26 所示。

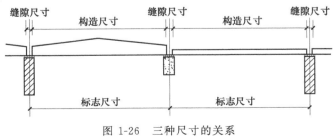

图 1-26　三种尺寸的关系

（1）标志尺寸　标志尺寸是符合模数的规定，用以标注建筑物定位线（轴线）之间的距离，以及建筑物制品、构配件及有关设备位置界限之间的尺寸，是应用最广泛的房屋构造的定位尺寸。

（2）构造尺寸　构造尺寸是建筑制品、构配件等生产的设计尺寸。一般情况下，构造尺寸加上缝隙尺寸等于标志尺寸。缝隙尺寸的大小宜符合模数数列的规定。

（3）实际尺寸　实际尺寸是建筑制品、建筑构配件的实际尺寸，实际尺寸与构造尺寸的差值，应由允许偏差的幅度加以限制。

三种尺寸的关系如下：

标志尺寸——轴线尺寸（符合模数数列）；

构造尺寸——标志尺寸－缝隙尺寸；

实际尺寸——构造尺寸±公差。

小　结

1. 建筑是人工创造的空间环境，是建筑物和构筑物的总称。

2. 建筑物是直接供人们使用的建筑。构筑物是间接供人们使用的建筑。

3. 建筑的分类有很多种，其中按规模数量分为大量性建筑和大型性建筑。按使用年限分为4类，按耐火等级分为4级。

4. 建筑的主要组成部分有：基础、墙和柱、楼板层、楼梯、屋顶、门窗等。

5. 建筑模数主要有基本模数、分模数、扩大模数，形成模数数列。

拓 展 训 练

一、填空题

1. 按建筑的使用性质分，可把建筑分为_____、_____和_____。其中民用建筑主要包括_____和_____。

2. 公共建筑及综合性建筑总高度超过____m者为高层（不包括单层主体建筑）；高度超过_____m时，为超高层建筑。

3. 居住建筑按层数划分为：_____层为低层；_____层为多层；_____层为中高层；_____层为高层。

4. 按建筑规模和数量分，建筑分为_____和_____。

5. 民用建筑通常是由_____、_____、_____、_____、_____、_____六大部分组成。

6. 建筑物的耐火等级是由构件的_____和_____两个方面决定的，分为_____级。

7. 建筑物的燃烧性能一般分为三类，即_____、_____和_____。

8. 《建筑模数协调统一标准》中规定，基本模数以__表示，数值为_____。

二、单项选择题

1. 建筑物的设计使用年限为50～100年，适用（　　）。

A. 临时性建筑　　　　　　　　　　B. 次要建筑

C. 一般性建筑　　　　　　　　　　D. 纪念性建筑和特别重要的建筑

2. 普通黏土砖承重墙，当厚度为240mm时，其耐火极限为（　　）h。

A. 3.00　　　　　　B. 4.00　　　　　　C. 5.50　　　　　　D. 7.00

3. 耐火等级为二级时高层建筑的楼板和吊顶的耐火极限应分别满足（　　　）。

A. 1.50h 和 0.25h　　　　　　　　　　B. 1.00h 和 0.25h

C. 1.50h 和 0.15h　　　　　　　　　　D. 1.00h 和 0.15h

4. 组成房屋的构件中，下列既属于承重结构又属于围护结构的是（　　　）。

A. 墙、屋顶　　　　B. 楼板、基础　　　　C. 屋顶、基础　　　　D. 门窗、墙

5. 只作为建筑物的围护构件的是（　　　）。

A. 墙　　　　　　　　B. 门和窗　　　　　　C. 基础　　　　　　　D. 楼板

6. 组成房屋围护构件的有（　　　）。

A. 屋顶、门窗、墙　　　　　　　　　　B. 屋顶、楼梯、墙

C. 屋顶、楼梯、门窗　　　　　　　　　D. 基础、门窗、墙

三、名词解释

1. 燃烧性能

2. 耐火极限

3. 标志尺寸

4. 构造尺寸

5. 实际尺寸

6. 建筑物

7. 构筑物

四、简答题

1. 建筑物的基本组成有哪些？它们各自的主要作用是什么？

2. 建筑按设计使用年限分为几类？各类的适用范围是什么？

3. 什么是基本模数？什么是扩大模数和分模数？

4. 标注定位轴线时，应按哪些原则进行编号？

任务 1 参考答案

模块二　建筑施工图准备知识

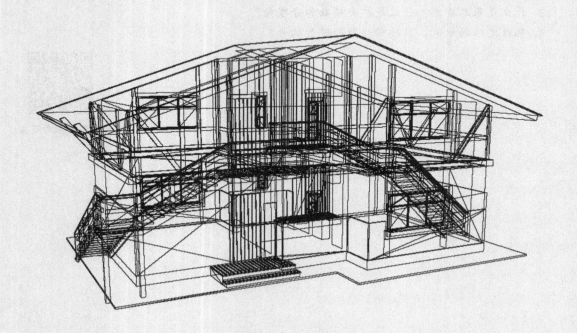

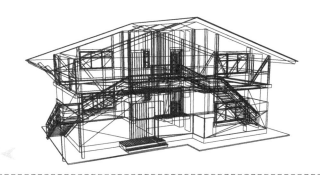

任务2

建筑制图规范和绘图工具

能力目标

1. 能自觉遵守建筑制图标准的规定，熟悉图纸、图框、标题栏、会签栏、比例、线型、线宽、图例、尺寸标注、工程字体等。

2. 能正确使用制图工具，掌握建筑制图的一般方法与步骤。

3. 能够自如地使用工具进行几何作图。

4. 能等分线段。将一已知线段分成需要的份数，在楼梯详图等图样中经常用到。

知识目标

1. 重点掌握建筑制图标准。

2. 了解绘图工具的使用注意事项。

导入案例

建筑施工图纸如图 2-1 所示。

工程图是工程界的技术语言，是房屋建造施工的依据。图面质量要求：布局要匀称合理；图线粗细要分明；文字符号要工整；图面要整洁美观。

任务布置

1. 建筑图纸有哪几种幅面？

2. 比例的含义是什么？

3. 尺寸标注四要素是什么？

4. 绘图工具有哪些？如何等分线段？

实践提示

1. 制图标准是规范，严格按规范表达。

2. 工具是绘图表达的基础，只有掌握手绘，才能更好地进行计算机绘图。

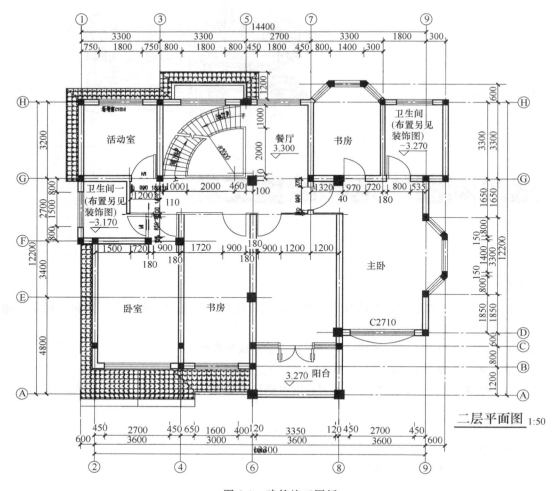

图 2-1　建筑施工图纸

2.1　建筑制图标准

　　建筑工程图是表达建筑工程设计的重要技术资料，是房屋建造施工、建筑工程造价确定、监理、竣工验收的主要依据。为了统一房屋建筑制图规则，保证制图质量，提高制图效率，做到图面清晰、简明，符合设计、施工、存档的要求，适应工程建设的需要，就必须制定建筑制图的相关国家标准。《房屋建筑制图统一标准》（GB/T 50001—2017）是房屋建筑制图的基本规定，适用于各专业制图。作为绘制工程图样的法律依据，凡从业人员应正确理解，严格遵守实施。

2.1.1　图纸幅面

　　图纸的幅面是指图纸尺寸规格的大小，图框是指在图纸上绘图范围的界线。图纸幅面及图框尺寸，应符合表 2-1 规定的格式。图框线用粗实线绘制。图纸幅面的基本尺寸有五种，其代号分别为 A0、A1、A2、A3 和 A4。

表 2-1　图纸幅面规格　　　　　　　　　　　　　　　　　单位：mm

幅面代号 尺寸代号	A0	A1	A2	A3	A4
$b \times l$	841×1189	594×841	420×594	297×420	210×297
c	10			5	
a	25				

如果图纸幅面不够，可将图纸长边加长，短边不得加长。

图纸幅面尺寸相互是有关联的，A1 图幅是 A0 的对裁，其他图幅以此类推。长边作为水平边使用的图幅为横式图幅，短边作为水平边的图幅为立式图幅，如图 2-2、图 2-3 所示。

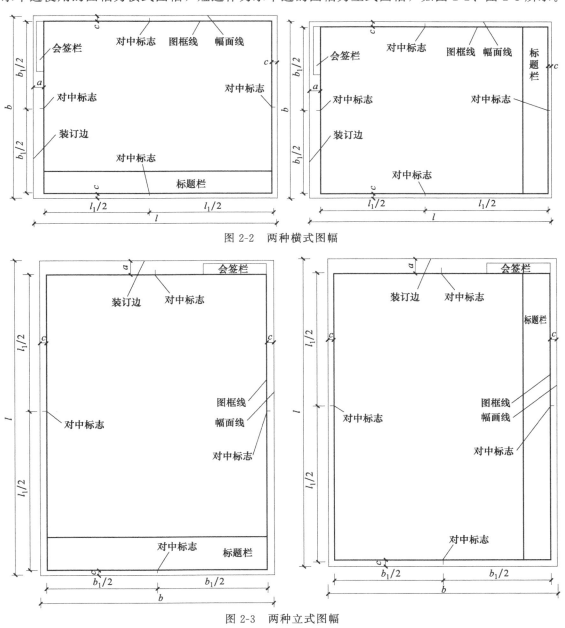

图 2-2　两种横式图幅

图 2-3　两种立式图幅

【特别提示】

1. 确定一个工程设计所用的图纸大小时，每个专业所使用的图纸一般不宜多于两种图幅。

2. 图纸的短边一般不应加长，长边可加长。

2.1.2 标题栏与会签栏

① 标题栏位于图纸的右下角，用来填写工程名称、设计单位名称、图名、签字、图纸编号等内容，如图 2-4 所示。

图 2-4 工程项目的标题栏

对于学生在学习阶段的制图作业，建议采用如图 2-5 所示的标题栏，不设会签栏。

校名			班级		图号	
	专业		学号		成绩	
制图		（日期）		图名		
审核		（日期）				

图 2-5 学生作业标题栏

② 会签栏位于图纸左上角的图框线外。栏内应填写会签人员所代表的专业、姓名、日期。一个会签栏不够时，可另加一个或两个会签栏并列，不需会签的图纸可不设会签栏，如图 2-6、图 2-7 所示。

图 2-6 图纸会签栏（一）

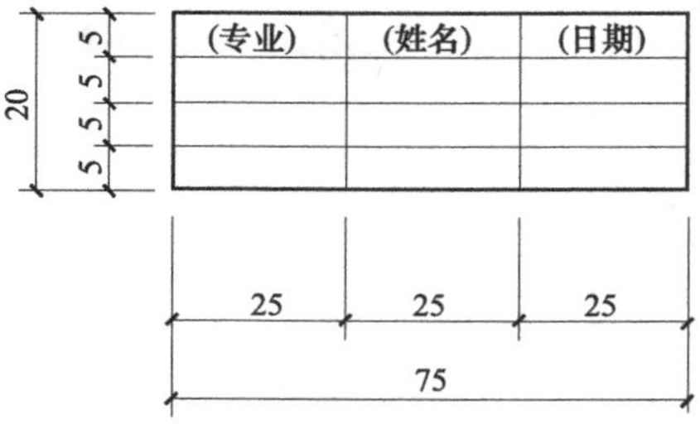

（专业）	（姓名）	（日期）

图 2-7 图纸会签栏（二）

2.1.3 图线

画在图纸上的线条统称为图线。为使图样层次清晰、主次分明，需用不同的线宽、线型来表示。国家制图标准对此做了明确规定。

(1) 线宽 图线的宽度 b，宜从以下线宽系列中选取：1.4mm、1.0mm、0.7mm、0.5mm，每个图样一般由粗、中粗、中、细线形成线宽组，表示不同的用途，应根据复杂程度与比例大小，先选定基本线宽 b，再选用如表 2-2 所列的相应线宽组。在同一张图纸内相同比例的各图样应采用相同的线宽组。图框线、标题栏线的宽度见表 2-3。

表 2-2 线宽尺度   单位：mm

线宽比	线宽组			
b	1.4	1.0	0.7	0.5
0.7b	1.0	0.7	0.5	0.35
0.5b	0.7	0.5	0.35	0.25
0.25b	0.35	0.25	0.18	0.13

注：1. 需要缩微的图纸，不宜采用 0.18mm 及更细的线宽。

2. 同一张图纸内，各不同线宽中的细线，可统一采用较细的线宽组的细线。

表 2-3 图框线、标题栏线的宽度

幅面代号	图框线	标题栏外框线	标题栏分格线
A0、A1	b	0.5b	0.25b
A2、A3、A4	b	0.7b	0.35b

（2）线型　线型的选择见表 2-4。

表 2-4 线型选择表

名称		线型	线宽	一般用途
实线	粗		b	主要可见轮廓线
	中粗		0.7b	可见轮廓线
	中		0.5b	可见轮廓线、尺寸线、变更云线
	细		0.25b	图例填充线、家具线
虚线	粗		b	见各有关专业制图标准
	中粗		0.7b	不可见轮廓线
	中		0.5b	不可见轮廓线、图例线
	细		0.25b	图例填充线、家具线
单点长画线	粗		b	见各有关专业制图标准
	中		0.5b	见各有关专业制图标准
	细		0.25b	中心线、对称线、轴线等
双点长画线	粗		b	见各有关专业制图标准
	中		0.5b	见各有关专业制图标准
	细		0.25b	假想轮廓线、成型前原始轮廓线
折断线	细		0.25b	断开界线
波浪线	细		0.25b	断开界线

【绘图注意事项】

1. 相互平行的两条线，其间隙不宜小于图内粗线的宽度，且不宜小于 0.7mm。

2. 虚线、单点长画线、双点长画线的线段长度宜各自相等。

3. 虚线与虚线应相交于线段处；虚线不得与实线相连接。单点长画线同虚线。

4. 线的画法如图 2-8 所示。单点或双点长画线端部不应是点。在较小图形中，单点或双点长画线可用细实线代替。

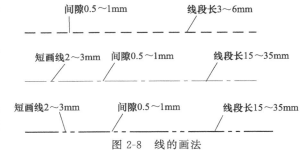

图 2-8 线的画法

2.1.4 比例

建筑工程制图中，建筑物往往按照一定的比例缩小绘制在图纸上，而对某些细部构造又要用一定的比例或足尺放大绘制在图纸上。图样的比例是指图样中形体的线性尺寸与实际形体相应要素的线性尺寸之比。比例的大小是指比值的大小，无论图的比例大小如何，在图中都必须标注物体的实际尺寸。绘图时，应根据图样的用途和被绘物体的复杂程度选用合适的比例，如图 2-9 所示。

图名	比例		
建筑物或构筑物的平面图、立面图、剖面图	1:50	1:100	1:200
建筑物或构筑物的局部放大图	1:10	1:20	1:50
配件及构造详图	1:1 1:10	1:2 1:20	1:5 1:50

图 2-9 图形比例的选择参考

图中的比例，应注写在图名的右侧，比例的字高，应比图名的字高小 1 或 2 号，图名下画一条粗实线（不要画两条），其长度与图名文字所占长短相当。比例下不画线，字的底线应取平，例如：**立面图** 1：100；当同一张图纸上的各图只选用一种比例时，也可把比例统一注写在标题栏内。

2.1.5 字体

所有字体均采用工程字体——长仿宋。图样上所书写的汉字、数字、字母等必须做到字体工整、笔画清晰、间隔均匀、排列整齐。字体的号数即为字体的高度 h，应从表 2-5 中选用。

表 2-5 字体选择表　　　　　　单位：mm

字体种类	中文矢量字体	Truetype 字体及非中文矢量字体
字高	3.5、5、7、10、14、20	3、4、6、8、10、14、20

（1）汉字　图样中的汉字采用国家公布的简化汉字，并用长仿宋字体。字体的号数即是字体高度，字高包括 3.5mm、5mm、7mm、10mm、14mm、20mm 等。长仿宋体汉字的高度应不小于 3.5mm，一般的文字说明采用 3.5 号或 5 号字，各种图的标题多采用 7 号或 10 号字。长仿宋字的要领为：横平竖直、起落有锋、布局均匀、填满方格。

字体宽度与高度的关系应符合规定。通常书写长仿宋字体时，字宽约为字高的 2/3，如表 2-6 所列。

表 2-6 长仿宋体字高与宽关系表　　　　　　单位：mm

字高	20	14	10	7	5	3.5
字宽	14	10	7	5	3.5	2.5

数字、文字和字母书写示意图如图 2-10 所示。

【课外知识】

在 Word 中，表述字体大小的计量单位有两种，一种是汉字的字号，如初号、小初、一号、……、七号、八号；另一种是用国际上通用的"磅"为单位来表示，如 4、4.5、10、12、……、48、72 等。中文字号中，数值越大，字就越小，所以八号字是最小的；在用

"磅"表示字号时，数值越小，字符的尺寸越小，数值越大，字符的尺寸越大。1磅有多大呢？2.83磅等于1mm，所以28号字大概就是1cm高的字，相当于中文字号中的一号字。

在Word中，中文字号就是这十六种，而用"磅"表示的字号却很多，其磅值的数字范围为1~1638，也就是说最大的字号可以是1638，约58mm见方；最小的字号为1，三个这样的字加起来还不到1mm宽。四号字相当于14磅，约4.9mm。Word字号与Excel字号的换算如下（约等于）：八号＝5；七号＝5.5；小六号＝6.5；六号＝7.5；小五号＝9；五号＝10.5；小四号＝12；四号＝14；小三号＝15；三号＝16；小二号＝18；二号＝22；小一号＝24；一号＝26；小初号＝36；初号＝42。

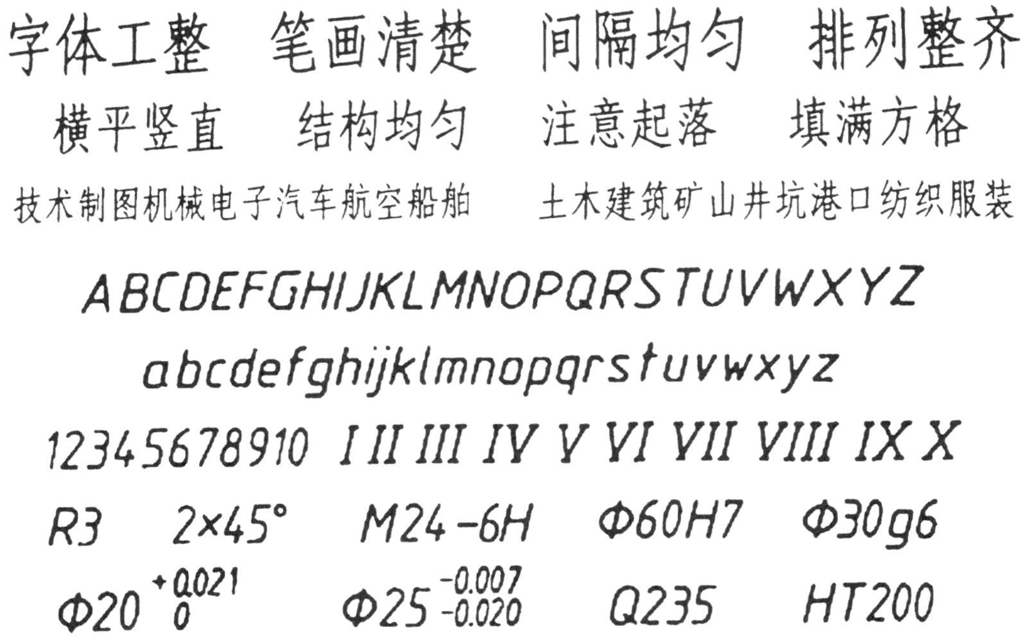

图2-10　数字、文字和字母书写示意图

（2）数字和字母　拉丁字母、阿拉伯数字、罗马数字可分为直体字与斜体字两种，一般写成斜体字。一般宽度为字高的1/10，窄字体为字高的1/14，且高度不小于2.5mm。

2.1.6　尺寸标注

一个标注完整的尺寸应标注出尺寸数字、尺寸线、尺寸界线、尺寸起止符号（尺寸四要素）。

①尺寸数字　表示尺寸的大小，一般应注写在尺寸线的上方，也允许注写在尺寸线的中断处。

②尺寸线　表示尺寸的方向，用细实线绘制。由图形的轮廓线、轴线或对称中心线处引出。尺寸线应与所标注的线段平行。尺寸线不能用其他图线代替，一般也不得与其他图线重合或画在其延长线上。

③尺寸界线　表示尺寸的范围，用细实线绘制，一般应与被注长度垂直，其一端应离开图样轮廓线不应小于2mm，另一端宜超出尺寸线2~3mm。

④ 尺寸起止符号　一般用中粗斜短线绘制，其倾斜方向应与尺寸界线呈顺时针 45°，长度宜为 2～3mm。

2.2　绘图工具和绘图方法及步骤

2.2.1　常用的绘图工具

绘图离不开工具，为了提高图面质量，加快绘图速度，应了解各种绘图工具和仪器的性能及其使用方法。常用的绘图工具主要有：

（1）图板和丁字尺　图板和丁字尺配套使用。图板主要用于固定图纸，作为绘图的垫板，要求板面光滑平整，图板的工作边平直。丁字尺由尺头、尺身构成，用于画水平线，使用时要求尺头紧靠图板左边，保证水平线的平行，如图 2-11 所示。

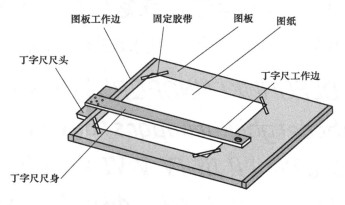

图 2-11　图板与丁字尺

（2）三角板　由一块 45°角的直角等边三角板和一块 30°、60°角的直角三角板组成一副，可配合丁字尺画铅垂线和与水平线呈 15°、30°、45°、60°、75°的斜线及其平行线，如图 2-12 所示。

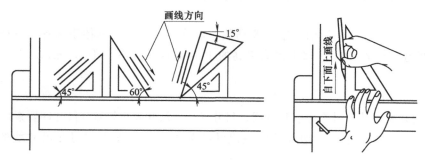

图 2-12　丁字尺与三角板配合使用

工具使用

（3）铅笔　按铅芯的软、硬程度分为 B 型和 H 型两类。"B" 表示软，"B" 前数字越大表示铅芯越软；"H" 表示硬，"H" 前数字越大表示铅芯越硬；HB 介于两者之间。画图时，可根据使用要求选用不同的铅笔型号。2B 用于画粗线；2H 用于画细线或底稿线；HB 用于画中线或书写字体。铅笔的削磨对提高图面质量十分重要，削磨方法如图 2-13 所示。

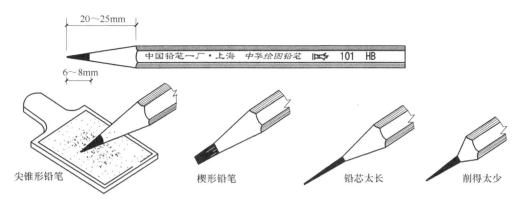

图 2-13　铅笔的使用

（4）圆规　画圆和圆弧的主要工具，如图 2-14 所示。

（5）分规　分规的形状与圆规相似，但两腿都装有钢针，用它截取线段、等分直线或圆周，以及从尺上量取尺寸，如图 2-15 所示。

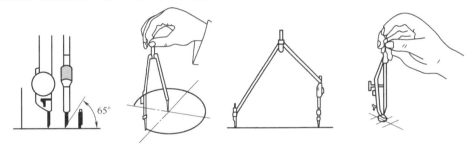

图 2-14　圆规的使用

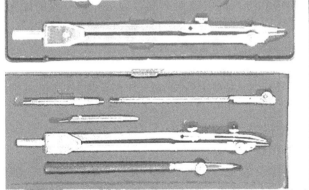

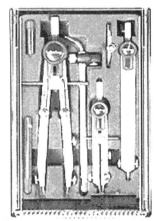

图 2-15　圆规与分规

（6）其他用品　绘图还需其他用品，如图纸、橡皮、刀片、胶带纸、擦图片、比例尺、绘图墨水笔等，如图 2-16 所示。

【注意】

要重点关注工具的正确使用。绘图速度的快慢、图画质量的高低，在很大程度上决定于是否采用了正确的绘图方法和工作程序，能否自如灵活地运用各种绘图工具来绘制几何

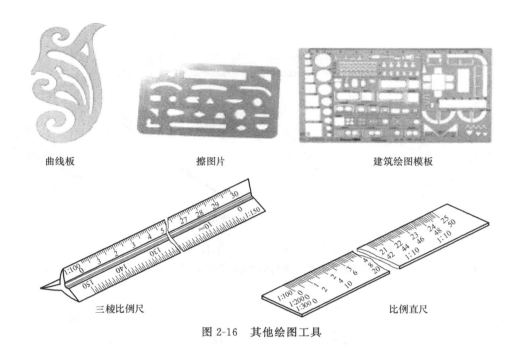

| 曲线板 | 擦图片 | 建筑绘图模板 |

三棱比例尺　　　　　　　　　　　　　比例直尺

图 2-16　其他绘图工具

图形。

【说明】

　　虽然目前已从原始的手工绘图逐渐发展为电脑绘图，但是手绘仍是基础的技能，永远不会过时，而且需要快速用图形交流时，手绘就变得十分重要。需要熟练运用手绘工具进行简单几何图形的绘制。

2.2.2　绘图方法及步骤

　　绘图的方法及步骤按照绘图的内容和个人的习惯而不同，这里介绍一般的绘图方法。

2.2.2.1　绘图前的准备工作

　　① 把制图工具、仪器、画图桌及画图板等用布擦干净。

　　② 根据绘图的数量、内容及其大小，选定图纸幅面大小。

　　③ 把图纸固定在图板的左下边，使图纸离左边约 5cm，离下边约 1～2 倍丁字尺宽度。

2.2.2.2　画底稿

　　① 先画图纸的裁边线、图框线、标题栏的外框线等。

　　② 布图，必须使图纸上各图安排得疏密匀称，使其既节约图面而又不拥挤。

　　③ 根据所画图样的内容，确定出画图的先后顺序，然后用尖细的 H 或 2H 铅笔轻轻地画出图形的底稿线，包括画出尺寸线、尺寸界线、尺寸的起止符号等。画底稿的顺序是：先画图形中的轴线、中心线、对称线，然后画出图形的主要轮廓线，最后再画细部图线。

2.2.2.3　加深

　　底稿线完成后，要仔细检查校对，确定无误时方可画墨线或加深铅笔线。

　　（1）铅笔加深　首先加深细实线、点画线、断裂线、波浪线及尺寸线、尺寸界线等细的图线；再加深中实线和虚线；然后加深粗实线，次序是先加深圆及圆弧，再自上至下地加深水平线，自左至右加深竖直线和其他方向的倾斜线；最后画材料图例，标注尺寸，写技术说明，填写标题栏。

（2）墨线加深　画墨线过程中，应注意图线线型正确和粗细分明、连接准确和光滑，图面整洁。画墨线并没有固定的先后次序，它随图的类别和内容而定。可以先画粗实线、虚线，后画细实线，也可先从画细线开始。为了避免触及未干墨线和减少待干时间，一般是先左后右，先上后下地画粗墨线。

几何作图实例：线段等分（平行线法）

【例 2-1】　将线段 *AB* 分成五等分。

画图步骤：

（1）过端点 *A*（或 *B*）画一条射线 *AC*，与已知线段 *AB* 呈任意锐角，见图 2-17（a）；

（2）用分规在 *AC* 上以任意长度作等长取得 1、2、3、4、5 各等分点，见图 2-17（b）；

（3）连接 5*B* 两点，并过 4、3、2、1 各点作 5*B* 的平行线，在 *AB* 上即得 4′、3′、2′、1′各等分点，见图 2-17（c）。*AB* 即被分成五等分。

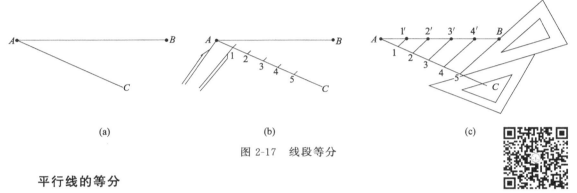

|(a)|(b)|(c)|

图 2-17　线段等分

平行线等分

平行线的等分

【实践提示】平行线的等分方法是一样的，主要在楼梯绘制中应用。

小　　结

1. 建筑制图标准的基本知识包括：图纸、标题栏、图线及画法、图样比例、工程字体等。

2. 注意图纸幅面与标题栏的格式、线宽与线型的选用、比例的使用、工程字体与尺寸标注的规定等，要严格执行国家制图标准的相关规定，读图以国家制图标准为依据。

3. 熟悉常用绘图工具及用品的性能，熟练掌握绘图工具的使用方法和要领。充分理解与把握建筑制图的基本方法与步骤。

拓 展 训 练

一、选择题

1. 下列仪器或工具中，不能用来画直线的是（　　　）。

A. 三角板　　　　　　B. 丁字尺　　　　　　C. 比例尺　　　　　　D. 曲线板

2. 绘图时，不宜用来画底稿和写字的铅笔是（　　　）。

A. 2B　　　　　　　　B. HB　　　　　　　　C. H　　　　　　　　D. 2H

3. 制图国家标准规定，图纸幅面尺寸应优先选用（　　　）种基本幅面尺寸。

A. 3　　　　　　　　　B. 4　　　　　　　　　C. 5　　　　　　　　　D. 6

4. 制图国家标准规定，必要时图纸幅面尺寸可以沿（　　　）边加长。

A. 长   B. 短   C. 斜   D. 各

5. 若采用 1:5 的比例绘制一个为直径 40mm 的圆时，其绘图直径为（   ）。

A. 8mm   B. 10mm   C. 160mm   D. 200mm

6. 在图纸中，表示可见轮廓线采用（   ）线型。

A. 粗实线   B. 细实线   C. 波浪线   D. 虚线

7. 图纸中汉字应写成（   ），采用国家正式公布的简化字。

A. 宋体   B. 长仿宋   C. 隶书   D. 楷体

8. 制图国家标准规定，字体的号数，即字体的（   ）。

A. 高度   B. 宽度   C. 长度   D. 角度

9. 图中尺寸一般以（   ）为单位，图中不需要标注计量单位。

A. m   B. cm   C. μm   D. mm

10. 采用 1:50 比例作图，图形上标注的尺寸为 100mm，则物体的实际尺寸为（   ）。

A. 100mm   B. 5000mm   C. 500mm   D. 50000mm

二、判断题

1. 使用丁字尺时，可以将尺头靠在图板任意一条边上画线。   （   ）

2. 图纸上的水平线可用三角板画出。   （   ）

3. 标记有"nB"的铅笔，若 n 越大，表示铅芯越硬。   （   ）

4. 工程图样上的汉字，应写成长仿宋体，汉字的高度可以小于 3.5mm。   （   ）

5. 比例一般应标注在标题栏的比例栏内。必要时，可标注在视图名称的右侧或下方。

                     （   ）

三、填空题

1. 绘图板用来画_____，丁字尺用来画_____，三角板与丁字尺配合可用于画_____
_____。

2. 圆规用来画_____和_____，分规用来画_____、_____
和_____。

四、问答题

1. 图幅有几种规格？A3 号图纸的尺寸是多少？

2. 长仿宋字体的特点是什么？

3. 尺寸标注由哪些部分组成？各有哪些规定？

五、作图题

画任意水平直线段，并将该线段 9 等分。

任务 2 参考答案

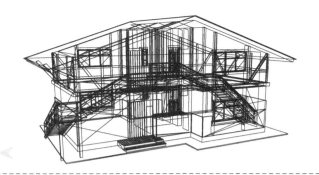

任务 3 ‹‹‹

建筑形体的投影分析

 能力目标

1. 能区分不同工程图的投影类型。
2. 能正确分析投影特点。
3. 能正确理解基本体和组合体的三视图进行空间想象。

知识目标

1. 掌握基本投影知识，以及点的投影、特殊线和特殊面的投影。
2. 重点掌握组合体的三视图投影分析技巧。

导入案例

分析图 3-1 中几何形体对应的三面投影。

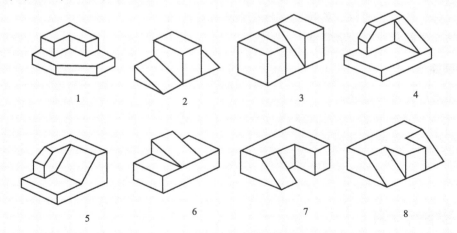

1   2   3   4

5   6   7   8

图 3-1　几何形体

1. 图 3-2 中的投影对应图 3-1 的哪个形体？
2. 图 3-3 中的投影可以由图 3-1 中的哪个形体摆放调整得到？

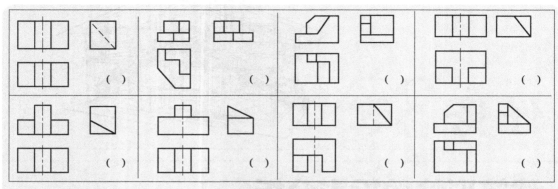

图 3-2　几何形体投影（一）

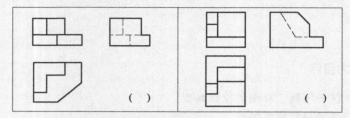

图 3-3　几何形体投影（二）

导入案例答案

 任务布置

1. 如何在二维平面上用图形表示空间建筑形体？如何建立三投影面体系？
2. 投影三要素是什么？
3. 什么是正投影？试述正投影的一般性质。
4. 点的三面投影规律是什么？什么叫重影点？
5. 投影面平行线与投影面垂直线有何异同？
6. 投影面平行面与投影面垂直面有何异同？
7. 棱柱、棱锥、圆柱、圆锥、球的投影有哪些特性？
8. 组合体投影分析法有哪些？

 实践提示

1. 注意空间的三维尺度。
2. H 面就是水平面（如地面）；

　　V 面就是正平面（如黑板）；

　　W 面就是侧平面（如右侧墙面）。

3.1　投影知识

3.1.1　投影的基本概念

在日常生活中，物体在太阳光或灯光照射下，在墙壁上或地面上会产生影子。这些影子能在某种程度上显示出物体的形状和大小，并随光线照射方向的不同而发生变化。投影法与这种自然现象类似，因而在工程上，把上述的自然现象加以抽象得出空间形体在平面上的图形，这个图形就称为物体的投影，如图3-4、图3-5所示。

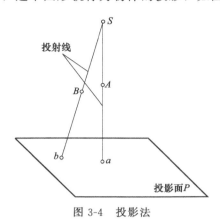

图3-4 投影法

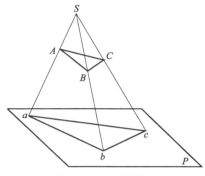

图3-5 中心投影法

如图3-4所示，平面 P 为投影面，不属于投影面的定点 S 为投影中心。过空间点 A 由投影中心可引直线 SA，SA 为投射线。投射线 SA 与投影面 P 的交点 a，称作空间点 A 在投影面 P 上的投影。同理，点 b 是空间点 B 在投影面 P 上的投影（注：空间点以大写字母表示，其投影用相应的小写字母表示）。由此可知，投影法是投射线通过物体向预定投影面进行投影而得到图形的方法。

【小技巧】

产生投影的三要素：投射线、投影面、形体（物体）。三者缺一不可。

3.1.2 投影法的分类

投影法一般分为中心投影法和平行投影法两类。

（1）中心投影法 投射线汇交于一点的投影法（投射中心位于有限远处）。如图3-5所示，通过投射中心 S 作出了△ABC 在投影面 P 上的投影；投影线 SA、SB、SC 分别与投影面 P 交出点 A、B、C 的投影 a、b、c，而△abc 的投影是△ABC 在投影面 P 上的投影。

在中心投影法中，△ABC 的投影△abc 的大小随投射中心 S 距离△ABC 的远近或者△ABC 距离投影面 P 的远近而变化，其直观图立体感较强，适用于绘制建筑物的外观图。

（2）平行投影法 投射线相互平行的投影法（投射中心位于无限远处）。根据投射线与投影面的相对位置，平行投影法又分为斜投影法和正投影法。

① 斜投影法 投射线倾斜于投影面时称为斜投影法，所得到的投影称为斜投影（斜投影图），如图3-6所示。

② 正投影法 投射线垂直于投影面时称为正投影法，所得到的投影称为正投影（正投影图），如图3-7所示。

绘制工程图样时主要用正投影，下文中如不作特别说明，"投影"即指"正投影"。

3.1.3 建筑工程上常用的投影图

（1）透视图 用中心投影法将空间形体投射到单一投影面上得到的图形称为透视图，如图3-8所示。透视图与人的视觉习惯相符，能体现近大远小的效果，所以形象逼真，具有丰

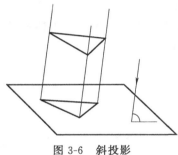

图 3-6 斜投影

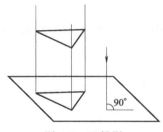

图 3-7 正投影

富的立体感，但作图比较麻烦，且度量性差，常用于绘制建筑效果图。

（2）轴测图 将空间形体正放用斜投影法画出的图或将空间形体斜放用正投影法画出的图称为轴测图。如图 3-9 所示，形体上互相平行且长度相等的线段，在轴测图上仍互相平行、长度相等。轴测图虽不符合近大远小的视觉习惯，但仍具有很强的直观性，所以在工程上得到广泛应用。

图 3-8 透视图

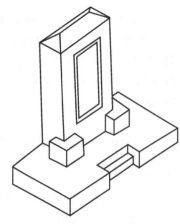

图 3-9 轴测图

（3）标高投影图 用正投影法将局部地面的等高线投射在水平的投影面上，并标注出各等高线的高程，从而表达该局部的地形。这种用标高来表示地面形状的正投影图，称为标高投影图，如图 3-10 所示。

（4）正投影图 根据正投影法所得到的图形称为正投影图。如图 3-11 所示为房屋（模型）的正投影图。正投影图直观性不强，但能正确反映物体的形状和大小，并且作图方便，度量性好，所以工程上应用最广。绘制房屋建筑图主要用正投影。

（5）镜像投影图 镜像投影法就是把镜面放在形体的下面，代替水平投影面，在镜面中得到形体的图像。在镜面中得到的形体的图像就称为镜像投影图，如图 3-12 所示。在建筑上主要表达顶棚（天花）效果。

3.1.4 平行投影的基本性质

（1）同素性 点的正投影仍然是点，直线的正投影一般仍为直线。如图 3-13 所示。

（2）定比性 点分线段的比例等于点的投影分线段投影的比例。

若点在直线上，则点的投影必在该线的同面投影上，且该点分线段之比投影后保持不

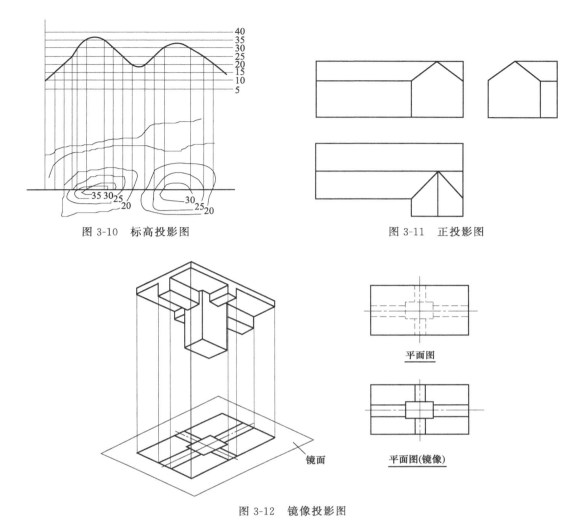

图 3-10　标高投影图

图 3-11　正投影图

平面图

平面图(镜像)

图 3-12　镜像投影图

变。如图 3-14 所示，点 K 在直线 AB 上，则点 K 在投影面 P 上的投影必落在 ab 上，若点 K 分 AB 成定比 $AK:KB$，则点 K 的投影 k 亦分 ab 成相同比例，即 $ak:kb=AK:KB$。

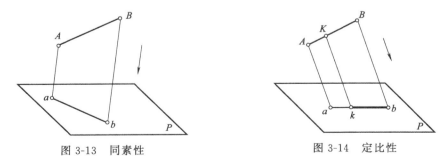

图 3-13　同素性

图 3-14　定比性

（3）从属性　点在直线上，点的投影仍在直线的投影上，线在面上，线的投影仍在面的投影上，如图 3-15 所示。

（4）类似性　平面图形的投影一般仍为原图形的类似形，如图 3-16 所示，四边形的投影仍为四边形。

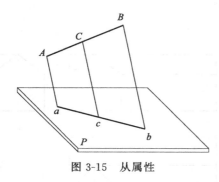

图 3-15　从属性

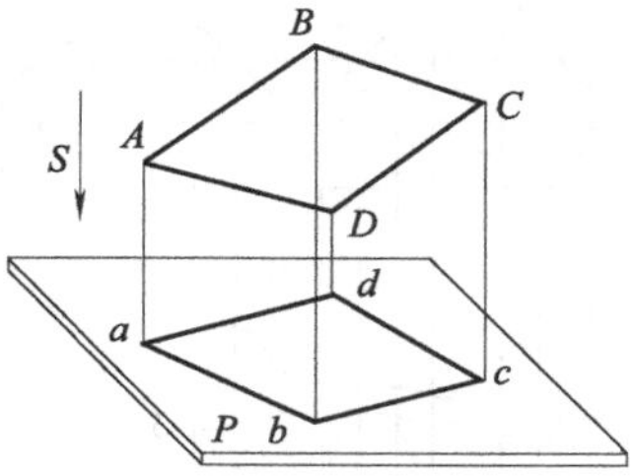

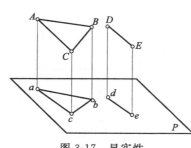

图 3-16　类似性

（5）显实性　当直线或平面平行于投影面时，其投影反映原直线或原平面图形的实形，如图 3-17 所示。

（6）积聚性　当直线或平面与投影线平行时，其投影积聚成一点或直线，如图 3-18 所示。

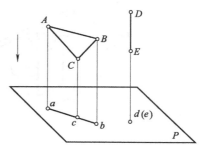

图 3-17　显实性

图 3-18　积聚性

（7）平行性　在空间互相平行的两直线或两平面其投影仍互相平行。如图 3-19 所示，空间两直线 AB∥CD、两平面△ABC∥△DEF，它们在 P 面上的投影 ab∥cd、△abc∥△def。

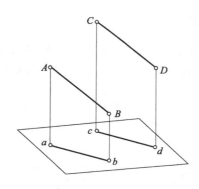

图 3-19　平行性

【小技巧】

平行投影性质口诀

线段平行投影面，投影面上原长现；

线段倾斜投影面，投影面上形变短；

线段垂直投影面，投影面上成一点；

平面平行投影面，投影面上现原形；

平面倾斜投影面，投影面上形改变；

平面垂直投影面，投影面上一段线。

3.1.5 三面投影图的形成

工程上绘制图样的主要方法是正投影法，画图简单，并具有显实性，度量方便，能够满足工程要求。但是，只用一个正投影图来表示物体是不够的。因为每一个物体都有三个向度的尺寸，而一个投影只能确定两个向度的尺寸，所以单面投影图不能唯一确定物体形状；为了确定物体的形状，通常是画三面正投影图。

3.1.5.1 建立三面投影体系

如图 3-20 所示，给出三个互相垂直的投影面 H、V、W。其中 H 面是水平放置的，称水平投影面；V 面是正立放置的，称正立投影；W 面是侧立放置的，称为侧立投影面。它们的交线 OX、OY、OZ 称投影轴，三个投影轴互相垂直。三条投影轴的交点为原点 O。

3.1.5.2 三视图的形成

如图 3-20（a）所示，将物体放在三投影面体系内，分别向三个投影面投影，保持 V 面不动，将 H 面绕 OX 轴向下旋转 90°，W 面绕 OZ 轴向右旋转 90°，与 V 面处于同一平面上，如图 3-20（b）和图 3-20（c）所示，这样便得到物体的三视图。V 面上的视图称为主视图，H 面上的视图称为俯视图，W 面上的视图称为左视图。画图时，投影面的边框及投影轴不必画出，如图 3-20（d）所示。展开后的三面投影图的关系是：正面投影图和水平投影

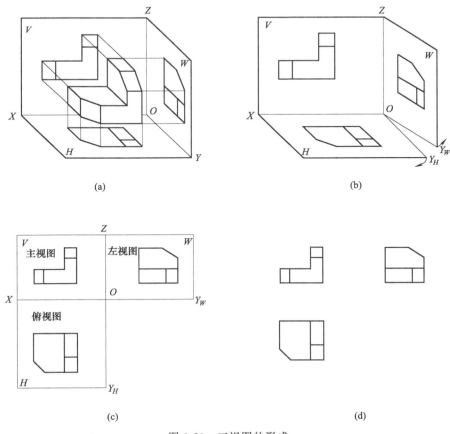

（a）   （b）

（c）   （d）

图 3-20 三视图的形成

图左右对齐，长度相等；正面投影图和侧面投影图上下对齐，高度相等；水平投影图和侧面投影图前后对应，宽度相等。这就是常讲的"长对正，高平齐，宽相等"。

3.1.5.3 三视图中的相对位置关系

主视图反映左右、上下的关系，俯视图反映左右、前后的关系，左视图反映前后、上下的关系，如图3-21所示。

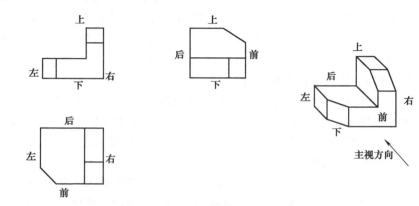

三视图的关系

图3-21 三视图中的相对位置关系

3.2 点的投影

点是构成形体最基本的几何元素，一切几何形体都可看成是点的集合。因此从点的投影出发研究形体的投影。点只有空间位置，而无大小，在画法几何里，点的空间位置是用点的投影来确定的。

【思考】

点的单面投影能不能确定其空间的位置？

3.2.1 点在三投影面体系中的投影

如图3-22（a）所示，第一分角内有一点 A，将其分别向 H、V、W 面投影，得到水平投影 a、正面投影 a' 和侧面投影 a''。移去空间点 A，保持 V 面不动，将 H 面绕 OX 轴向下

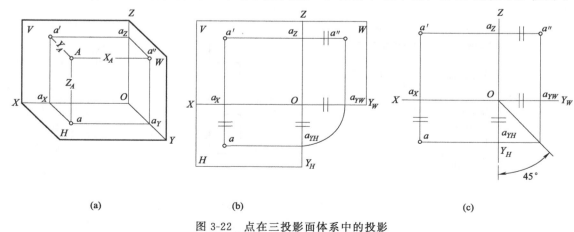

(a)   (b)   (c)

图3-22 点在三投影面体系中的投影

旋转 90°，W 面绕 OZ 轴向右旋转 90°，H、W 面与 V 面处于同一平面，即得到点 A 的三面投影图，如图 3-22（b）所示。图中 OY 轴被假想分为两条，随 H 面旋转的称为 OY_H 轴，随 W 面旋转的称为 OY_W 轴。投影中不必画出投影面的边界，如图 3-22（c）所示。

【点的投影规律】

1. 点的 V 面投影和 H 面投影的连线垂直于 OX 轴；

2. 点的 V 面投影和 W 面投影的连线垂直于 OZ 轴；

3. 点的 H 面投影到 OX 轴的距离等于其 W 面投影到 OZ 轴的距离。

3.2.2　点的直角坐标与三面投影规律

点与投影面的相对位置有四类：空间点；投影面上的点；投影轴上的点；与原点 O 重合的点。

① 空间点的任一投影，均反映了该点的某两个坐标值，即 $a(x_A, y_A)$，$a'(x_A, z_A)$，$a''(y_A, z_A)$。

② 空间点的每一个坐标值，反映了该点到某投影面的距离，即：

$x_A = aa_{Y_H} = a'a_Z = A$ 到 W 面的距离；

$y_A = aa_X = a''a_Z = A$ 到 V 面的距离；

$z_A = a'a_X = a''a_{Y_W} = A$ 到 H 面的距离。

由上可知，点 A 的任意两个投影反映了点的三个坐标值。有了点 A 的一组坐标（x_A，y_A，z_A），就能唯一确定该点的三面投影（a，a'，a''）。

【例 3-1】　已知空间点 B 的坐标为 $X = 12$，$Y = 10$，$Z = 15$，也可以写成 $B(12, 10, 15)$。单位为 mm（下同）。求作 B 点的三投影。

（1）分析　已知空间点的三点坐标，便可作出该点的两个投影，从而作出另一投影。

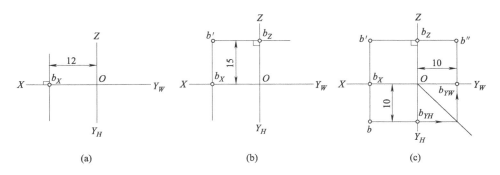

图 3-23　由点的坐标作三面投影

（2）作图

① 画投影轴，在 OX 轴上由 O 点向左量取 12，定出 b_X，过 b_X 作 OX 轴的垂线，如图 3-23（a）所示。

② 在 OZ 轴上由 O 点向上量取 15，定出 b_Z，过 b_Z 作 OZ 轴垂线，两条线交点即为 b'，如图 3-23（b）所示。

③ 在 $b'b_X$ 的延长线上，从 b_X 向下量取 10 得 b；在 $b'b_Z$ 的延长线上，从 b_Z 向右量取 10 得 b''。或者由 b' 和 b 用图 3-23（c）所示的方法作出 b''。

3.2.3 两点间的相对位置

两点间的相对位置是指空间两点之间上下、左右、前后的位置关系。两点的 V 面投影反映上下、左右的关系；两点的 H 面投影反映左右、前后的关系；两点的 W 面投影反映上下、前后的关系。

根据两点的坐标，可判断空间两点间的相对位置。两点中，x 坐标值大的在左,；y 坐标值大的在前；z 坐标值大的在上。图 3-24（a）中，$x_A > x_B$，则点 A 在点 B 之左；$y_A > y_B$，则点 A 在点 B 之前；$z_A < z_B$，则点 A 在点 B 之下。即点 A 在点 B 之左、前、下方，如图 3-24（b）所示。

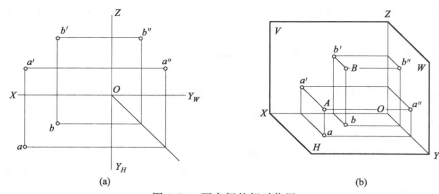

(a)　　　　　　　　　　　　　　　　(b)

图 3-24　两点间的相对位置

【例 3-2】 已知空间点 $C(15，8，12)$，D 点在 C 点的右方 7、前方 5、下方 6。求作 D 点的三投影。

分析：D 点在 C 点的右方和下方，说明 D 点的 X、Z 坐标小于 C 点的 X、Z 坐标；D 点在 C 点的前方，说明 D 点的 Y 坐标大于 C 点的 Y 坐标。可根据两点的坐标差作出 D 点的三投影。

作图：如图 3-25 所示。

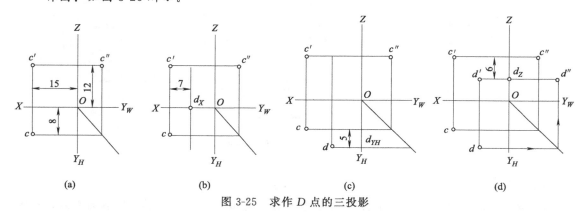

(a)　　　　　　(b)　　　　　　(c)　　　　　　(d)

图 3-25　求作 D 点的三投影

3.2.4 重影点

属于同一条投射线上的点，在该投射线所垂直的投影面上的投影重合为一点。空间的这些点，称为该投影面的重影点。在图 3-26（a）中，空间两点 A、B 连线属于对 H 面的一条投射线，则点 A、B 称为 H 面的重影点，其水平投影重合为一点 a（b）。同理，点 C、D

称为 V 面的重影点，其正面投影重合为一点 $c'(d')$。

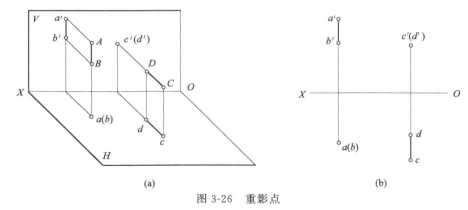

图 3-26　重影点

当空间两点在某投影面上的投影重合时，其中必有一点的投影遮挡着另一点的投影，这就出现了重影点的可见性问题。在图 3-26（b）中，点 A、B 为 H 面的重影点，由于 $z_A > z_B$，点 A 在点 B 的上方，故 a 可见，b 不可见（点的不可见投影加括号表示）。同理，点 C、D 为 V 面的重影点，由于 $y_C > y_D$，点 C 在点 D 的前方，故 c' 可见，d' 不可见。

显然，重影点是两个坐标值相等，第三个坐标值不等的空间点。因此，判断重影点的可见性，是根据它们不等的唯一坐标值来确定的，即坐标值大的可见，坐标值小的不可见。

3.3　线的投影

直线的投影一般仍为直线，特殊情况下，可积聚成一点。两点确定一条直线。用线段的投影表示直线的投影，即作出直线段上两端点的投影，则两点的同面投影连线为直线的投影，如图 3-27 所示。另外，已知直线上一点的投影和该直线的方向，也可画出该直线的投影。

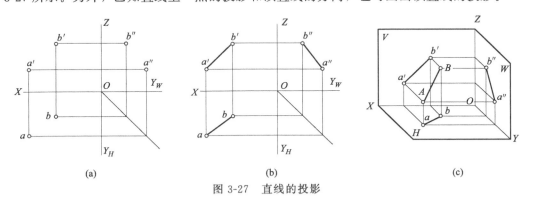

图 3-27　直线的投影

根据直线相对投影面的位置不同，直线可分特殊位置直线（投影面平行线、投影面垂直线）以及一般位置直线。直线与其水平投影、正面投影、侧面投影的夹角，分别称为该直线对投影面 H、V、W 的倾角，分别用 α、β、γ 表示。

3.3.1　特殊位置直线及其投影特性

3.3.1.1　投影面平行线

平行于一个投影面，而与另外两个投影面倾斜的直线称为投影面平行线。其分为三种：

水平线（只平行于 H 面）；正平线（只平行于 V 面）；侧平线（只平行于 W 面），见表 3-1。

以水平线分析投影特性：

① 水平线的正面投影平行 OX 轴，侧面投影平行于 OY 轴，且均小于实长。因为 AB 上各点与 H 面等距，即 z 坐标相等，所以 $a'b' /\!/ OX$，$a''b'' /\!/ OY_W$。同时，$a'b' = AB \cdot \cos\beta < AB$，$a''b'' = AB \cdot \cos\gamma < AB$。

② 水平线的水平投影反映直线实长。因为 $ABba$ 是矩形，$ab /\!/ AB$，所以 $ab = AB$。

③ 水平线的水平投影与 OX、OY 轴的夹角分别反映该直线对 V 面、W 面的倾角 β、γ。因为 $AB /\!/ ab$，$a'b' /\!/ OX$，$a''b'' /\!/ OY_W$，所以 ab 与 OX、OY 的夹角即为 AB 对 V 面、W 面的真实夹角 β、γ。

同理，也可分析正平线和侧平线的投影特性。

表 3-1　投影面平行线的投影特性

名称	轴 测 图	投 影 图	投影特性
水平线 （$/\!/H$）	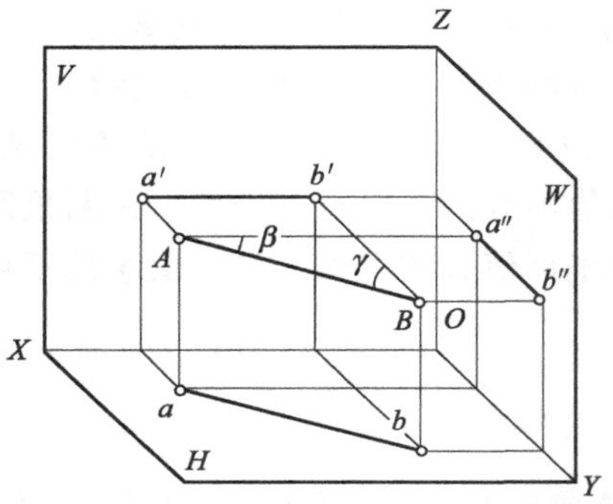	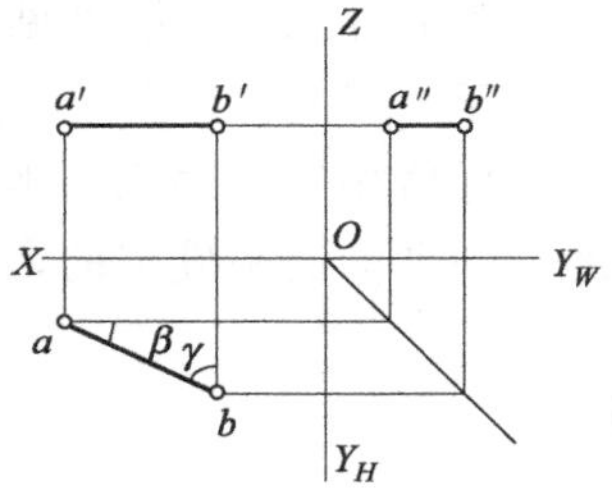	1. ab 反映实长和夹角 β、γ 的大小 2. $a'b' /\!/ OX$，$a''b'' /\!/ OY_W$
正平线 （$/\!/V$）	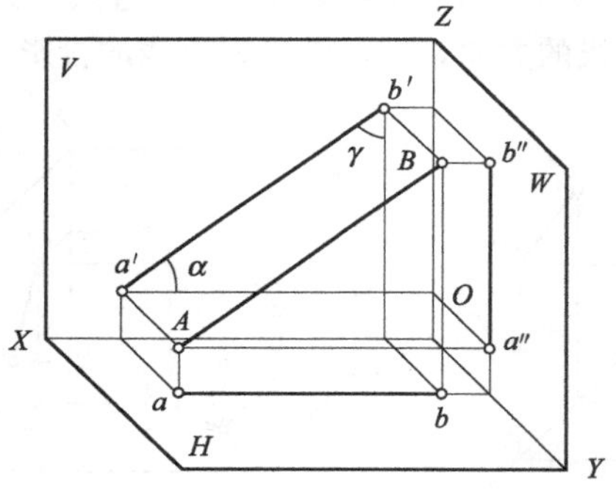	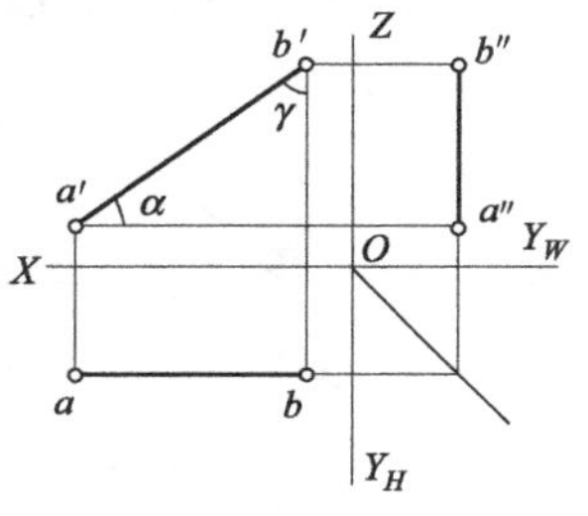	1. $a'b'$ 反映实长和夹角 α、γ 的大小 2. $ab /\!/ OX$，$a''b'' /\!/ OZ$
侧平线 （$/\!/W$）	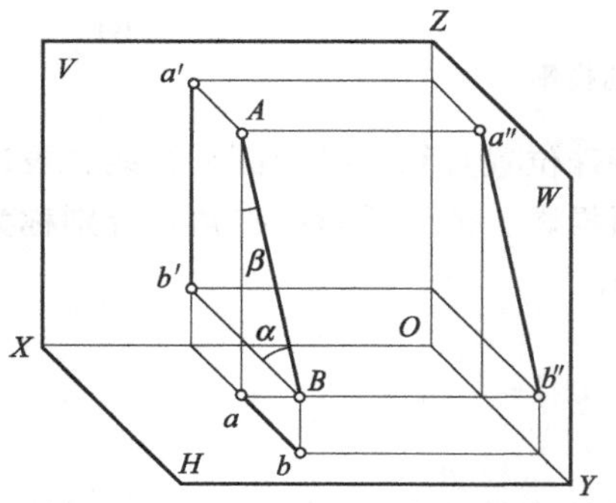	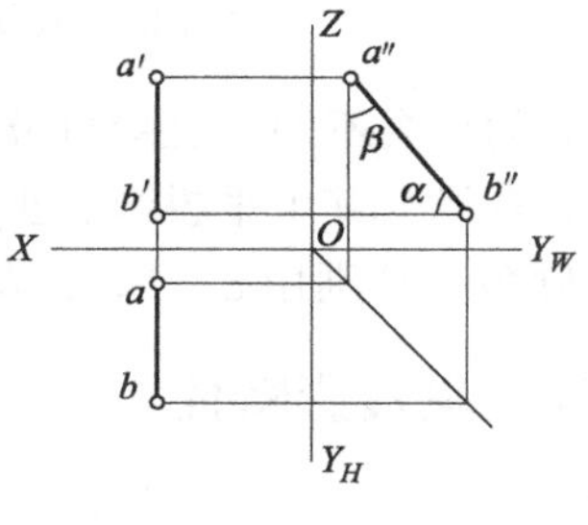	1. $a''b''$ 反映实长和夹角 α、β 的大小 2. $ab /\!/ OY_H$，$a'b' /\!/ OZ$

【小技能】

投影面平行线的投影特性：

1. 在它所不平行的两个投影面上的投影平行于相应的投影轴，但不反映实长。

2. 在它所平行的投影面上的投影反映实长，且与投影轴的夹角，分别反映该直线对另两个投影面的真实夹角。

3.3.1.2 投影面垂直线

垂直于一个投影面，而与另外两个投影面平行的直线，称为投影面垂直线。其分为三种：铅垂线（$\perp H$ 面）；正垂线（$\perp V$ 面）；侧垂线（$\perp W$ 面）。见表 3-2。

以铅垂线分析投影特性：

① 由于 AB 垂直 H 面，所以 A、B 两点对 H 面的投影积聚为一点；

② AB 垂直 H 面，必平行 V、W 面，所以 AB 在 V、W 面上的投影均反映实长；

③ 直线 AB 垂直 H 面，必垂直 OX、OY 轴，所以 $a'b' \perp OX$ 轴，$a''b'' \perp OY_W$ 轴。

同理，也可分析正垂线和侧垂线的投影特性。

【小技能】

投影面垂直线的投影特性：

1. 直线在所垂直的投影面上的投影积聚为一点；

2. 另外两个投影面上的投影垂直相应的投影轴，且反映线段的实长。

表 3-2 投影面垂直线的投影特性

名称	轴 测 图	投 影 图	投影特性
铅垂线（$\perp H$）			1. H 投影 a、b 积聚为一点； 2. $a'b' \perp OX$，$a''b'' \perp OY_W$； 3. $a'b'$、$a''b''$ 反映实长
正垂线（$\perp V$）			1. V 投影 a'、b' 积聚为一点； 2. $ab \perp OX$，$a''b'' \perp OZ$； 3. ab、$a''b''$ 反映实长

续表

名称	轴 测 图	投 影 图	投影特性
侧垂线（⊥W）	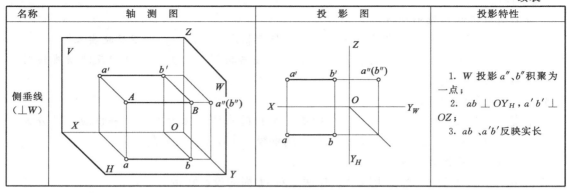		1. W 投影 a''、b'' 积聚为一点； 2. $ab \perp OY_H$，$a'b' \perp OZ$； 3. ab、$a'b'$ 反映实长

3.3.2 一般位置直线

对三个投影面都倾斜的直线，称为一般位置直线。图 3-28 表示一般位置直线 AS 的三面投影。因为 α、β、γ 均不等于零，所以 $as=AS \cdot \cos\alpha < AS$，$a's'=AS \cdot \cos\beta < AS$，$a''s''=AS \cdot \cos\gamma < AS$。一般位置直线的投影与相应投影轴的夹角，都不反映该直线对投影面的倾角。

【小技能】

一般位置直线的投影特性为：三个投影都倾斜于投影轴，且不反映该直线的实长；投影与投影轴的三个夹角，都不反映直线对投影面的倾角。

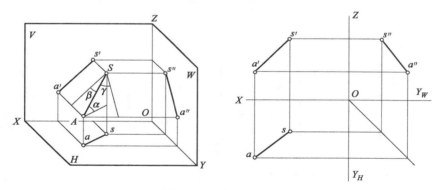

图 3-28　一般位置直线

3.4 平面的投影

3.4.1 平面的表示法

3.4.1.1 用几何元素表示平面

由初等几何可知，空间平面可由下列任意一组几何元素来确定。在投影图上，可以用以下其中任意一组几何元素的投影来表示平面（图 3-29）：

① 不在同一直线上的三点；

② 一直线和直线外一点；

③ 相交两直线；

④ 平行两直线；

⑤ 任意平面图形（如三角形、圆形及其他封闭图形）。

以上五组表示平面的方法，虽然形式不同，但均符合三点确定一个平面的原理。它们之间可以互相转换。

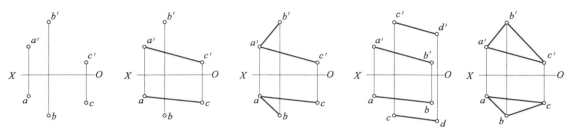

图 3-29　平面的表示法

3.4.1.2　用迹线表示平面

如图 3-30（a）所示，平面与投影面的交线，称为平面的迹线，平面也可用迹线表示。用迹线表示的平面称为迹线平面。平面与 V 面、H 面、W 面的交线，分别称为正面迹线（V 面迹线）、水平迹线（H 面迹线）、侧面迹线（W 面迹线）。迹线的符号用平面名称的大写字母附加投影面名称的注脚表示，如图 3-30（b）所示的 P_V、P_H、P_W。迹线是投影面上的直线，它在该投影面上的投影位于原处，用粗实线表示，并标注上述符号。它在另外两个投影面上的投影，分别在相应的投影上，不需作任何表示和标注。

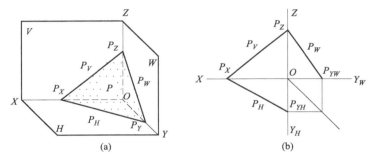

图 3-30　用迹线表示平面

3.4.2　各种位置平面

在三投影面体系中，空间平面对投影面的相对位置有特殊位置平面（投影面垂直面、投影面平行面）以及一般位置平面。

3.4.2.1　投影面垂直面

投影面垂直面是指垂直于某一投影面，同时倾斜于其他两投影面的平面。投影面垂直面有三种：铅垂面（$\perp H$ 面）；正垂面（$\perp V$ 面）；侧垂面（$\perp W$ 面）。

以铅垂面分析投影特性：

$\triangle ABC$ 为铅垂面，所以它的水平投影积聚为倾斜的直线段，该投影与 OX 和 OY_H 轴的夹角，反映该平面与 V、W 面的倾角 β、γ 的真实大小。它的 V、W 面的投影都是三角形

（与原平面图形类似），且比实形小。正垂面和侧垂面也有类似的投影特性，见表 3-3。

表 3-3 投影面垂直面的投影特性

名称	轴 测 图	投 影 图	投影特性
铅垂面 （⊥H）	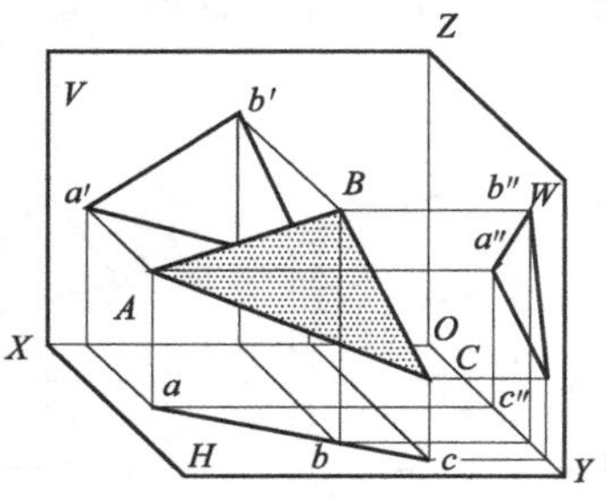	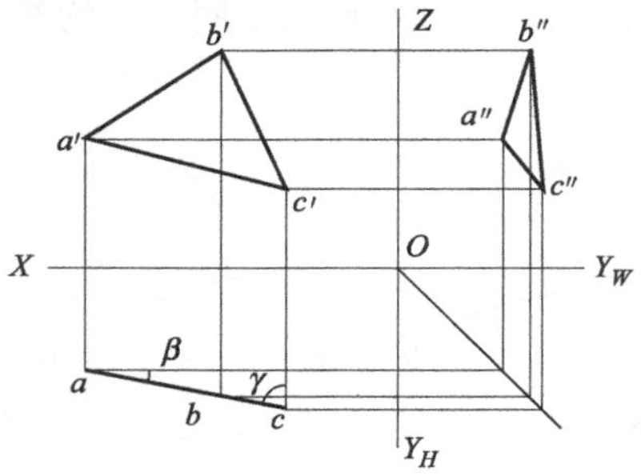	1. H 投影积聚为一条直线，它与 OX 和 OY_H 轴的夹角分别反映平面与 V、W 面夹角 β、γ 的大小； 2. V、W 面投影不反映实形，均为类似形
正垂面 （⊥V）	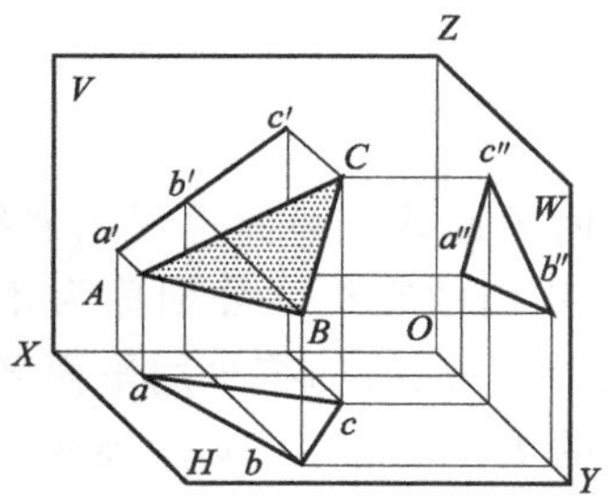	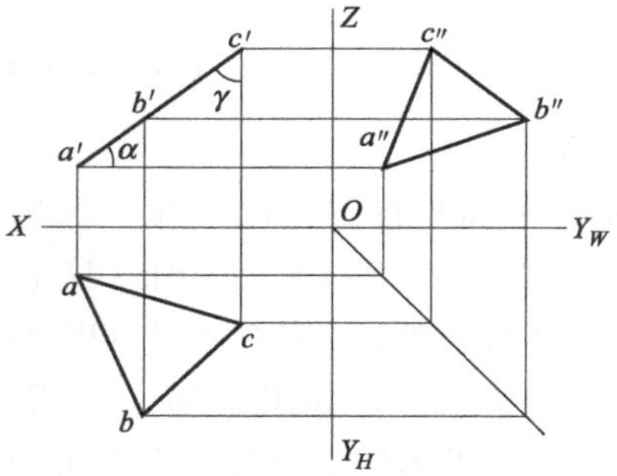	1. V 投影积聚为一条直线，它与 OX 和 OZ 轴的夹角分别反映平面与 H、W 面夹角 α、γ 的大小； 2. H、W 面投影不反映实形，均为类似形
侧垂面 （⊥W）	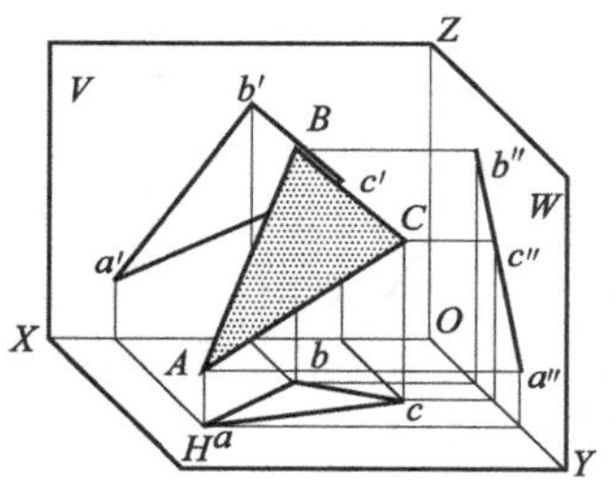	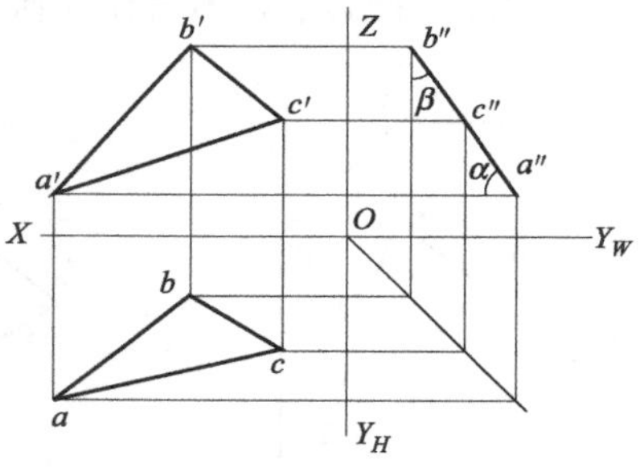	1. W 投影积聚为一条直线，它与 OY_W 和 OZ 轴的夹角分别反映平面与 H、V 面夹角 α、β 的大小； 2. H、V 面投影不反映实形，均为类似形

【小技能】

投影面垂直面的投影特性：

1. 在所垂直的投影面上的投影积聚成一条直线；

2. 具有积聚性的投影与投影轴的夹角，反映该平面与相应投影面的倾角；

3. 另外两个投影面上的投影为原图形的类似形。

3.4.2.2 投影面平行面

投影面平行面是指平行于某一投影面，同时又垂直于另外两投影面的平面。投影面平行面有三种：水平面（∥H 面）；正平面（∥V 面）；侧平面（∥W 面）。

以正平面分析投影特性：

$\triangle ABC$ 为正平面，由于它平行于 V 面，所以它的正面投影反映 $\triangle ABC$ 的实形，即 $\triangle ABC \cong \triangle a'b'c'$。又因为 $\triangle ABC$ 垂直于 H 面和 W 面，所以它的水平和侧面投影均积聚为一条直线段且分别平行于 OX 和 OZ 轴。水平面和侧平面也有类似的投影特性。见表 3-4。

表 3-4　投影面平行面的投影特性

名称	轴 测 图	投 影 图	投 影 特 性
水平面 (∥H)			1. H 投影反映实形; 2. V、W 投影分别为平行 OX、OY_W 轴的直线段,有积聚性
正平面 (∥V)			1. V 投影反映实形; 2. H、W 投影分别为平行 OX、OZ 轴的直线段,有积聚性
侧平面 (∥W)			1. W 投影反映实形; 2. V、H 投影分别为平行 OZ、OY_H 轴的直线段,有积聚性

【小技能】

投影面平行面的投影特性:

1. 在其所平行的投影面上的投影,反映平面图形的实形;

2. 在另外两个投影面上的投影均积聚成直线,且平行于相应的投影轴。

3.4.2.3　一般位置平面

对三个投影面都倾斜的平面,称为一般位置平面。如图 3-31 所示△ABC 是一般位置平

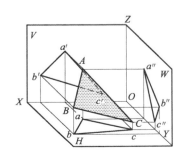
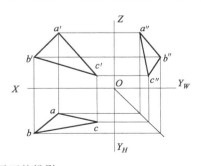

图 3-31　一般位置平面的投影

面，由于它对三个面都倾斜，所以三个投影均不反映实形，是原图形的类似形。同时各投影也不反映该平面对各投影面的倾角 α、β、γ。由此得到一般位置平面的投影特性。

【小技能】

一般位置平面在三个投影面上的投影均为原图形的类似形，且形状缩小。

3.5 体的投影

无论多么复杂的建筑形体，一般都是由基本几何形体所组成的，因此掌握基本几何形体的投影特性是画图和看图的重要基础。

基本几何形体可分为平面立体和曲面立体两大类。平面立体是由平面所围成的，如棱柱体、棱锥体；曲面立体则是由曲面或曲面和平面所围成的，如圆柱体、圆锥体、球体等，如图 3-32 所示。

图 3-32 基本几何体

3.5.1 平面立体的投影

平面立体是由平面围成的，而平面是由直线围成的，直线是由点组成的，所以平面立体的投影实际上应是点、线、面的投影。平面立体又分为棱柱体和棱锥体。

（1）棱柱 棱柱是由棱面及上、下底面组成，棱面上各侧棱互相平行。它是根据底面的边数来具体命名的。

① 三棱柱投影分析 如图 3-33 所示为三棱柱的立体直观图及三面投影图。

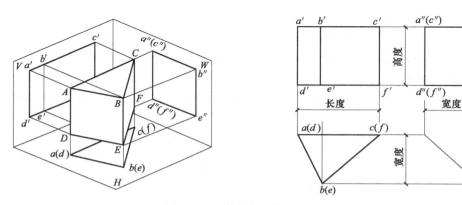

图 3-33 三棱柱的立体图形及投影

由图 3-33 可知：水平投影是一个三角形，它是上、下底面的投影，且反映实形，三条边是三个棱面的积聚投影，三个顶点是三条棱线的积聚投影；正面投影是三个矩形，左边矩形是左棱面的投影（可见），右边矩形是右棱面的投影（可见），大矩形是后棱面的显实投影（不可见），上下两条横线是上、下底的积聚投影，三条竖线是三条棱线的显实投影；侧面投影是一个矩形，它是左、右两个棱面的重合投影，上下两条横线是上、下底的积聚投影，前面的竖线是三棱柱前面棱线的显实投影，后面的竖线是三棱柱后面的积聚投影。

② 正六棱柱投影分析　如图 3-34 所示，正六棱柱的顶面和底面反映实形平行于水平面，前后棱面平行于正面，另外两个棱面垂直于水平面。作投影图时，先画出中心线对称线，再画出六棱柱的水平投影正六边形，最后按投影规律作出其他投影。

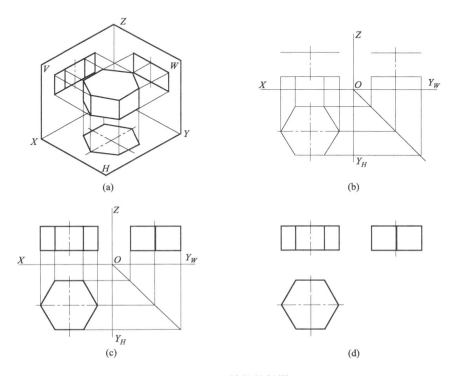

图 3-34　六棱柱的投影

【小技能】

棱柱的投影特性：

一个面投影为多边形，是各棱面投影的积聚，另外两个面都是有一个或多个矩形拼成的矩形。

（2）棱锥　棱线相交于一点的平面立体称为棱锥体。

① 三棱锥　从图 3-35 中可以看出：水平投影由四个三角形组成，$\triangle sab$ 是左前棱面 $\triangle SAB$ 的投影，$\triangle sbc$ 是右前棱面 $\triangle SBC$ 的投影，$\triangle sac$ 是后棱面 $\triangle SAC$ 的投影，它们都不反映实形，$\triangle abc$ 是底面 $\triangle ABC$ 的投影，反映实形；正面投影是由三个三角形组成，分别是左棱面 $\triangle SAB$ 的投影 $\triangle s'a'b'$，右棱面 $\triangle SBC$ 的投影 $\triangle s'b'c'$，后棱面 $\triangle SAC$ 的投影 $\triangle s'a'c'$，下面的一条边 $a'b'c'$ 是底面 $\triangle ABC$ 的积聚投影；侧面投影是一个三角形，它是左右两个棱面的重合投影，后边 $s''a''c''$ 是后棱面的积聚投影，下边 $a''c''b''$ 是底面的积聚投影，前边 $s''b''$ 是前面一条棱线的投影。

② 五棱锥　五棱锥的立体直观图及投影如图 3-36 所示。

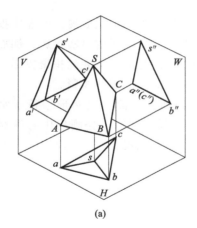

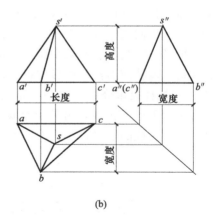

图 3-35　三棱锥的立体图形及投影

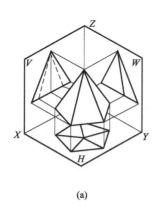

(a)

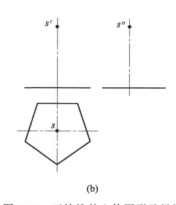

(b)

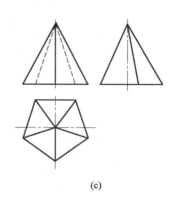

(c)

图 3-36　五棱锥的立体图形及投影

【小技能】

棱锥的投影特性：

一个面投影是共顶点三角形拼成的多边形，另两面投影均为共顶点且底边重合于一条线的三角形。

3.5.2　曲面立体的投影

曲面立体是由曲面或曲面与平面围成的立体。常见的曲面立体有圆柱体、圆锥体和球体等，它们都是回转体。回转体是由回转曲面或回转曲面和平面围成的立体。回转曲面是由运动的母线绕着固定的轴线旋转而成的，母线运动到任一位置称为素线。由于曲面立体的表面多是光滑曲面，作曲面立体投影时，要将回转曲面的形成规律和投影表达方式紧密联系起来，从而掌握曲面投影的表达特点。

（1）圆柱　圆柱面是由一母线绕与它平行的轴线旋转而成。如直线 AA_1 绕着与它平行的直线 OO_1 旋转，所得圆柱体如图 3-37 所示。

从图 3-38 中可以看出：水平投影是一个圆，它是上下底面的重合投影，反映实形，圆周是圆柱面的积聚投影；正面投影是一个矩形，它是前半个圆柱面和后半个圆柱面的重合投影，上下两条横线是上下两个底面的积聚投影，左、右两条竖线是圆柱面最左和最右两条素线的投影；侧面投影是与正面投影相同的矩形，它是左半圆柱面和右半圆柱面和重合投影，上、下两条横线是上、下两个底面积聚投影，前后两条竖线是圆柱面上最前和最后两条素线的投影。

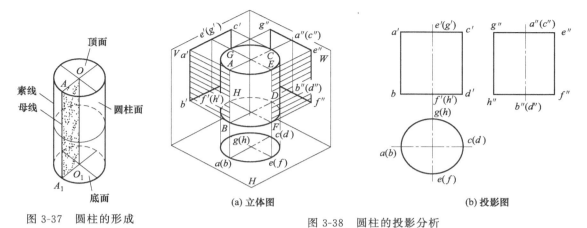

图 3-37　圆柱的形成

图 3-38　圆柱的投影分析

【小技能】

圆柱的投影特性：

正圆柱的轴与水平投影面垂直，底面顶面平行于水平投影面，H 投影为一圆形。其他两投影为两个大小相等的矩形。

（2）圆锥　圆锥由圆锥面和底面围成。圆锥面是由一母线绕和它相交的轴线旋转而成。直线 SA 绕与它相交的另一直线 SO 旋转，所得轨迹是圆锥面，圆锥体如图 3-39 所示。

圆锥的投影如图 3-40 所示，圆锥轴线垂直 H 面，底面圆为水平面。水平面投影是一个圆，它是圆锥面和底面的重合投影，反映底面的实形；正面投影是一个三角形，它是前半个圆锥面和后半个圆锥面的重合投影，三角形的底边是圆锥底面的积聚投影，左右两边是最左和最右两条素线的投影；侧面投影是和正投影一样的三角形，它是左半个圆锥面和右半个圆锥面的重合投影，三角形底边是底面的投影，前后两边是圆锥最前和最后两条素线的投影。

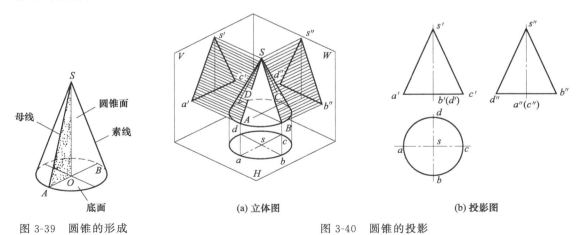

图 3-39　圆锥的形成

图 3-40　圆锥的投影

【小技能】

圆锥的投影特性：

正圆锥的轴与水平投影面垂直，即底面平行于水平投影面，H 投影为一圆形。其他两投影为两个大小相等的三角形。

（3）圆球　球可看成是以一圆为母线，以其直径为轴线旋转而成。该直径为导线，该圆周为母线，母线在球面上任一位置时的轨迹称为球面的素线，球面所围成的立体称为球体。如图3-41所示。

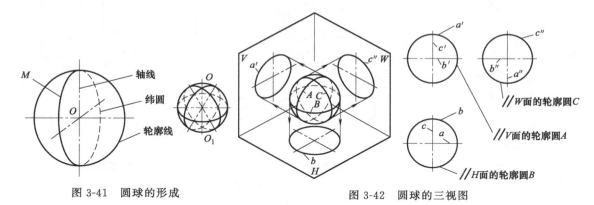

图 3-41　圆球的形成　　　　　　图 3-42　圆球的三视图

如图3-42所示，圆球的投影是与圆球直径相等的三个圆，这三个圆分别是三个不同方向球体轮廓的素线圆的投影，不能认为是球面上同一圆的三个投影。球的三个投影均为圆，其直径与球的直径相等，但三个投影面上的圆是不同方向的外围轮廓线的投影。正面投影是最大正平圆的投影，水平投影是最大水平圆的投影，侧面投影是最大侧平圆的投影。

【小技能】

球的投影特性：

三个面的投影均为大小相等的圆，但所表达圆的位置不同。

【技巧小结】

曲面体投影图的识读：

1. 圆柱体的三个投影图分别是一个圆和两个全等的矩形，且矩形的长度等于圆的直径。满足这样三个投影图的立体是圆柱体。

2. 圆锥体的三个投影图分别是一个圆和两个全等的等腰三角形，且三角形的底边长等于圆的直径，满足这样要求的投影图是圆锥体的投影图。

3. 球体的三个投影都是圆，如果满足这样的要求或者已知一个投影是圆且所注直径前加注字母"S"则为球体的投影。

3.6　组合体的投影

建筑形体不管简单还是复杂，都可以分解成若干个基本几何体。因此由两个或两个以上的基本几何体组成的形体称为组合体。

3.6.1　组合体的组合形式

根据组合体的组成方式不同，组合体大致可以分成三类：叠加型、切割型、综合型。

（1）叠加型　所谓叠加就是把基本几何体重叠地摆放在一起形成的组合体。根据形体相互间的位置关系，叠加分为以下三种方式。

① 叠合 指两基本几何体以平面的方式相互接触，如图 3-43 所示。

② 相交 指两基本几何体表面彼此相交。相交处应画出交线，如图 3-44 所示。

③ 相切 指两基本几何体表面光滑过渡，在相切处不画交线，如图 3-45 所示。

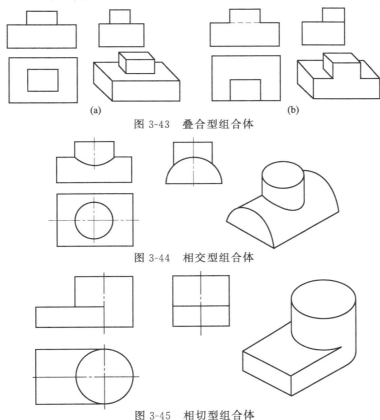

图 3-43 叠合型组合体

图 3-44 相交型组合体

图 3-45 相切型组合体

（2）切割型 割体是基本几何体被挖切后形成的组合体，如图 3-46 所示。

组合体读图

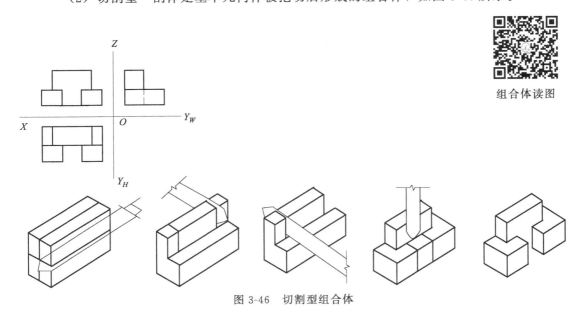

图 3-46 切割型组合体

（3）综合型　由基本形体叠加和被截割而成的组合体称为综合型组合体。如图 3-47 所示，组合体可以看作是由 5 个基本形体经过切割及叠加而成。其中底板为一个四棱柱；在底板上叠合的后立板和左、右两个侧立板也是四棱柱；后立板上圆孔可以看作是挖去一个圆柱而得的。该组合体可以看成由一个长方体（底板）、一个圆台和一个圆柱叠加后，再挖去一个四棱柱而形成的。

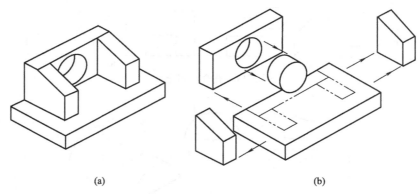

(a)　　　　　　　　　　　　(b)

图 3-47　组合体的分解

3.6.2　组合体的投影画法分析

一般采用形体分析法，就是假想把组合体分解为几个基本几何体，并确定它们的组合形式和相互位置。这种方法是画图和看图的基本方法。了解组合体各组成部分的形状以及组合方式，就可以完全认识组合体的整体形状。这对画图、看图和标注尺寸是非常必要的。

【小技巧】

绘制组合体投影图的作图步骤：

形体分析→选择正立面图的投射方向→选比例、定图幅进行图面布置→画投影图→标注尺寸等。

下面以一幢房屋为例来分析讲解。

3.6.2.1　形体分析

形体分析的目的是确定组合体由哪些基本形体组成，清楚它们之间的相对位置。如图 3-48 所示，可以把形体分为Ⅰ、Ⅱ两个平放着的五棱柱和带缺口的四棱柱Ⅲ、三棱锥Ⅳ这样四个基本形体。形体Ⅲ在形体Ⅰ上边，形体Ⅱ在形体Ⅰ的前面，形体Ⅳ在形体Ⅰ和Ⅱ的相交处。

3.6.2.2　选择投射方向

【小技巧】

选择投射方向主要考虑以下三个基本条件：

1. 正立面图最能反映形体的特征。

2. 形体的正常工作位置，比如梁和柱，梁的工作位置是横置，画图时必须横放；柱的工作位置是竖

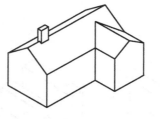
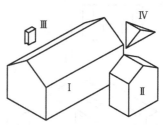

(a) 立体图　　　　　　(b) 形体分析图

图 3-48　组合体的形体分析

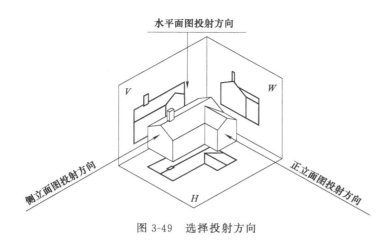

图 3-49 选择投射方向

置，画图时必须竖放。

3. 投影面的平行面最多，投影图上的虚线最少。

根据以上选择投射方向的条件，我们选择正立面图的投射方向，如图 3-49 所示箭头所指的方向，水平面图和左侧立面图以此为依据。

3.6.2.3 选比例、定图幅进行图面布置

一般采用两种方法。一是先选比例，根据比例确定图形的大小，根据几个投影图选出所需要的图幅；二是先定图幅，根据图纸幅面来调整绘图比例。在实际工作中，常常将两种方法兼顾考虑。

【注意】

在进行本工作时要注意：

1. 图形大小适当，不能将一个形体的图形在这一幅图中显得过大或过小；

2. 各投影图与图框线的距离基本相等；

3. 各投影图之间的间隔大致相等。

3.6.2.4 画投影图

作图的一般步骤如下：

（1）图面布置 根据以上分析后，确定各图画在图纸上的位置，画出定位线或基准线。

（2）画底稿线 根据形体的特征及其分析的结果，用 2H 或 3H 较硬的铅笔轻画。画图时可采用先画出一个基本形体的三个投影后再画第二个基本形体的方法；也可以采用先画完一个组合体的一个投影图后再画第二个投影图的方法。

（3）检查与修改 在工程施工图中力求图形正确无误，避免因图纸的错误造成工程上的损失。当底稿线图画好之后，必须对所画的图样进行认真检查，改正错误之处，保证所画图样正确无误。

（4）加深图线 检查无误后，再将图线加粗加深；可见线为粗实线，一般采用偏软的 2B 铅笔完成。线条要求黑而均匀，宽窄一致。注意不可见线要画成细虚线。

3.6.2.5 标注尺寸

在组合体的投影图上标注尺寸，应掌握形体分析的方法，并达到"完整、正确、清晰"的要求。完整，即各类尺寸齐全，也不重复；正确，即尺寸数字和选择基准正确，符合国家标准的规定；清晰，即标注清晰。

（1）尺寸基准　标注尺寸的起始点称为尺寸基准。空间形体都有长、宽、高三个方向尺寸，所以必须有三个方向的基准。

（2）尺寸的分类　根据尺寸在投影图中的作用可分为三类：

① 定形尺寸　确定组成组合体的各基本几何体大小的尺寸。常见的基本形体的尺寸标注即为：长、宽、高。见图3-50。

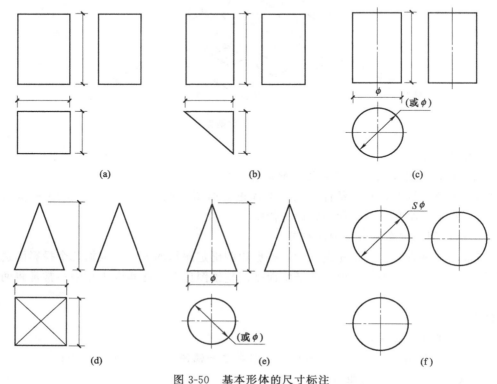

图3-50　基本形体的尺寸标注

② 定位尺寸　确定组成组合体的各基本几何体相互位置的尺寸。

③ 总体尺寸　确定组合体总长、总宽、总高的尺寸。

【例3-3】　如图3-51（a）所示，按基本形体叠加的方法作图。

（1）形体分析　该形体可以看成是由四个基本形体组成的。形体Ⅰ为平放的五棱柱，形体Ⅱ为带缺口的长方体，形体Ⅲ为四棱柱，形体Ⅳ为一斜切半圆柱叠加在形体Ⅰ和Ⅲ上。

（2）选择投射方向　根据选择投射方向的三个基本条件，选择正立面图的投射方向，如图3-51（a）所示箭头上注有"正"字的方向为正立面图的投射方向，其他投影图的投射方向以此为准，确定侧面图和水平面图的投射方向。

（3）确定比例和定图幅　作业中一般采用A2或A3图幅，建筑物的体积比较大，一般采用缩小比例绘制。此例采用1∶1的比例，并采用A3幅面绘制。

（4）画投影图

① 图面布置　一般情况下把正立面图画在图纸的左后方，平面图放在立面图的正前方，左右对正；左侧立面图放在立面图的右边，上下齐平。各图之间留有一定的空档，用以标注尺寸和注写图名。以上问题考虑好后，画出基准线，如图3-51（b）所示。

② 画底稿线　用较硬的2H铅笔轻画底稿线，先画大的形体，再画较小的形体，画图

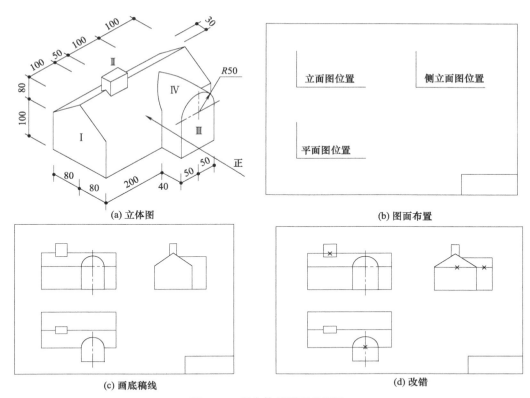

图 3-51 组合体投影图的画法

时要注意它们之间的相互位置关系,如图 3-51 (c) 所示。

图 3-51 (c) 按照叠加法的画法:第一步,画形体 I 的三面投影;第二步,按给定尺寸及位置叠加形体 II 的三面投影;第三步,按给定尺寸及位置叠加形体 III 的三面投影;第四步,画斜切半圆柱 IV 的三面投影。

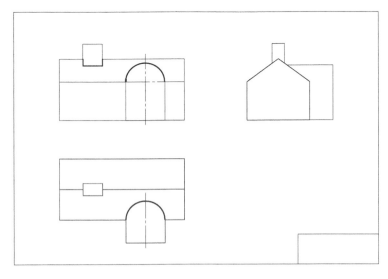

图 3-52 组合体的三视图示意

③ 检查　画工程中的图纸要严谨，不能出差错，要保证所画图样正确无误。所以每一个画图者必须养成自我检查的良好习惯。确认图线正确无误后，方可加深图线。如此例中常见的错误画法有 4 处，即图 3-51（d）中打"×"处：平面图中半圆柱下不应画交线；立面图中在烟囱位置屋脊线不能画通；侧立面图中圆柱与墙面相切，此处无交线。

④ 加深图线　完成形体的正投影图。根据经验，细线用中性的 HB 铅笔画；粗线用偏软的 2B 铅笔画，如图 3-52 所示。

3.6.3　组合体的视图读图分析

画图是将具有三维空间的形体画成只具有二维平面的投影图形的过程，读图则把二维平面的投影图形想象成三维空间的立体形状。读图的目的是培养和发展读者的空间想象力和读懂投影图的能力。读图与画图是互逆的两个过程，其实质都是反映图、物之间的对应关系。必须掌握读图的基本方法。通过多读多练，达到真正掌握阅读组合体投影图的能力，为阅读工程施工图打下良好的基础。

3.6.3.1　读图应具备的基本知识

（1）熟练地运用"三等"关系　在投影图中，形体的三个投影图不论是整体还是局部都具有长对正、高平齐、宽相等的三等关系。如何用好"三等"关系是读图的关键。

（2）灵活运用方位关系　掌握形体前后、左右、上下六个方向在投影图中的相对位置，可以帮助我们理解组合体中的基本形体在组合体中的部位。例如平面图只反映形体前后、左右的关系和形体顶面的形状，不反映上下关系；正立面图只反映形体上下、左右的关系和形体正面的形状，不反映前后的关系；左侧立面图只反映形体前后、上下关系和形体左侧面的形状，不反映左右关系。

（3）掌握基本形体的投影特征　这是阅读组合体投影图必不可少的基本知识，例如三棱柱、四棱柱、四棱台等的投影特征和圆柱、圆台的投影特征。掌握了这些基本形体的投影，便于用形体分析法来阅读组合体的投影图。

（4）各种位置直线、平面的投影特征　各种位置直线包括一般线和特殊位置线，特殊位置线包括投影面的平行线和投影面的垂直线。各种位置平面包括一般面和特殊位置平面，特殊位置平面又包括投影面的平行面和投影面的垂直面。掌握了各种位置直线和各种位置平面的投影，便于用线面分析法来阅读组合体的投影图。

3.6.3.2　读图基本方法

在阅读组合体的投影图时，主要运用的方法有形体分析法和线面分析法。一般做法是将两种方法结合起来运用，以形体分析法为主，以线面分析法为辅。

（1）形体分析法　在读图时，要根据三视图的投影规律，按照投影图的对应关系，先将组合体假设分解成若干个基本形体（棱柱、棱锥、棱台、圆柱、圆锥、圆台和球体等），并想象出各基本形体的形状，再按各基本形体的相对位置进行分析，想象整个组合体的空间形状。此法多用于叠加型组合体。

【小技巧】

形体分析法的基本步骤：

划分线框，分解形体—确定每一个基本形体相互对应的三视图—逐个分析，确定基本形体的形状—确定组合体的整体形状。

【例 3-4】　如图 3-53 所示，利用形体分析法分析所给形体的空间形状。

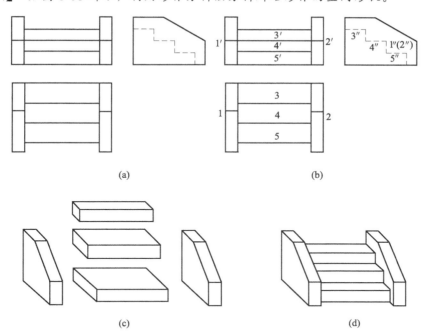

图 3-53　室外台阶三视图的读图

通过三视图分析：在正立面图中把组合体划分为五个线框，左右两边各一个，中间三个。通过对这五部分的三视图对照分析可知：左右两个线框表示为两个对称的五棱柱，中间三个线框表示为三个四棱柱，三个四棱柱按由下而上的顺序叠放在一起，两个五棱柱紧靠在左右两侧，构成一个台阶。

（2）线面分析法　组成组合体的各个基本形体在各视图中比较明显时，用形体分析法读图非常便捷。但当形体构成比较复杂时，可采用线面分析法读图。线面分析法就是运用点、线、面的投影规律，分析视图中的线条、线框的含义和空间位置，从而把视图看懂。分析线条的含义在于弄清投影图中的线条是形体上的棱线、轮廓线的投影还是平面的积聚投影。分析线框的含义的目的在于弄清投影图中的线框是代表一个面的投影还是两个或两个以上面的投影重合及通孔的投影。此法一般用于不规则的组合体和切割型的组合体，或检查已画好的投影图是否正确。

以上两种方法是互相联系，互为补充的。读图时应结合起来，灵活运用。

【小技能】

视图的线条、线框的含义：

（1）组合体视图上的一条线可能有以下三种含义：

① 形体表面交线的投影；

② 垂直面的积聚投影；

③ 曲面的外形直线的积聚投影。

（2）组合体视图上的一个封闭线框可能有以下三种含义：

① 一个封闭的线框表示一个面，可以是不同位置平面和曲面的投影；

② 一个封闭的线框表示两个或两个以上的面的重影；

③ 一个封闭的线框还可以表示一个通孔的投影。

【注意】

线框所代表的面在组合体上的相对位置，相邻两个线框则是两个面相交，或是两个面相互错开。

【例 3-5】 根据组合体的 V、H 投影，补绘 W 投影，如图 3-54 （a）所示，并想象（画出）形体的形状（立体图）。

解 根据形体的 V、H 投影及三等关系、方位关系分析，该组合体由一个长方体 I 、一个三棱柱 II 和一个五棱柱 III 组成。

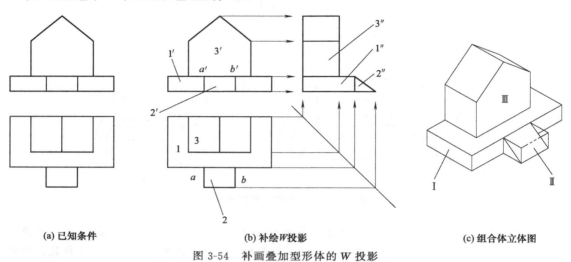

(a) 已知条件　　　(b) 补绘 *W* 投影　　　(c) 组合体立体图

图 3-54　补画叠加型形体的 *W* 投影

分析：

① 补长方体 I 的 W 投影为一矩形线框。

② 补三棱柱 II 的 W 投影为三角形线框。

③ 补五棱柱 III 的 W 投影为上下两个矩形线框。上面的矩形线框为正垂面的投影，下面矩形线框为侧平面的投影，其结果如图 3-54 （b）所示。

④ 想象出组合体的立体图，如图 3-54 （c）所示。

注意：解题第 2 步为什么把对应部分看成是三棱柱而不看成长方体？看成长方体行不行？因为 H 投影中有 ab 线段，说明形体 I 与形体 II 两者在此处不共面，产生了交线，所以形体 II 在建筑形体中理解成三棱柱而不能理解成长方体。如图 3-54 （c）所示虚拟部分为长方体。

小　结

1. 投影的分类：中心投影、平行投影（斜投影、正投影）。

2. 平行投影的基本性质：类似性、定比性、显实性、积聚性、平行性、同素性、从属性。

3. 三视图的形成——H 面、V 面、W 面的投影。

4. 点的投影

(1) 点的投影规律。

(2) 两点间的相对位置：空间两点之间上下、左右、前后的位置关系。

(3) 重影点：两个坐标值相等，第三个坐标值不等的空间点。

5. 直线的投影——投影面平行线；投影面垂直线；一般位置直线的投影规律。

6. 平面的投影——投影面垂直面；投影面平行面；一般位置平面的投影规律。

7. 体的投影——平面立体和曲面立体投影的特性。

8. 组合体的投影分析方法：形体分析法、线面分析法。

拓 展 训 练

一、选择题

1. 下列投影法中不属于平行投影法的是（　　　）。

A. 中心投影法　　　　　　　B. 正投影法　　　　　　　C. 斜投影法

2. 当一条直线平行于投影面时，在该投影面上反映（　　　）。

A. 显实性　　　　　　　　　B. 类似性　　　　　　　　C. 积聚性

3. 当一条直线垂直于投影面时，在该投影面上反映（　　　）。

A. 显实性　　　　　　　　　B. 类似性　　　　　　　　C. 积聚性

4. 在三视图中，主视图反映物体的（　　　）。

A. 长和宽　　　　　　　　　B. 长和高　　　　　　　　C. 宽和高

5. 主视图与俯视图（　　　）。

A. 长对正　　　　　　　　　B. 高平齐　　　　　　　　C. 宽相等

6. 主视图与左视图（　　　）。

A. 长对正　　　　　　　　　B. 高平齐　　　　　　　　C. 宽相等

7. 为了将物体的外部形状表达清楚，一般采用（　　　）个视图来表达。

A. 三　　　　　　　　　　　B. 四　　　　　　　　　　C. 五

8. 三视图是采用（　　　）得到的。

A. 中心投影法　　　　　　　B. 正投影法　　　　　　　C. 斜投影法

9. 当一个面平行于一个投影面时，必（　　　）于另外两个投影面。

A. 平行　　　　　　　　　　B. 垂直　　　　　　　　　C. 倾斜

10. 当一条线垂直于一个投影面时，必（　　　）于另外两个投影面。

A. 平行　　　　　　　　　　B. 垂直　　　　　　　　　C. 倾斜

二、操作题

1. 指出各点的空间位置。

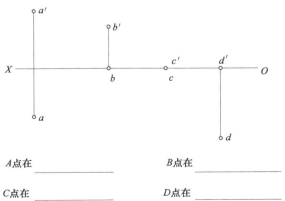

A点在 _____　　　　　　B点在 _____

C点在 _____　　　　　　D点在 _____

2. 已知点 A 的 W 面投影，且 A 点到 W 面距离 25mm，求 A 点的其余投影。

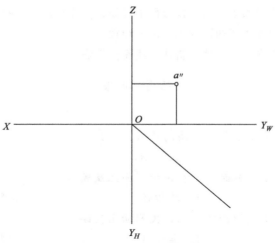

3. 已知 A 点坐标（12，10，25），B 点在 A 点的左 10mm、下 15mm、前 10mm，C 点在 A 点的正前 15mm，D 点距离 W 面、V 面、H 面分别为 15mm、20mm、12mm。求各点三面投影。

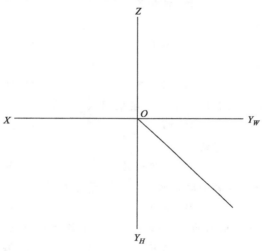

4. 已知点 B 距离点 A 为 15mm；点 C 与点 A 是对 V 面的重影点，点 D 在点 A 的正下方 20mm。补全各点的三面投影，判别可见性。

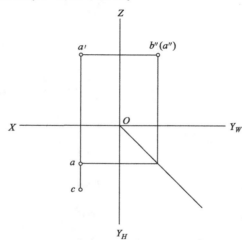

5. 判别下列各直线段对投影面的相对位置，写出其名称，并作出其第三投影。

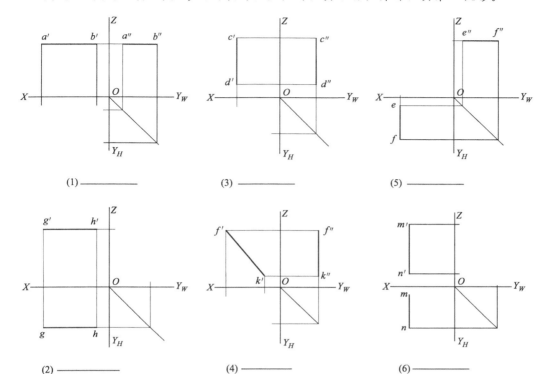

(1) ————

(3) ————

(5) ————

(2) ————

(4) ————

(6) ————

6. 根据已知投影补全 W 投影，判断线的类型。

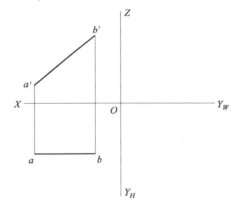

7. 在投影上标注直线 AB、CD 对应的投影，并分析线的类型。

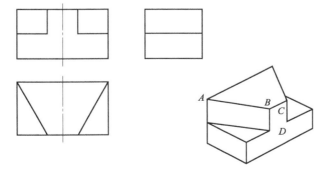

8. 在投影上标注直线 AB、CD 对应的投影，并分析线的类型。

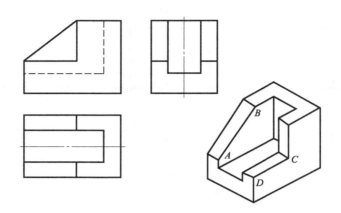

9. 根据已知投影补 W 面投影，并判断面的类型。

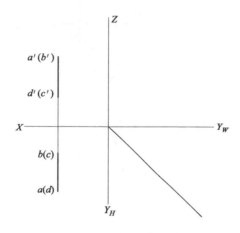

10. 在投影上标注 P 面、Q 面对应的投影，并分析面的类型。

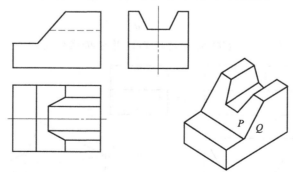

11. 在投影图中标出指定平面的其他两个投影，在轴测图上用相应的大写字母标出各平

面的位置。并写出指定平面的名称。

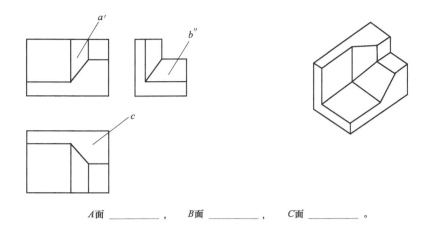

*A*面 _____ ， *B*面 _____ ， *C*面 _____ 。

12. 在投影图中标出指定平面的其他两个投影，在轴测图上用相应的大写字母标出各平面的位置，并写出指定平面的名称。

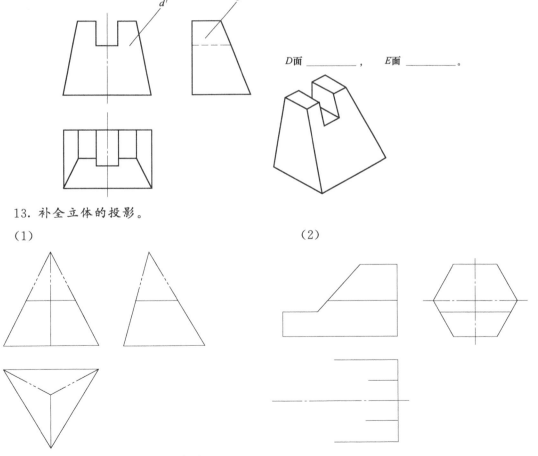

*D*面 _____ ， *E*面 _____ 。

13. 补全立体的投影。

（1）   （2）

14. 找出下列投影对应的组合体。

(1)

(2)

15. 分别绘制下列组合体的三视图。

(1)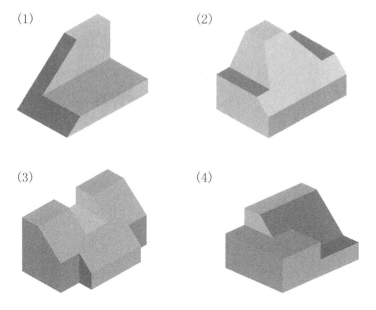

(2)

(3)

(4)

任务 3 参考答案

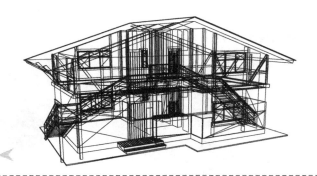

任务4 <<<

建筑的断面与剖面

 能力目标

能够正确理解分析建筑的剖面与断面。

 知识目标

1. 掌握剖面图与断面图的形成与画法。
2. 掌握剖面与断面的区别和联系。
3. 掌握剖面与断面的类型。

 导入案例

请分析图4-1室外台阶的细部情况。

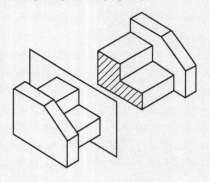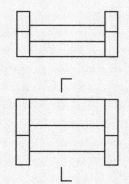

图4-1 室外台阶

 任务布置

1. 建筑室外的台阶如何反映细部尺寸?
2. 雨篷、檐沟如何反映细部尺寸?
3. 如何表达建筑中的柱、梁、板的尺寸和材质?

实践提示

1. 为何要绘制断面图和剖面图？
2. 剖面图有哪些类型？如何绘制？
3. 断面图有哪些类型？如何绘制？
4. 建筑剖面与断面有何区别？

4.1 剖面图

　　形体的基本视图，只可以把形体的外部形状和大小表达清楚，其内部的不可见部分，则用虚线表示。但对于形状复杂的建筑，在视图中就会出现较多的虚线，甚至虚实线相互重叠或交叉，致使视图很不明确，较难读认，也不便于标注尺寸，因此，在工程制图中采用剖面图和截面图来解决这一问题。

4.1.1 剖面图的形成

　　用一个剖切面将形体切开，移去剖切面与观者之间的部分形体，将剩下的部分形体向基本投影面投射，所得到的投影图称为剖面图，如图 4-2 所示。从剖面图的形成过程可以看

剖面图形成与画法

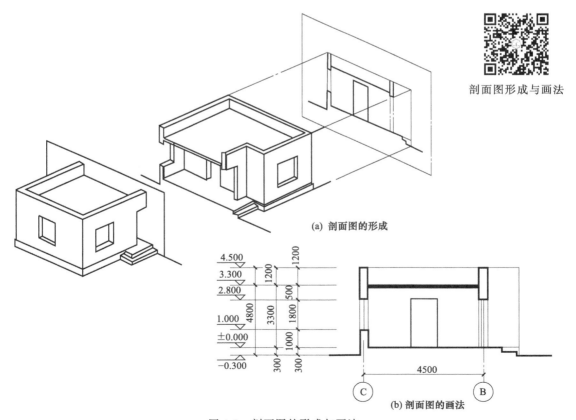

(a) 剖面图的形成

(b) 剖面图的画法

图 4-2　剖面图的形成与画法

出：形体被切开移去部分后，其内部结构就显露出来了，于是在视图中表示内部结构的虚线在剖面图中变成可见的实线。

4.1.2 剖面图的画法

剖面图是假想将形体剖切后画出的图形，画剖面图应注意下列几点：

（1）剖切位置要适当 剖切面应尽量通过较多的内部结构的轴线或对称平面，并平行于选定的投影面。

（2）内外轮廓要画齐全 形体剖开后，处在剖切平面之后的所有可见轮廓都应画齐全，不得遗漏。

（3）剖面图符号要画好 剖面图中，凡被剖切的部分应画上剖面符号，也就是材料的图例线。若没有明确形体的材料，图例线用间距 2～5mm 的 45°细斜线表示。细斜线的方向、间距必须一致。

（4）剖面图是假想剖切画出的，所以与其相关的视图仍保持完整；在剖面图中已表达清楚的结构，投影图中虚线可省略。

4.1.3 剖面图的标注

剖面图是由剖切位置和投射方向决定的，因此在剖面图中要用剖切符号标注出剖切位置和投射方向。

① 剖切符号由剖切位置线和剖视方向线组成。剖切位置由剖切位置线表示，剖切位置线用粗实线绘制，长度为 6～10mm，剖切位置不得与图中其他图线相交。剖切后的投射方向用剖视方向线来表示，剖视方向线应垂直地画在剖切位置线的两端，其指向即为投射方向。剖视方向线用粗实线绘制，长度为 4～6mm。

② 剖切符号的编号用阿拉伯数字从左到右、从下到上的顺序连续编排，数字要注写在剖视方向线的端部。剖切位置线需要转折时，在转折处也应加注相同的编号。编号数字一律水平书写。

③ 剖面图的名称用与剖切符号相同的编号命名，并注写在剖面图的下方。

当剖切平面通过形体的对称平面，且剖面图又是按投影关系配置时，标注可以省略。

4.1.4 剖面图的类型

按剖切范围的大小和剖切方式，剖面图可分为以下六种：

（1）全剖面图 用剖切面完全地剖开形体所得到的剖面图称为全剖面图。当形体在某个方向不是对称图形，外形较简单，内部构造较复杂时，应采用全剖面图，如图 4-2 所示。

（2）半剖面图 当形体具有对称面时，在垂直于对称平面的投影面上投影所得的图形，可以对称中心线为界，一半剖面，一半视图，这种称为半剖面图，如图 4-3 所示。一般适用于具有对称中心，且其内、外均需表达的形体。在对称符号两侧，一半画外形图（一般不画虚线），另一半画剖面图。

（3）局部剖面图 当形体某一局部的内部形状需要表达时，可以用剖切平面将形体的局部剖切开而得到的剖面图称为局部剖面图，如图 4-4 所示。画局部剖面时，要用波浪线标明剖面的范围，波浪线不能与视图中的轮廓线重合，也不能超出图形轮廓线。

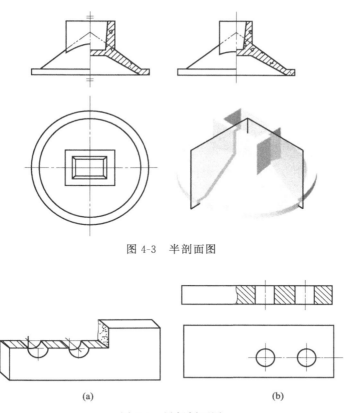

图 4-3 半剖面图

图 4-4 局部剖面图

（4）阶梯剖面图　若形体上有较多的孔、槽等，当用一个剖切平面不能都剖到时，则可以假想用几个互相平行的剖切平面通过孔、槽的轴线把形体剖开所得到的剖面图称为阶梯剖面图。阶梯剖面图属于全剖面，在阶梯剖面图中不能把剖切平面的转折平面投影成直线，而且要避免剖切平面在图形内的图线上转折。阶梯剖面剖切位置的起止和转折处要用相同的阿拉伯数字进行标注，如图 4-5 所示。

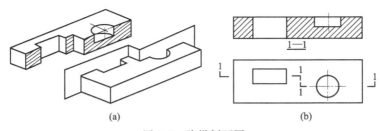

图 4-5 阶梯剖面图

（5）分层局部剖面图　为更好地表达细部的分层构造做法，可以采用分层局部剖面画法。但要注意层与层之间用波浪线分开，波浪形不能与轮廓线重合或在其延长线上，如图4-6 所示。

（6）旋转剖面（展开剖面）　对于一些形体表达的需要，可以用两个或两个以上的相交平面剖切物体，所得的展开剖面图见图 4-7、图 4-8。

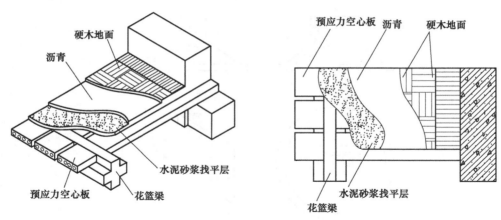

图 4-6　楼面分层局部剖面图

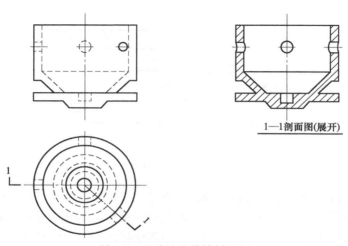

图 4-7　过滤池的旋转剖面图

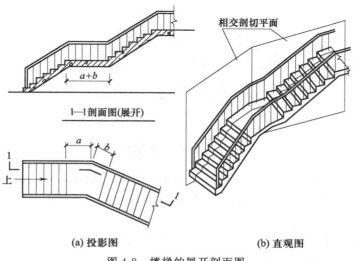

(a) 投影图　　　　　　　(b) 直观图

图 4-8　楼梯的展开剖面图

4.2 断面图

4.2.1 断面图的形成

用一个剖切平面把形体切开，画出剖切平面截切形体所得的截面图形的投影图称为断面图，如图 4-9 所示。

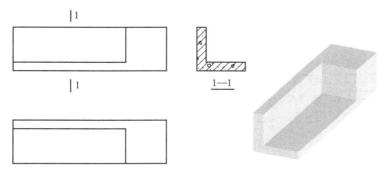

断面图形式与画法

图 4-9　悬挑楼梯踏步板的断面图

4.2.2 断面图的标注

断面图的形状是由剖切位置和投射方向决定的。画断面图时，要用剖切符号表明剖切位置和投射方向。剖切位置用剖切位置线表示，剖切位置线用 6～10mm 长的粗实线绘制。投射方向用编号数字的注写位置表示，数字注写在剖切位置线的哪一侧，就表示向哪个方向投射，如图 4-9 所示。断面图也要画上材料的图例线，其方法同剖面图。

4.2.3 断面图的类型

（1）移出断面　画在视图外的断面图，称为移出断面图。移出断面图的外形轮廓线用粗实线绘制，如图 4-10 所示。当形体需要作出多个断面图时，可将各个断面整齐地排列在视图的一侧，如图 4-11 所示。

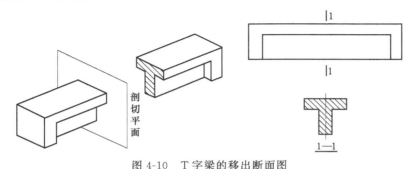

图 4-10　T 字梁的移出断面图

（2）中断断面　当形体较长且所有断面都相同时，可以将断面图画在构件中间断开处（图 4-12）。

（3）重合断面　画在视图以内的断面称为重合断面。如图 4-13、图 4-14 所示。

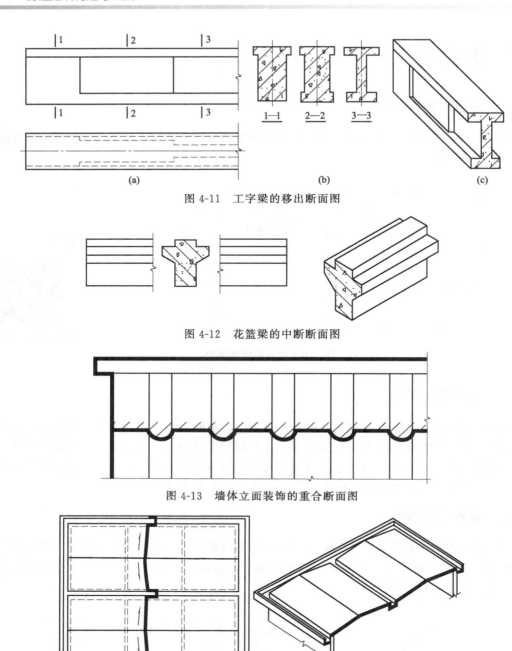

图 4-11 工字梁的移出断面图

图 4-12 花篮梁的中断断面图

图 4-13 墙体立面装饰的重合断面图

图 4-14 结构楼板的断面图（画在结构布置图上）

4.3 断面图与剖面图对比

4.3.1 断面图和剖面图的区别

断面图与剖面图的区别在于断面图只画形体被剖开后断面的投影，而剖面图要画出形体被剖开后整个余下部分的投影，如图 4-15 所示。

①　剖面图是形体剖切之后剩下部分的投影，是体的投影。断面图是形体剖切之后断面的投影，是面的投影。剖面图中包含断面图。

②　剖面图用剖切位置线、投射方向线和编号来表示。断面图则只画剖切位置线与编号，用编号的注写位置来代表投射方向。

③　剖面图可用两个或两个以上的剖切平面进行剖切，断面图的剖切平面通常只能是单一的。

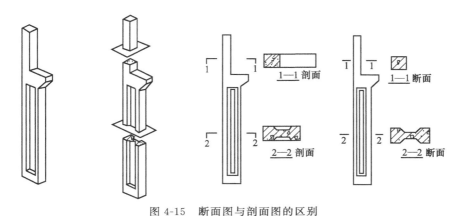

图 4-15　断面图与剖面图的区别

4.3.2　断面图和剖面图的共性

在剖面图或断面图中，剖切面剖切到的实体部分都应画出相应的材料图例。常用的建筑材料图例见表 4-1。

表 4-1　材料图例

名称	图例	说明	名称	图例	说明
自然土壤		包括各种自然土壤	混凝土		
夯实土壤			钢筋混凝土		断面图形小，不易画出图例线时，可涂黑色
砂、灰土		靠近轮廓线绘较密的点	玻璃		
毛石			金属		包括各种金属。图形小时，可涂黑色
普通砖		包括砌体、砌块，断面较窄不易画图例线时，可涂红色	防水材料		构造层次多或比例较大时，采用上面图例
空心砖		指非承重砖砌体	胶合板		应注明×层胶合板
木材		上图为横断面，下图为纵断面	液体		注明液体名称

4.3.3 剖面图和断面图的工程实例

建筑施工图中的平、立、剖面图如图 4-16 所示。

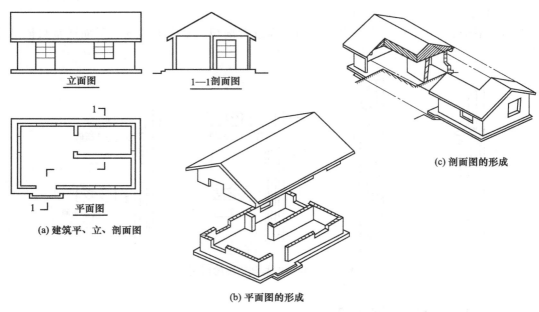

图 4-16 建筑平、立、剖面图

梁、柱节点断面图如图 4-17 所示。

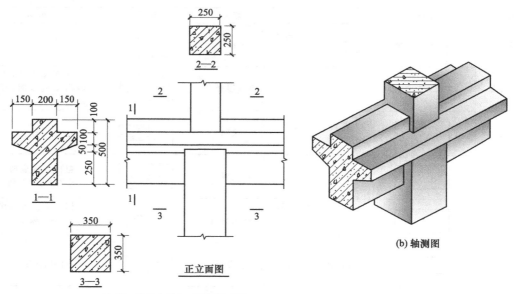

图 4-17 梁、柱节点断面图

小 结

1. 剖面图和断面图的形成方法、投影特点。
2. 剖面图和断面图的类型。
3. 剖视图和断面图的综合识读。

拓 展 训 练

1. 根据已知的槽形板 1—1 剖面，补绘 2—2 剖面。

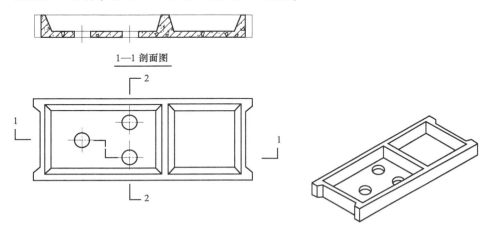

2. 把钢筋混凝土杯形基础的 W 面的投影图画成半剖面图。

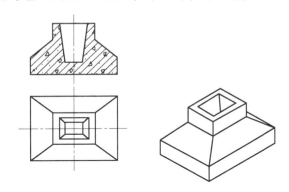

3. 根据已知梁 1—1 断面图，画出梁的重合断面图和中断断面图。

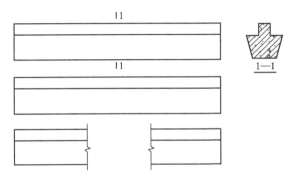

4. 根据已知梁的 1—1 断面图，作 2—2 剖面图和 3—3 断面图。

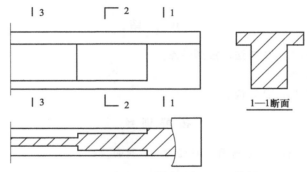

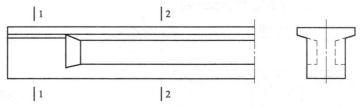

5. 已知梁的 V 面、W 面投影，画出 1—1 断面图，2—2 断面图。

任务 4 参考答案

模块三　建筑施工图识读

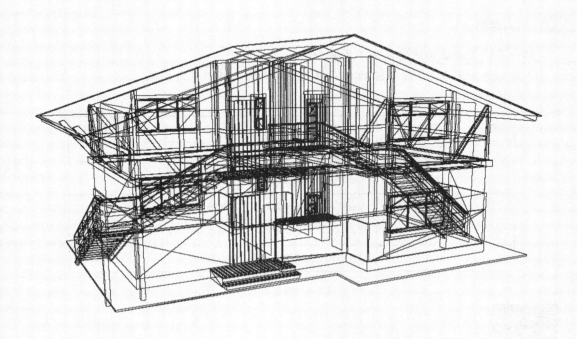

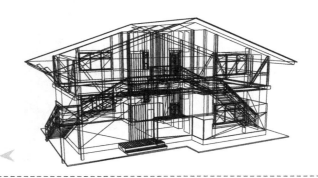

任务 5

建筑施工图识读

 能力目标

1. 掌握建筑平、立、剖面图的图示内容、方法。
2. 能熟练阅读一套建筑施工图。

 知识目标

1. 掌握建筑平、立、剖面图的图示特点。
2. 掌握建筑详图的细部表达。

 导入案例

以一套小型办公楼的建筑施工图来分析。

工程实例如图 5-1～图 5-14 所示。扫下方二维码，可以放大图纸。

图 纸 目 录

序号	图号	图纸名称	张数	备注
1	建施-1	图纸目录 门窗表 总平面图	1	
2	建施-2	建筑设计说明	1	
3	建施-3	底层平面图 正立面图 1—1 剖面图	1	
4	建施-4	二层平面图 背立面图 2—2 剖面图	1	
5	建施-5	三层平面图 屋顶平面图 侧立面图	1	

图 5-1 图纸目录

工程实例图纸

门 窗 表

门窗编号	洞口尺寸		数量				备注
	宽	高	底层	二层	三层	合计	
M-1	3650	3000	2			2	塑钢框地弹簧平开门
M-2	1000	2200		5	5	10	三夹板木门
M-3	800	2200	1	2	2	5	三夹板木门
C-1	2400	2100	5	11	11	27	塑钢框推拉窗
C-2	3650	2100	2			2	其余均同
C-3	3595	2100	1			1	见苏 J002—2000
C-4	1000	2100		2	2	4	
C-5	1200	2100		2	2	4	
C-6	1500	2100		4	4	8	

图 5-2 门窗表

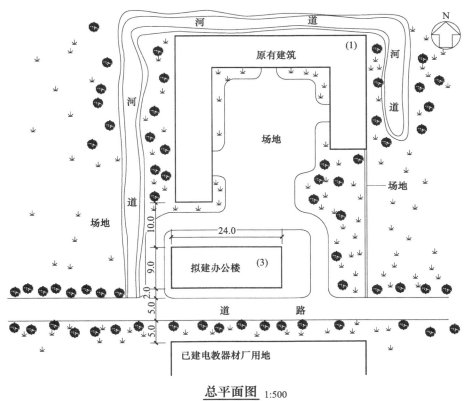

总平面图 1:500

图 5-3 总平面图

建筑设计说明

一、设计依据
1. 设计委托书或上级机关批准文件，批准文件号_____，委托合同号_____。
2. 工程地质勘察报告，勘察报告编号_____。
3. 国家现行的有关设计规范、规程和标准：GB/T 50001—2010、GB/T 50104—2010、GB 50137—2011、GB 50016—2006 等。
二、本工程建筑面积_____ m²。
三、本工程室内地面设计标高±0.000 相当于_____。
四、本工程抗震设防烈度为 6 度，抗震构造措施除施工图中注明外均参照《建筑物抗震构造详图》（苏 G02—2004）施工。
五、本工程耐火等级为_____级，本工程建筑灭火器配置场所危险等级为_____级，有关配置的灭火器类型、规格、数量及位置另见给排水消防设计图。
六、图中标注的尺寸除标高和总平面以米（m）为单位外，其他尺寸均以毫米（mm）为单位。
七、施工中应注意预埋件、预留洞和地沟等位置，并密切配合水、电、暖通等专业的图纸施工。
八、设计中采用的标准图、通用图、重复使用图，不论采用局部节点还是全部详图，均应根据各设计图纸注示及说明进行施工。选用图集代号，详见各专业"设计说明"。
九、本工程所用材料规格、施工要求及验收规则等除注明者外，均照《建筑安装工程施工及验收规范》执行。
十、除图纸注明用地圈梁外，室内地坪以下一皮砖处作 20mm 厚 1∶2 水泥砂浆掺 5％防水剂为防潮层。
十一、门窗立的位置：图纸无特别注明时，铝合金门窗、钢门窗立墙中，木外门立墙里平，木内门立开启方向墙面平，木窗在一砖半墙时立墙里平，在一砖半墙时立墙中。
十二、室外阳台、平台、外走廊及厕所、浴室、盥洗室等有可能积水的房间（除施工图注明外）比室内地面低 20mm，所有平台和阳台的扶手高度不小于 1.10m，栏杆垂直杆件的水平净距不大于 0.11m。
十三、房屋四周做混凝土散水除注明外宽度为 600，做法参照苏 J9501 $\frac{5}{12}$ 施工。
十四、室外踏步和坡道尺寸见平面图，构造要求除注明者外，台阶参照苏 J9501 $\frac{4}{11}$ 施工，坡道参照苏 J9501 $\frac{9}{11}$ 施工。
十五、外墙粉刷除立面图注明外均参照苏 J9501 $\frac{15}{6}$ 施工。所有檐口、窗台、窗顶挑出部分、女儿墙压顶、雨篷及其他挑出墙面部分均做滴水线，并要求平直、光洁。
十六、本工程按《屋面工程技术规范》（GB 50345—2012）。屋面防水为Ⅱ级，按一道防水设防要求，除剖面图注明外，屋面按下述做法施工。

1. 平瓦屋面参照苏 J9501 $\frac{2}{3}$ 施工（其中木塑板厚为 20，迎水面刷冷底子油一道仅用于耐火等级为三级及三级以下的建筑）。

2. 防水保温屋面参照苏 J9501 $\frac{11}{7}$ 施工。

3. 天沟参照苏 J9503 $\frac{1}{31}$ 施工。
十七、本工程雨水管，雨水斗均为 PVC 制品，雨水管规格为 φ100，雨水口采用铸铁雨水口。参见国标图集 87S348。
十八、室内装修除注明者外，按下表施工。

做法编号 名称 \ 部位	地面 苏 J9501 2	楼面 苏 J9501 3	踢脚 苏 J9501 4	内墙面 苏 J9501 5
办公	2	3	1	5
楼梯间	2	2	1	5
卫生间	2	2	1	5
			踢脚 150mm	

注：1. 内墙面阳角做每边宽 40，高 2000 的 1∶2.5 水泥砂浆护角线。
2. 所有外墙内侧采用保温砂浆粉刷，做法为 5 厚 1∶0.3∶3 水泥石灰砂浆粉面
6 厚 1∶1∶6 水泥石灰砂浆找平
25 厚 1∶0.6∶7 水泥粉煤灰珍珠岩保温砂浆

十九、油漆
1. 门窗油漆除图中注明者外，木门窗刷一底二度调和漆，钢门窗刷防锈漆一度、调和漆二度。
2. 所有露明铁件均刷防锈漆一度，灰铅油二度，不露明铁件刷防锈漆一度。
3. 凡伸入墙内或与墙体接触面的木料均满涂水柏油防腐。
4. 油漆颜色：室外门窗参见批准效果图。室内门窗甲方自定。
二十、框架上隔墙除注明外，采用 Mb5 混合砂砌筑，Mu5 混凝土空心砌块，参照《砌体填充墙结构构造》（12G614-1）施工。
二十一、建筑物内的公用厕所、盥洗室、浴室、其楼地面、楼地面沟槽、管道穿楼板及楼板接墙面处应严密防水、防渗漏，做法除按图中注明外还应符合图集苏 J9506 及现行国家标准的有关规定。
二十二、本工程采用的构配件标准图集：苏 J9501～苏 J9508，苏 G02—2004。
二十三、所有附设在民用建筑内的商店、作坊和储藏间，严禁存放和使用易燃易爆化学品。
二十四、单项工程补充说明
除注明外墙体均为 240 厚。

图 5-4 建筑设计说明

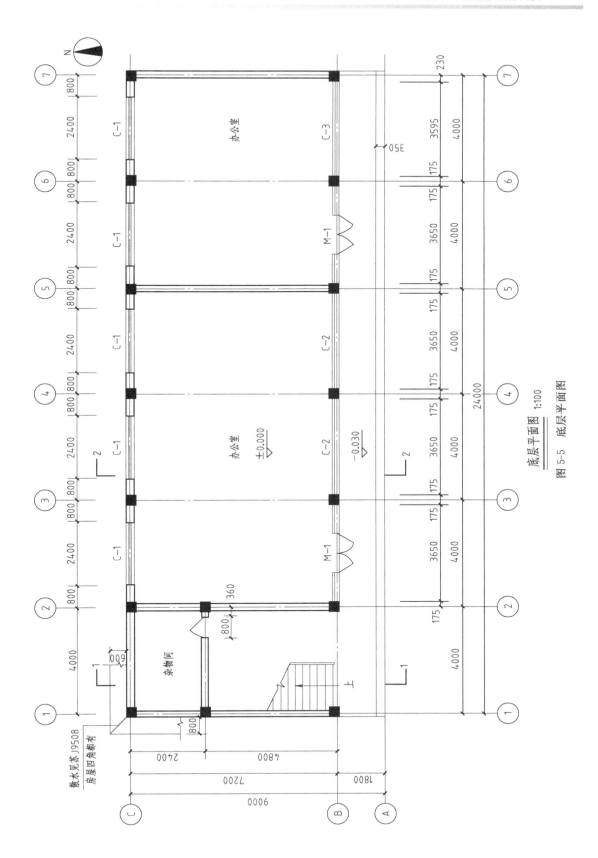

底层平面图 1:100

图 5-5 底层平面图

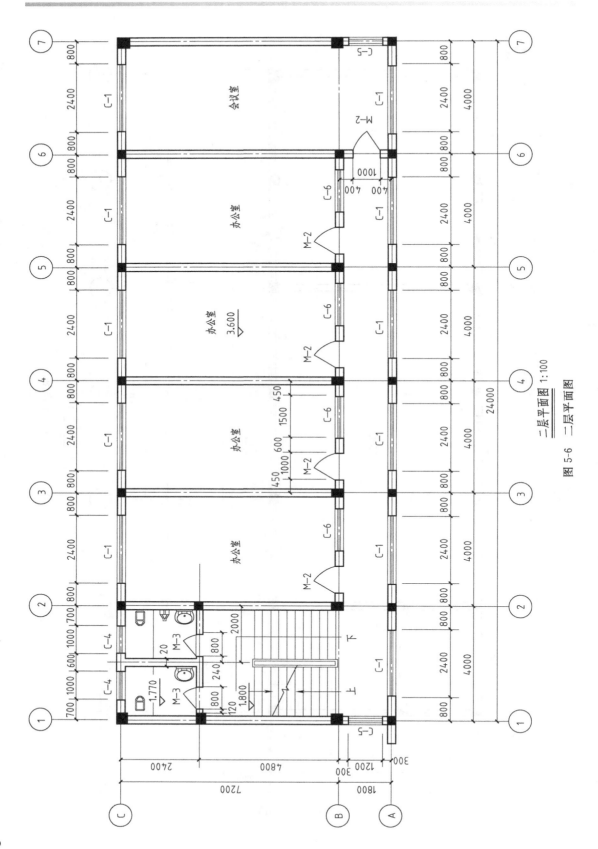

图 5-6　二层平面图

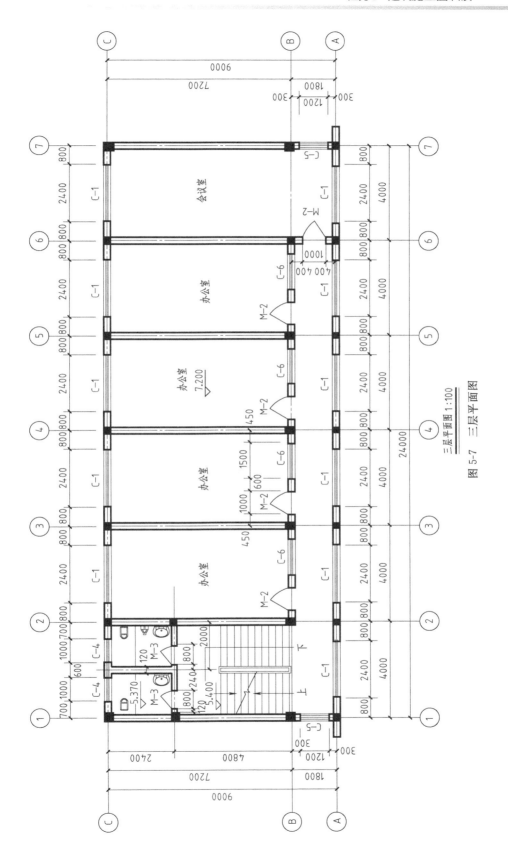

三层平面图 1:100

图 5-7 三层平面图

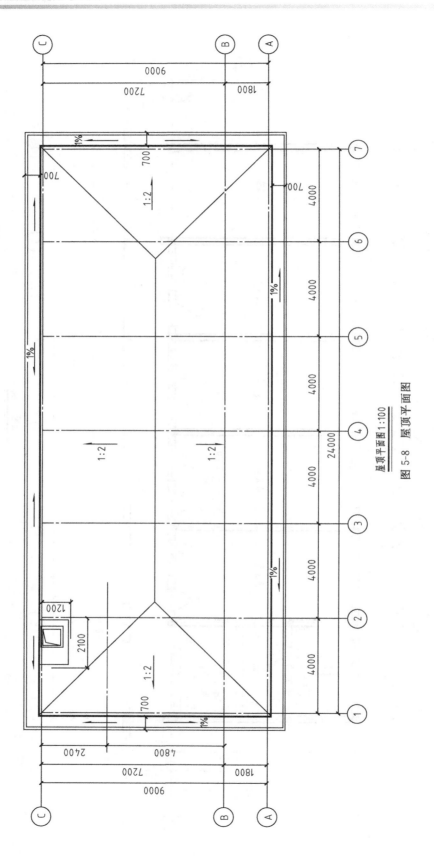

屋顶平面图1:100

图 5-8　屋顶平面图

正立面图 1:100

图 5-9　正立面图

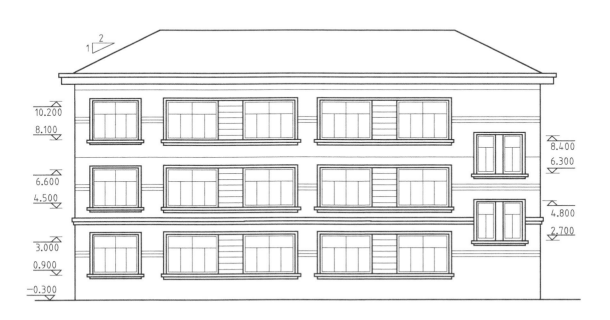

背立面图 1:100

图 5-10　背立面图

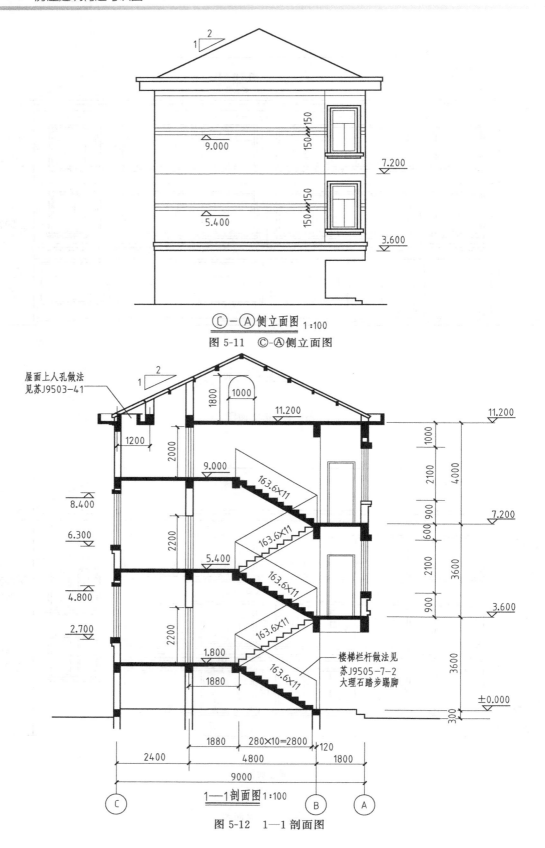

©-Ⓐ侧立面图 1:100

图 5-11　©-Ⓐ侧立面图

屋面上人孔做法
见苏J9503-41

楼梯栏杆做法见
苏J9505-7-2
大理石踏步踢脚

1—1剖面图 1:100

图 5-12　1—1 剖面图

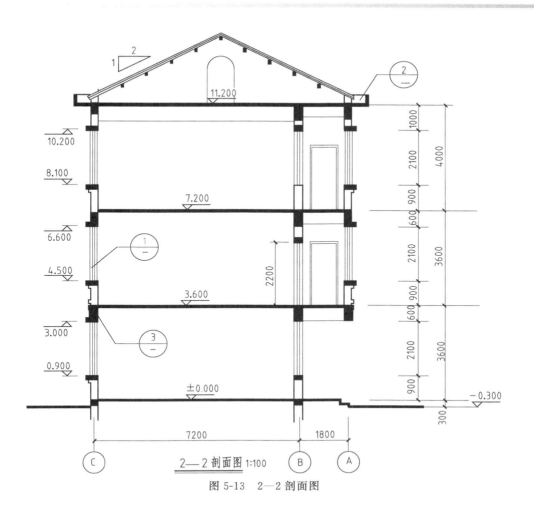

2—2 剖面图 1:100

图 5-13　2—2 剖面图

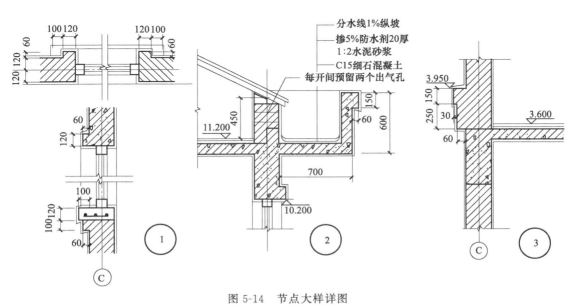

分水线1%纵坡
掺5%防水剂20厚
1:2水泥砂浆
C15细石混凝土
每开间预留两个出气孔

图 5-14　节点大样详图

任务布置

1. 何谓"标准层平面图"？
2. 建筑平面图中的三道尺寸怎样标注？
3. 在建筑平面图中标注标高的目的何在？
4. 什么尺寸称为房间的开间和进深？
5. 建筑立面图表达了哪些内容？
6. 建筑立面图的名称有几种？
7. 建筑剖面图一般应标注哪些标高和尺寸？
8. 建筑剖面图表达了哪些内容？剖切位置应如何选择？
9. 在同一张图中的详图索引符号和详图符号与不在同一张图中有何区别？

 实践提示

1. 注意图纸要一套连起来看，尤其要注意建筑设计说明文字部分。
2. 建筑平面、立面、剖面应反复对照，把握建筑整体方案。

5.1 建筑施工图的基本概念

建筑施工图是用来表达建筑物构配件的组成、外形轮廓、平面布置、构造以及装饰、尺寸、材料做法等的工程图纸，是组织施工和编制预、决算的依据。

图纸目录放在一套图纸的最前面，说明本工程的图纸类别、图号编排、图纸名称和备注等，以方便图纸的查阅。

5.1.1 图纸要求

满足施工要求，解决施工中的技术措施、用料及具体做法。

① 应综合各种技术要求，满足相互交底配合。使图纸简明统一，精确无误。

② 应详尽准确地标出工程的全部尺寸、用料做法，以便施工。

③ 要注意因地制宜，就地取材，注意与施工单位的密切联系，使施工图符合材料供应及施工技术条件等情况。

④ 以国家现行有关建筑制图标准绘制，表达准确无误，齐全统一。

5.1.2 图纸内容

（1）设计说明书　设计依据、设计规模、建筑面积、标高定位、用料说明等。

（2）建筑总平面图　常用比例1：500、1：1000、1：20000。应表明建筑用地范围，建筑物及室外道路、管线、围墙、大门、挡土墙等的位置、尺寸、标高、建筑小品、绿化布置，并附必要的说明及详图、技术经济指标。地形及工程复杂时，应绘制竖向设计图。

（3）建筑各层平面图、剖面图及立面图　表达建筑技术设计内容，详细标出墙段、门窗洞口及一些细部尺寸、详图索引符号等。

（4）建筑详图　主要包括平面节点、檐口、墙身、阳台、楼梯、雨篷、门窗、室内外装修等详图。图中应详细表达各部分构件的关系、材料、尺寸及做法说明。根据节点需要，选用比例1∶20、1∶5、1∶2、1∶1等。

5.1.3　图示特点

① 施工图中的各图样主要用正投影法绘制。在图幅大小允许的情况下，可将平、立、剖面三个图样按投影关系画在同一张图纸上，以便于阅读。如果图幅过小，平、立、剖面图可分别单独画出。

② 房屋形体较大，所以施工图一般都用较小的比例绘制。由于房屋内各部分构造较复杂，在小比例的平、立、剖面图中无法表达清楚时，还要配以大量较大比例的详图。

③ 由于房屋的构、配件和材料种类很多，为作图简便起见，"国标"规定了一系列的图形符号来代表建筑构配件、卫生设备、建筑材料等，这种图形符号称为"图例"。

5.1.4　阅读施工图的步骤

表 5-1　图纸目录

序号	图号	图纸名称	张数	备注
1	建施-1	图纸目录　门窗表　总平面图	1	
2	建施-2	建筑设计说明	1	
3	建施-3	底层平面图　正立面图　1—1剖面图	1	
4	建施-4	二层平面图　背立面图　2—2剖面图	1	
5	建施-5	三层平面图　屋顶平面图　侧立面图	1	

建筑设计说明

一、设计依据

1. 设计委托书或上级机关批准文件，批准文件号_____委托合同号_____。

2. 工程地质勘察报告，勘察报告编号_____。

3. 国家现行的有关设计规范、规程和标准：GB/T 50001—2010、GB/T 50104—2010，GB 50137—2011、GB 50016—2006等。

二、本工程建筑面积_____ m²。

三、本工程室内地面设计标高±0.000相当于_____。

四、本工程抗震设防烈度为6度，抗震构造措施除施工图中注明外均参照《建筑物抗震构造详图》（苏 G02—2004）施工。

五、本工程耐火等级为二级，本工程建筑灭火器配置场所危险等级为_____级，有关配置的灭火器类型、规格、数量及位置另见给排水消防设计图。

六、图中标注的尺寸除标高和总平面以米（m）为单位外，其他尺寸均以毫米（mm）为单位。

七、施工中应注意预埋件、预留湖和地沟等位置，并密切配合水、电、暖通等专业的图纸施工。

八、设计中采用的标准图、通用图、重复使用图，不论采用局部节点还是全部详图，均应根据各设计图纸注示及说明进行施工。选用图集代号，详见各专业"设计说明"。

九、本工程所用材料规格、施工要求及验收规则等除注明者外，均照《建筑安装工程施工及验收规范》执行。

十、除图纸注明用地圈梁外，室内地坪以下一皮砖处作20mm厚1∶2水泥砂浆掺5%防水剂为防潮层。

十一、门窗立的位置：图纸无特别注明时，铝合金门窗、钢门窗立墙中，木外门立墙里平，木内门立开启方向墙面平，木窗在一砖时立墙里平。在一砖半墙时立墙中。

图 5-15　建筑设计说明

首先根据图纸目录（表 5-1），检查这套图纸有多少，如有缺损或需用标准图，应及时配齐。检查无缺后，按顺序通读一遍，对工程对象的建设地点、周围环境、建筑物的大小及形状、建筑关键部位等情况先有一个概括的了解。然后阅读建筑设计说明（图 5-15），根据不同要求，重点深入地读不同类别的图纸。阅读时，应按先整体后局部，先文字说明后图样，先图形后尺寸等原则依次仔细阅读。同时应特别注意各类图纸之间的联系，以避免发生矛盾而造成质量事故和经济损失。

① 应掌握作投影图的原理和形体的各种表达方法。

② 要熟识施工图中常用的图例、符号、线型、尺寸和比例的意义。

③ 由于施工图中涉及一些专业上的问题，故应在学习过程中善于观察和了解房屋的组成和构造上的一些基本情况。

5.1.5　施工图中常用的符号

5.1.5.1　定位轴线

定位轴线是用来确定房屋主要结构与构件位置的线。在施工图中通常将房屋的基础、墙、柱、墩和屋架等承重构件的轴线画出，并进行编号，以便于施工时定位、放线和查阅图纸。定位轴线主要确定建筑的开间或柱距、进深或跨度等。分为横轴线、纵轴线和附加轴线。

（1）定位轴线及编号的画法　"国标"规定，定位轴线用细点划线绘制。轴线编号的细实线圆形，直径为 8～10mm，其圆心应在定位轴线的延长线上。

平面图上定位轴线的编号，宜标记在图样的下方或左侧。对较复杂或不对称的房屋图形也可以标注在上方和右侧。水平方向的编号用阿拉伯数字，从左向右依次编写（1、2、3…）。垂直方向编号用大写拉丁字母自下而上顺次编写（A、B、C…）。其中 I、O、Z 三个字母不得作轴线编号，以免与数字 1、0、2 混淆。若字母数量不够使用，可增用双字母或单字母加数字注脚，如 A_A、B_A、…、Y_A 或 A_1、B_1、…、Y_1 等，如图 5-16 所示。

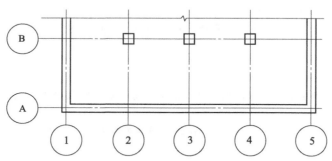

图 5-16　定位轴线的表达

（2）附加定位轴线　对于一些与主要承重构件相联系的次要构件，它的定位轴线一般作为附加轴线，编号用分数表示两根轴线间的附加轴线。分母表示前一轴线的编号（即轴号）；分子表示附加轴线的编号。如图 5-17 所示，1/3 表示 3 号轴线后附加的第一根轴线；3/B 表示 B 号轴线后附加的第三根轴线。1 号轴线或 A 号轴线之前的附

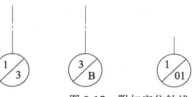

图 5-17　附加定位轴线

加轴线，分母应以 01 或 0A 表示。1/01 表示 1 号轴线之前附加的第一根轴线；2/0A 表示 A 号轴线之前附加的第二根轴线。

（3）定位轴线的分区编写　对于较复杂的平面图中定位轴线也可采用分区编号，编号的注写形式应为"分区号——该分区编号"。分区号采用阿拉伯数字或大写拉丁字母表示。

5.1.5.2　标高符号

在总平面图、平、立、剖面图上，常用标高符号表示某一部位的高度。标高数值一律以 m（米）为单位，一般注至小数点后三位（总平面图中为小数点后两位数）。图中的标高数字表示其完成面的数值。如标高数字前有"－"号的，表示该处完成面低于零点标高。如数字前没有符号的，表示高于零点标高，如图 5-18 所示。

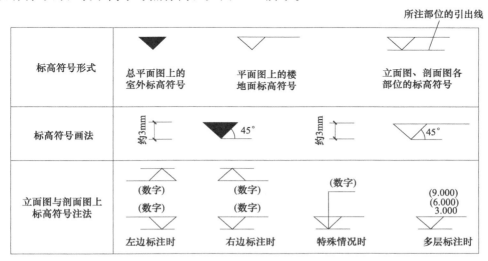

图 5-18　标高符号的表达

5.1.5.3　索引符号与详图符号

方便施工时查阅图样，图样中的某一局部或构件如需另见详图时，常用索引符号注明画出详图的位置、详图的编号及详图所在的图纸编号。

（1）索引符号　用一引出线指出要画详图的地方，在线的另一端画一圆，其直径为 8～10mm。引出线应对准圆心，圆内过圆心画一水平线，上半圆中数字是该详图的编号，下半圆中数字是该详图所在图纸的编号。通常详图的轴线号只用圆圈不注写编号。若一个详图适用于几个轴线时，应同时将各有关轴线的编号注明，如图 5-19 所示。

图 5-19　索引符号的表达

当索引符号用于索引剖面详图时，应在被剖切的部位绘制剖切位置线。引出线所在一侧应为剖视方向，如图 5-20 所示。

（2）详图符号　绘制一粗实线圆，直径为 14mm。详图与被索引的图样同在一张图纸内

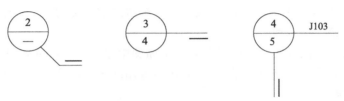

图 5-20　剖切索引符号的表达

时，应在符号内用阿拉伯数字注明详图符号。如不在同一张图纸内，可用细实线在符号内画一水平直径，在上半圆中注明详图编号，在下半圆中注明被索引图纸号，如图 5-21 所示。

图 5-21　详图符号的表达

5.1.5.4　指北针和风向玫瑰图

指北针和风向玫瑰图都表示建筑的朝向。

指北针用细实线圆绘制，直径宜为 24mm。指针尖为北向，指针尾部宽度宜为 3mm。需用较大直径绘制指北针时，指针尾部宽度宜为直径的 1/8。

风向玫瑰图还可以表达主导风向。风由外吹过建设区域中心的方向称为风向，实线是全年的风向频率，虚线是夏季的风向频率。

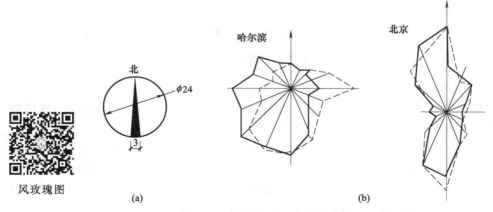

图 5-22　指北针（a）和风向玫瑰（b）的表达

5.1.5.5　常用建筑材料图例

常用建筑材料图例见表 5-2。

表 5-2　常用建筑材料图例

名称	图例	说明
自然土壤		包括各种自然土壤
夯实土壤		
砂、灰土		靠近轮廓线点为较密的点
粉刷		本图例点为较稀的点

续表

名称	图例	说　明
普通砖		1. 包括砌体、砌块； 2. 断面较窄，不宜画出图例线时，可涂红
饰面砖		包括铺地砖、马赛克、陶瓷锦砖、人造大理石等
混凝土		1. 本图例仅适用于能承重的混凝土及钢筋混凝土； 2. 包括各种标号、骨料、添加剂的混凝土； 3. 在剖面上画出钢筋时，不画图例线； 4. 断面较窄，不易画出图例线时，可涂黑
钢筋混凝土		
木材		1. 上图为横断面，分别为垫木、木砖、木龙骨； 2. 下图为纵断面

5.2　建筑总平面图

将拟建工程四周一定范围内的新建、拟建、原有和拆除的建筑物、构筑物连同其周围的地形地貌状况，用水平投影的方法和相应的图例所画出的图样，即为总平面图（或称总平面布置图），如图 5-23 所示。它能反映出上述建筑物的平面形状、位置、朝向和与周围环境的关系，因此成为新建筑施工、土方施工及绘制水、电、卫、暖、煤气、通信、有线电视的总平面图和施工总平面图的重要依据。

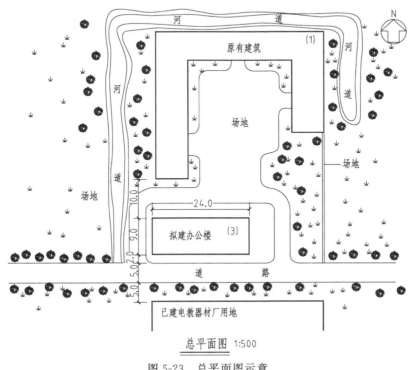

总平面图 1:500

图 5-23　总平面图示意

总平面图一般以较小的比例绘制，如本例中的 1：500。总平面图上标注的尺寸，一律以 m（米）为单位。

【小技巧】

阅读总平面图的要点

1. 读图名、识形状、看朝向；

2. 读名称、懂布局、看组合；

3. 根据轴线定位置；

4. 读尺寸、定面积、算指标；

5. 看图例、认符号。

5.2.1 了解图例

若所用的图例在"国标"中没有规定，则必须在图中另加说明。总平面图常用图例见表 5-3。

表 5-3　总平面图常用图例

名称	图例	说　　明
新建的建筑物	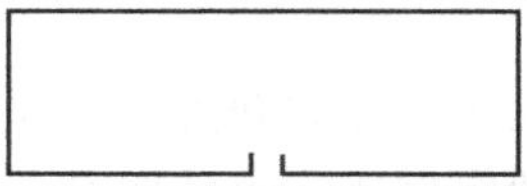	1. 用粗实线表示，可以不画出入口； 2. 需要时，可在右上角以点数或数字（高层宜用数字）表示层数
原有的建筑物	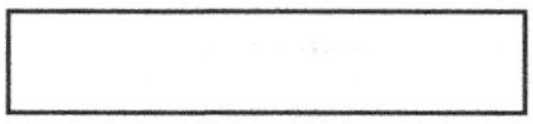	1. 在设计图中拟使用者，均编号说明 2. 用细实线表示
计划扩建的预留地或建筑物		用中虚线表示
拆除的建筑物		用细实线表示
围墙及大门	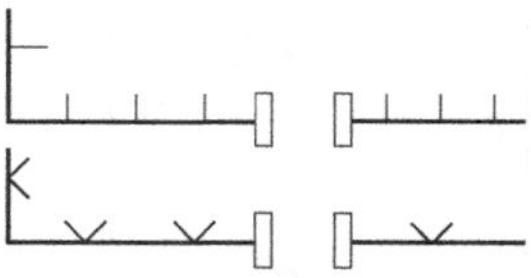	上图表示砖块、混凝土或金属材料围墙；下图表示镀锌铁丝网、篱笆等围墙；如仅表示围墙时不画大门
坐标	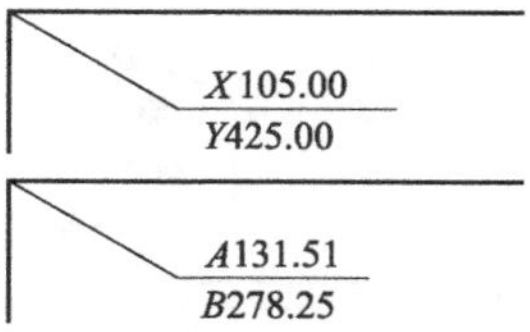 X105.00 Y425.00 A131.51 B278.25	上图表示测量坐标； 下图表示施工坐标
护坡	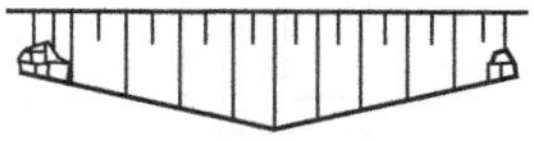	边坡较长时，可在一端或两端局部表示
原有的道路	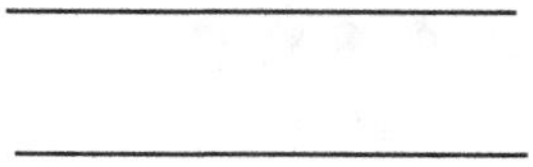	
计划扩建的道路		

续表

名称	图例	说明
新建的道路		"R9"表示道路转弯半径为 9cm；"47.50"表示路面中心标高；"6"表示 6%，为纵向坡度；"72.00"表示变坡点间距离
拆除的道路		
挡土墙		被挡的土在"突出"的一侧
桥梁		1. 上图表示公路桥，下图表示铁路桥； 2. 用于旱桥时应注明

5.2.2　了解工程的性质、用地范围和地形地物等情况

从图中了解各房屋所标注的名称，可知拟建工程项目类型。

5.2.3　了解地势高低

从室内底层地面和等高线的标高，了解该场地的地势高低、雨水排除方向，初步了解填挖土方的数量。注意总平面图中标高的数值，以米为单位，一般注至小数点后两位。所注数值均为绝对标高（以我国青岛市外的黄海海平面作为零点而测定的高度尺寸）。注意室内外地坪标高标注的符号是不同的。

5.2.4　明确新建房屋的位置和朝向

房屋的位置可用定位尺寸或坐标确定。定位尺寸应注出与原建筑物或道路中心线的联系尺寸等。用坐标确定位置时，应注出房屋角的坐标，可以用建筑坐标和测量坐标。从图上所画的指北针或风向玫瑰图，确定该房屋的朝向。

5.2.5　了解周围环境的情况

关注场地绿化、水体、道路、围墙等。

测量、建筑坐标

5.3　建筑平面图

建筑平面图简称平面图，是建筑施工图中重要的基本图，在施工过程中，作为放线、砌筑墙体、安装门窗、室内装修、施工备料及编制预算的依据。

5.3.1　建筑平面图的形成

如图 5-24 所示，假想用一水平剖切面沿窗台以上 300mm 的位置将房屋剖切后，将留下的部分按俯视方向在水平投影面上作正投影所得到的图样，也就是对剖切面以下部分作出的水平投影。主要用来表示房屋的平面布置情况，简称平面图。反映了房屋的平面形状、大小和房间的布置，墙或柱的位置、大小、厚度和材料，门窗的类型和位置等情况。

建筑平面图应包括被剖切到的断面，可见的建筑构造及必要的尺寸、标高等内容。

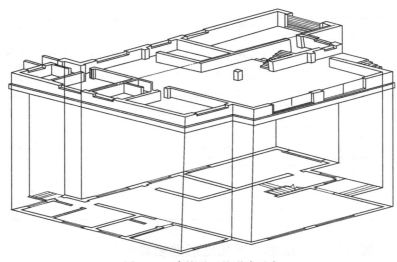

图 5-24　建筑平面的形成示意

5.3.2　建筑平面图的内容及有关规定

（1）平面图的图名、比例　沿底层门窗洞口剖切后得到的平面图称为底层平面图、首层平面图或一层平面图（图 5-25）。沿二层门窗洞口剖切开得到的平面图称为二层平面图。在一般情况下，房屋有几层就应画几个平面图，当房屋中间若干层的平面布局完全一致时，只需要画一个平面图作为代表层，称为标准层平面图（上下各层的房间数量、大小和布置都一样）。沿最上一层的门窗洞口剖切开得到的平面图称为顶层平面图。注意与屋顶排水平面布置（将房屋直接从上向下进行投射得到的平面图）进行区分。此外，有的建筑还有地下层（±0.000 以下）平面图。

底层平面与标准层平面的区别

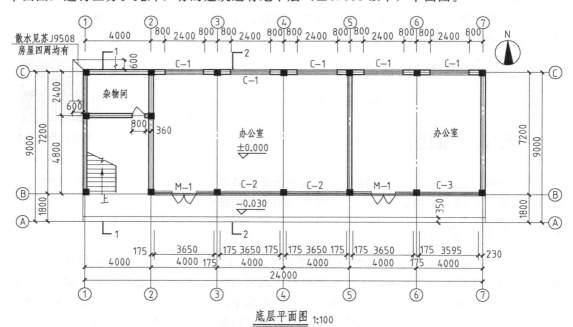

底层平面图 1:100

图 5-25　底层平面图

（2）建筑物的朝向及内部布置　建筑物的朝向在底层平面图上看指北针的方向。在指针尖端处，国内工程注"北"，涉外工程注"N"。除了绘制各房间的布置和名称，以及走廊、楼梯等的位置，该层所有门、窗的分布和编号及门的开启方向等，还应绘制出入口以及室外的台阶、坡道、散水的位置及尺寸等，画出剖视图的剖切位置及编号。二层平面图中应绘制建筑内部的布局及雨篷。三层以上只绘制建筑内部的布局。

（3）线型　实线用来表示看得见的轮廓线；虚线用来表示看不见的轮廓线；有省略的部分或者是物体断开处用折断线表示。

（4）建筑物的尺寸及标高　在建筑平面图中，用轴线和尺寸线表示各部分的长、宽尺寸和准确位置。平面图的外部尺寸一般分三道尺寸：最外面一道是外包尺寸，表示建筑物的总长度和总宽度；中间一道是轴线间距，表示开间和进深；最里面的一道是细部尺寸，表示门窗洞口、窗间墙、墙体等详细尺寸。在平面图内还注有内部尺寸，表明室内的门窗洞、孔洞、墙体及固定设备的大小和位置。在首层平面图还需要标注室外台阶、花池和散水等局部尺寸。

在各层平面图上还注有楼地面标高，表示各层楼地面距离相对标高零点（即正负零）的高差。

（5）各种门、窗的编号及门的开启方式　门用M表示，窗用C表示，并采用阿拉伯数字编号，如M-1、M-2、M-3、…，C-1、C-2、C-3、…，同一编号代表同一类型的门或窗。当门窗采用标准图时，注写标准图集编号及图号。从门窗编号中可知门窗共有多少种，一般情况下，在本页图纸上或前面图纸上附有一个门窗表，列出门窗的编号、名称、洞口尺寸及数量。

【小技巧】

阅读平面图的要点：

1. 从图名了解所在楼层。

2. 底层平面图中有一个指北针符号，用来表示建筑朝向。

3. 从平面图的形状与总长、总宽尺寸，可计算出房屋的用地面积、建筑面积。

4. 从图中墙的位置及分隔情况和房间的名称，可了解到房屋内部各房间的配置、用途、数量及其相互间的联系。

5. 注意定位轴线与墙、柱的关系，了解到各承重构件的位置及房间的大小。

6. 核实图中门窗与门窗表中的门窗尺寸、数量，并注意所选的标准图集。

7. 注意楼梯的形状、走向和级数。

8. 熟悉其他构件（台阶、雨篷、阳台等）的位置、尺寸及厨房、卫生间等设施的布置。

5.4　建筑立面图

5.4.1　建筑立面图的形成

一般建筑物都有前后左右四个面，在与房屋立面平行的投影面上所作的房屋正投影图，称为建筑立面图，简称立面图。其中反映主要出入口或比较显著地反映房屋外貌特征的那一面的立面图，称为正立面图，其余的立面图相应地称为背立面图和侧立面图。但通常也按房屋的朝向来命名，如南立面图、北立面图、东立面图和西立面图等。立面图也可按轴线编号来命名，如①～⑨立面图或③～⑧立面图等，如图 5-26 所示。

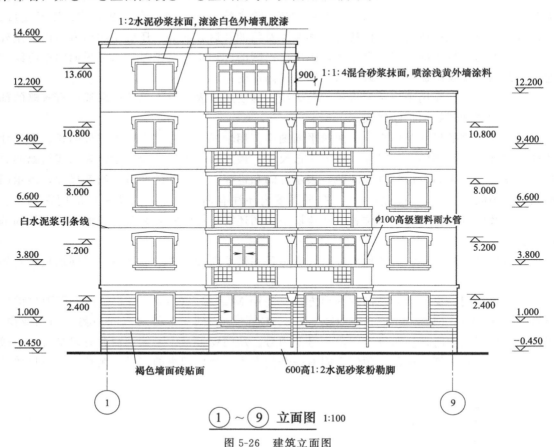

图 5-26　建筑立面图

按投影原理，立面图上应将立面上所有看得见的细部都表示出来。但由于立面图的比例较小，如门窗扇、檐口构造、阳台栏杆和墙面复杂装修等细部，往往只用图例表示。它们的构造和做法，都另有详图或文字说明。因此，习惯上对这些细部只分别画出一两个作有为代表，其他都可简化，只画出它们的轮廓线。若房屋左右对称时，正立面图和背立面图也可各画一半，单独布置或合并成一图。合并时，应在图的中间画一竖直的对称符号作为分界线。

房屋立面如果有一部分不平行于投影面，例如是圆弧形、折线形、曲线形等，可将该部分展开（摊平）到与投影面平行，再用正投影法画出其立面图，但应在图名后注写"展开"两字。对于平面为回字形的房屋，它在院落中的局部立面，可在相关的剖面图上附带表示。如不能表示则单独绘出。

立面图是设计工程师表达立面设计效果的重要图纸，一座建筑物是否美观，很大程度上取决于它在主要立面上的艺术处理，包括造型与装修是否优美。在设计阶段，立面图主要用来研究其外形艺术处理。在施工图中，它主要反映房屋的外貌和立面装修的一般做法。

5.4.2　建筑立面图的内容及有关规定

（1）图名与比例　图名可按立面的主次、朝向、轴线来命名，比例应与建筑平面图所用比例一致。在建筑立面图中只画出两端的轴线并注出其编号，编号应与建筑平面图该立面两端的轴线编号一致，以便与建筑平面图对照阅读，从中确认立面的方位。

（2）图线 为使建筑立面图清晰和美观，一般立面图的外形轮廓用粗线表示；室外地坪线用特粗实线表示；门窗、阳台、雨罩等主要部分的轮廓用中粗实线表示；其他如门窗扇、墙面分格线等均用细实线表示。

（3）尺寸标注及文字说明 沿立面图高度方向标注三道尺寸：细部尺寸、层高及总高度。细部尺寸——最里面一道是细部尺寸，表示室内外地面高差、防潮层位置、窗下墙高度、门窗洞口高度、洞口顶面到上一层楼面的高度、女儿墙或挑檐板高度。层高——中间一道表示层高尺寸，即上下相邻两层楼地面之间的距离。总高度——最外面一道表示建筑物总高，即从建筑物室外地坪至女儿墙压顶（或至檐口）的距离。

（4）标高 主要标注房屋主要部位的相对标高。如室外地坪、室内地面、各层楼面、檐口、女儿墙压顶等。

（5）说明 索引符号及必要的文字说明。

（6）图例 由于立面图的比例小，因此立面图上的门窗应按图例立面式样表示，并画出开启方向。开启线以人站在门窗外侧看，细实线表示外开，细虚线表示内开，线条相关一侧为合页安装边。相同类型的站窗只画出一两个完整图形，其余的只需画出单线图常用门窗图例如图 5-27 所示。

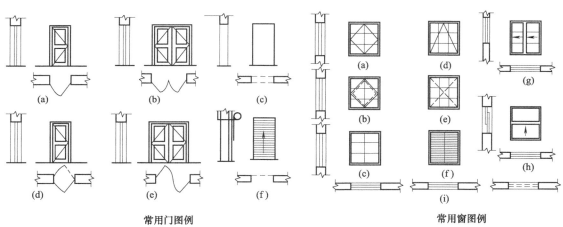

常用门图例

(a) 单扇门(包括平开或单面弹簧门)；
(b) 双扇门(包括平开或单面弹簧门)；
(c) 空门洞；(d) 单扇双面弹簧门；
(e) 双扇双面弹簧门；(f) 卷门

常用窗图例

(a) 单层外开平开窗； (b) 双层内外开平开窗；
(c) 固定窗； (d) 单层外开上悬窗；
(e) 单层中悬窗；(f) 百叶窗；(g) 左右推拉窗；
(h) 上推窗；(i) 高窗

图 5-27 门窗图例示意

【小技巧】

阅读立面图的要点：

1. 了解图名和比例。

2. 对照平面图核对立面图上的有关内容。查阅立面图与平面图的关系，这样，才能建立起立体感，加深对平面图、立面图的理解。

3. 了解房屋的外貌特征、外部形状。

4. 核实房屋的竖向标高及相应的尺寸。

5. 结合材料及装修一览表，查阅外墙面各细部的装修做法，如窗台、阳台、雨篷、勒脚等。

5.5 建筑剖面图

5.5.1 建筑剖面图的形成

假想用一个或多个垂直于外墙轴线的铅垂剖切面将房屋剖开，所得的投影称为建筑剖面图，简称剖面图。剖面图用以表示房屋内部的结构或构造形式、分层情况和各部位的联系、材料及其高度等，是与平、立面图相互配合的不可缺少的重要图样之一。

剖面图的数量是根据房屋的具体情况和施工实际需要而决定的。剖切面一般横向，即平行于侧面，必要时也可纵向，即平行于正面。其位置应选择在能反映出房屋内部构造比较复杂与典型的部位，并应通过门窗洞的位置。若为多层房屋，应选择在楼梯间或层高不同、层数不同的部位。剖面图的图名应与平面图上所标注剖切符号的编号一致。剖面图中的断面，其材料图例与粉刷面层线和楼、地面面层线的表示原则及方法，与平面图的处理相同。

通过建筑剖面图，可以了解到建筑物各层的平面布置以及立面的形状，了解建筑物内部垂直方向的结构形式和分层情况、层高及各部位的相互关系，它是施工、概预算及备料的重要依据，如图 5-28 所示。

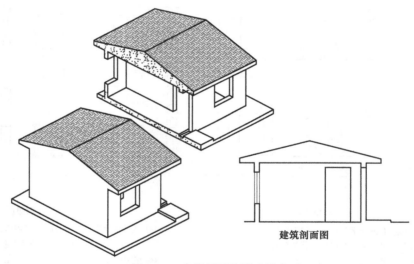

建筑剖面图

图 5-28 建筑剖面的形成示意

5.5.2 建筑剖面图的内容及有关规定

（1）图名与比例 以底层平面图的剖切符号命名，注意与其对应，比例一般为 1∶100；1∶50 等，如图 5-29 所示。

（2）定位轴线 在剖面图中应画出两端墙或柱的定位轴线及其编号，以明确剖切位置及剖视方向。

（3）图线 在剖面图中的室内外地坪线用特粗实线表示。剖到的部位如墙、柱、板、楼梯等用粗实线表示，未剖到的用中粗实线表示，其他线条（如引出线等）用细实线表示。基础部分用折断线省略不画，另由结构施工图表示。

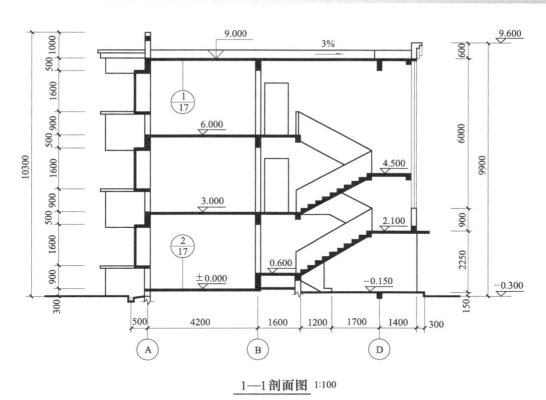

1—1剖面图 1:100

图 5-29　建筑剖面图

（4）标高　建筑标高是指各部位竣工后的上（或下）表面的标高；结构标高是指各结构构件，不包括粉刷层时的下（或上）表面的标高，如图 5-30 所示。

（5）尺寸标注　主要反映外部尺寸，门、窗洞口（包括洞口上部和窗台）的高度，层间高度及总高度（室外地面至檐口或女儿墙顶）。有时，后两部分尺寸可不标注。

对内部尺寸，主要关注地坑深度和隔断、搁板、平台、墙裙及室内门、窗

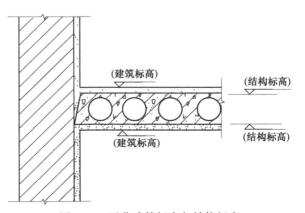

图 5-30　区分建筑标高与结构标高

等的高度。同时注写标高及尺寸时，注意与立面图和平面图相一致。

（6）坡度　建筑物倾斜的地方如屋面、散水等，需用坡度来表示倾斜的程度。

如图 5-31（a）所示是坡度较小时的表示方法，箭头为单面箭头，指向下坡方向，2％表示坡度的高宽比。图 5-31（b）、图 5-31（c）是坡度较大时的表示方法，分别读作 1∶2 和 1∶2.5。图 5-31（c）中直角三角形的斜边应与坡度平行，直角边上的数字表示坡度的高宽比。

（7）楼、地面各层构造（引出线说明）　引出线指向所说明的部位，并按其构造的层次顺序，逐层加以文字说明。若另画有详图，可在详图中说明，也可在"构造说明一览表"中统一说明。

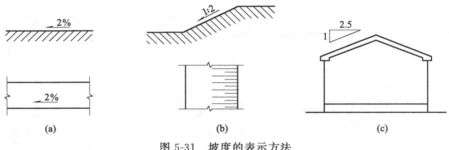

图 5-31　坡度的表示方法

（8）关注索引符号与详图编号　注意不同类型：详图与被索引的图在同一张图纸上；详图与被索引的图不在同一张图纸上；详图采用标准图。

（9）其他　在剖面图中还有台阶、排水沟、散水、雨篷等。凡切到的或用直接正投影法能看到的都应表示清楚。

【小技巧】

阅读剖面图的要点：

1. 先了解剖面图的剖切位置与编号。

2. 了解被剖切到的墙体、楼板、屋顶，查阅相关做法。尤其要注意屋面的排水方案、防水、保温隔热做法等。

3. 了解可见部分。

4. 了解剖面图上的尺寸标注。

5. 查阅各部分高度。

5.6　建筑详图

对一个建筑物来说，有了建筑平、立、剖面图，还不能满足施工要求。因为平、立、剖面图样比例较小，建筑物的某些细部及构配件的详细构造和尺寸无法表示清楚。所以，在一套施工图中，除了有全局性的基本图样外，还必须有许多比例较大的图样，对建筑物细部的形状、大小、材料和做法加以补充说明，这种图样称为建筑详图。建筑详图是建筑细部施工图，是建筑平、立、剖面图的补充，是施工的重要依据之一。

建筑详图类型主要有：墙身剖面图、楼梯详图、门窗详图及厨房、浴室、卫生间详图等。主要表示建筑构配件（如门、窗、楼梯、阳台、各种装饰等）的详细构造及连接关系；表示建筑细部及剖面节点（如檐口、窗台、明沟、楼梯、扶手、踏步、楼地面、屋面等）的形式、层次、做法、用料、规格及详细尺寸；表示施工要求及制作方法。

【小技巧】

阅读详图的要点：

1. 明确所在位置。根据所采用的索引符号、轴线编号、剖切符号等明确该详图所示部分在建筑中的位置，将局部构造与建筑物整体联系起来，形成完整的概念。

2. 细心研究，掌握有代表性部位的构造特点，灵活应用。一个建筑物由许多构配件组成，而它们多数都是相同类型的，因此只要了解其中一两个构配件的构造及尺寸，其他构配件就可以依此类推了。

5.6.1 外墙详图

外墙身详图实际上是建筑剖面图的局部放大图，它表达房屋的屋面、楼层、地面和檐口、楼板与墙的连接、门窗顶、窗台和勒脚、散水等处的构造情况，是施工的重要依据，如图 5-32 所示。

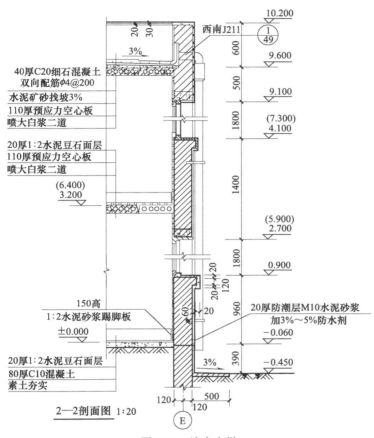

图 5-32 墙身大样

【小技巧】

外墙身详图的读图要点：

1. 关注屋面、楼层和地面的构造做法，详读多层构造说明。

2. 从屋顶檐口部分了解屋面构造方案、排水组织设计。

3. 从窗口及勒脚部分，可了解散水、内墙面和外墙面的装饰做法。

4. 重点分析有关部位的标高和细部的大小尺寸。

5.6.2 楼梯详图

楼梯详图主要表明楼梯形式、结构类型、楼梯间各部位的尺寸及装修做法。一般包括楼梯平面图、楼梯剖面图及栏杆或栏板、扶手、踏步大样图等图样。

5.6.2.1 楼梯平面图

楼梯平面图的形成：楼梯平面图是距每层楼地面 1.2m 以上（尽量剖到楼

楼梯详图（平、剖、大样）

梯间的门窗）沿水平方向剖开，向下投影所得到的水平剖面图。各层被剖到的楼梯段用 45°折断线表示。楼梯平面图一般应分层绘制，对于三层以上的建筑物，当中间各层楼梯完全相同时，可用一个图样表示，同时标有中间各层的楼面标高，如图 5-33 所示。

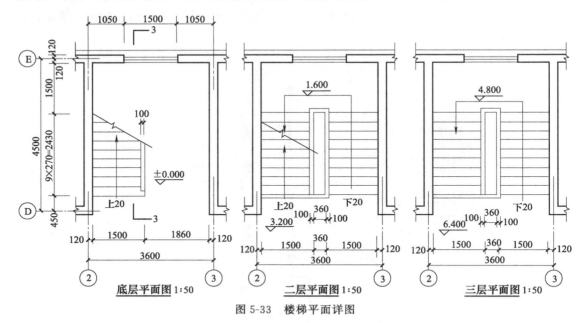

图 5-33　楼梯平面详图

【小技巧】

楼梯平面详图的读图要点：

1. 图名与比例：通常楼梯平面图的比例为 1∶50。

2. 轴线编号、开间及进深尺寸：楼梯平面图的轴线编号必须与建筑平面图中所表示的楼梯间的轴线编号相同，若不标编号，则代表通用。开间、进深尺寸也与建筑平面图中所表示的楼梯间的尺寸相等。

3. 楼地面及休息平台标高：楼梯平面图所表示的每一部分的高度不同，而水平投影图不能表示高度。因此，用标高表示楼地面及休息平台等这些重要部位的高度。

4. 楼梯段长度和宽度、平台宽度：楼梯段水平投影长度＝踏步宽×（踏步数－1），平台宽度注意（有休息平台宽度、楼面平台宽度）与楼梯段的宽度的区别。

5. 楼梯走向在楼梯段中部，用带箭头的细实线"——→"表示楼梯走向，并注有"上"或"下"的字样。其中，"上"或"下"均是相对该层楼地面而言。

6. 其他构配件：楼梯间墙体的厚度，以及门窗、构造柱、垃圾道等的位置。

7. 索引符号：对于更为详细的细部做法，如踏步、扶手等，采用索引符号表示，另外绘有详图。

8. 剖切符号：在首层楼梯平面图，用剖切符号表示楼梯剖面图的剖切位置、投影方向及剖面图的编号。

5.6.2.2　楼梯剖面图

楼梯剖面图的形成：假想用一铅垂面，将楼梯某一跑和门窗洞垂直剖开，向未剖到的另一跑方向投影，所得到的垂直剖面图就是楼梯剖面图，重点表明楼梯间的竖向关系。剖切面所在位置表示在楼梯首层平面图上，如图 5-34 所示。

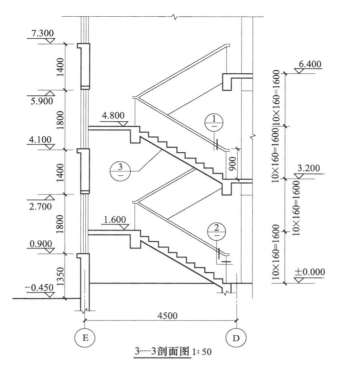

图 5-34　楼梯剖面详图

【小技巧】

楼梯剖面详图的读图要点：

1. 图名与比例：与楼梯平面图中的剖切编号相同，比例也与楼梯平面图的比例相一致。

2. 轴线编号与进深尺寸：楼梯剖面图的轴线编号和进深尺寸与楼梯平面图的编号相同、尺寸相等。

3. 楼梯的结构类型和形式：钢筋混凝土楼梯有现浇和预制装配两种。按楼梯段的受力形式又可分为板式和梁板式。

4. 其他细部构造做法：建筑物的层数、楼梯段数及每段楼梯踏步个数和踏步高度（又称踢面高度）；室内地面、各层楼面、休息平台的位置、标高及细部尺寸；楼梯间门窗、窗下墙过梁、圈梁等位置及细部尺寸；楼梯段、休息平台及平台梁之间的相互关系（若为预制装配式楼梯，则应写出预制构件代号）；栏杆或栏板的位置及高度。

5. 索引符号：节点细部的构造做法用索引符号表示，另外绘有详图。

5.6.3　门窗详图

一般都有各种不同规格的标准图，供设计者选用。因此，在施工图中，只要说明该详图所在标准图集中的编号，就可不必另画详图。如果没有标准图时，就一定要画出详图。

门窗详图一般用立面图、节点详图、断面图以及图表和文字说明等来表示。按规定，在节点详图与断面图中，门窗料的断面一般应加上材料图例。如图 5-35 所示，现以铝合金窗为例，介绍门窗详图读图特点。

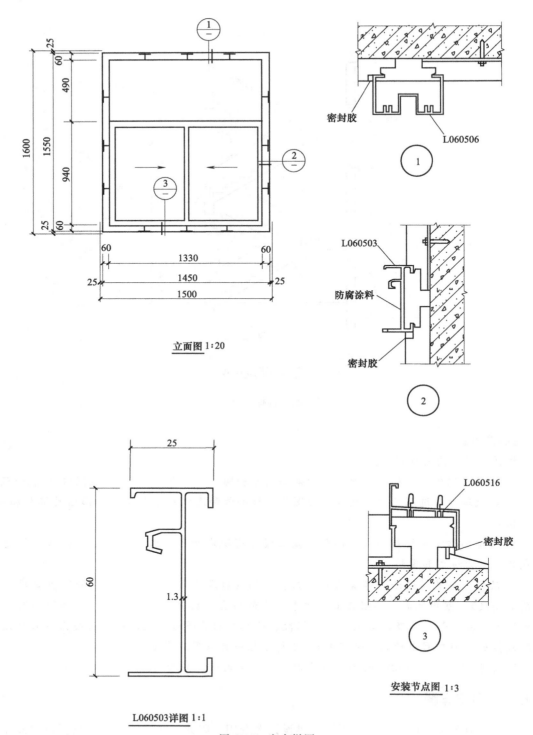

图 5-35　窗大样图

（1）识读门窗立面图　比例较小，只表示窗的外形、开启方式及方向、主要尺寸和节点索引符号等内容。立面图尺寸一般有三道：第一道为窗洞口尺寸；第二道为窗框外包尺寸；第三道为窗扇、窗框尺寸。洞口尺寸应与建筑平、剖面图的窗洞口尺寸一致。窗框和窗扇尺寸均为成品的净尺寸。

（2）识读门窗节点详图 一般画出剖面图和安装图，并分别注明详图符号，以便与窗立面图相对应。节点详图比例较大，能表示各窗料的断面形状、定位尺寸、安装位置和窗扇的连接关系等内容。断面图用大比例（1∶5或1∶2）将各不同窗料的断面形状单独画出，注明断面上各裁口的尺寸，以便下料加工，一般将断面图与节点详图结合起来分析。

小 结

1. 建筑施工图图纸类型——平面图、立面图、剖面图、详图（大样）。
2. 建筑施工图必须整体把握，平、立、剖结合，才能真正读懂。
3. 关注建筑构造做法，了解工艺方案。

拓 展 训 练

一、选择题

1. ①/2 表示（   ）。

A. 1号轴线之后的第二根附加轴线　　　　B. 2号轴线之后的第一根附加轴线

C. 2号轴线之前附加的第一根轴线　　　　D. 1号轴线之前的第二根附加轴线

2. 在建筑施工图中，钢筋混凝土的材料图例表示为（   ）。

A. ▨　　　　　B. ▨　　　　　C. ▨　　　　　D. ▨

3. 工程图纸一般是采用（   ）原理绘制。

A. 中心投影法　　　B. 平行投影法　　　C. 斜投影图　　　D. 正投影图

4. 在总平面图中新建房屋用（   ）表示。

A. 粗虚线　　　　　B. 细实线　　　　　C. 粗实线　　　　　D. 细虚线

5. 楼梯详图一般用（   ）绘制。

A. 1∶150　　　　　B. 1∶100　　　　　C. 1∶50　　　　　D. 1∶25

6. 施工图中的门常用（   ）表示。

A. M　　　　　B. C　　　　　C. CL　　　　　D. GL

二、简答题

平面图上标注定位轴线时，应按什么原则进行编号？

三、填空题

根据建筑平面图（图5-36）填空

1. 补全该施工图纵横向的轴线编号_____、_____、_____、_____、_____、_____。

2. 该工程的建筑平面图为_____层平面图，有一处室外踏步，共_____级。

3. 该工程图主出入口朝向为_____，室内外高差_____m。

4. 该工程图中横向轴线编号自左到右是_____轴到_____轴；纵向轴线编号自下而上是_____轴到_____轴。

5. 该工程东西向总长_____m，南北向总长_____m。

6. 底层餐厅地面标高_____m，室外标高为_____m。

7. 指出门窗的宽度 M-6_____mm，M-4_____mm；C-1_____mm，

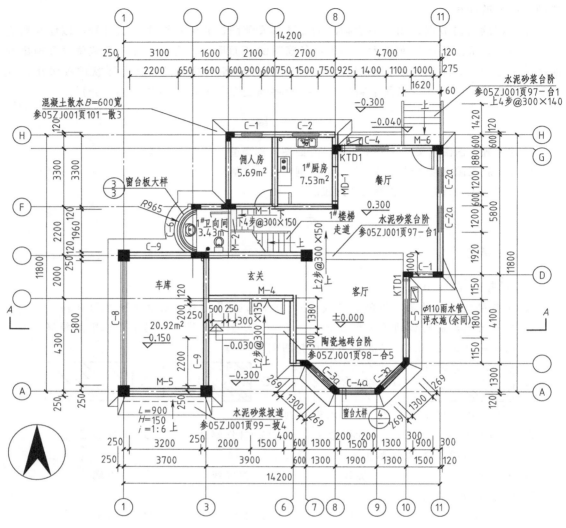

图 5-36 某建筑平面图

C-3a _____ mm。

8. 车库入口大门的坡道长度_____ m，坡度是_____。

9. 该工程的楼梯每级的踏面宽_____ mm，踢面高度为_____ mm。

任务 5 参考答案

模块四　建筑构造认知

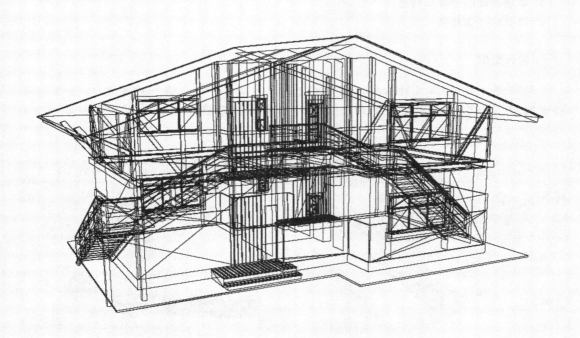

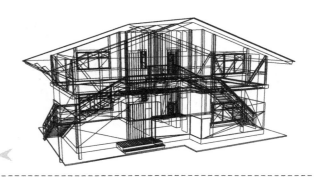

任务 6

基础与地下室

 能力目标

1. 能正确把握基础类型。
2. 在图纸中能清楚地判断地下室类型及地下室防潮防水的处理。

 知识目标

1. 了解基础的埋置深度及影响因素。
2. 区分地基与基础的基本概念。
3. 掌握基础的分类和构造。
4. 掌握地下室构造。

导入案例

2009 年 6 月 27 日 6 时左右，上海闵行区"莲花河畔"小区一栋在建 13 层住宅楼整体倒塌。这是一起非常严重的倒楼事件。是什么原因导致此次事件呢？如图 6-1 所示。

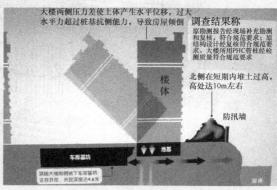

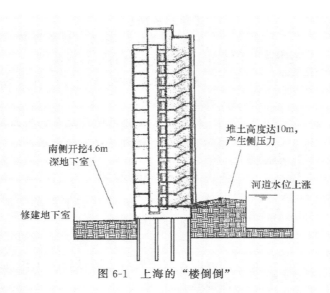

南侧开挖4.6m
深地下室

堆土高度达10m,
产生侧压力

河道水位上涨

修建地下室

图 6-1 上海的"楼倒倒"

 任务布置

1. 基础有哪些类型?

2. 基础一般埋深多少?什么位置合适?

3. 地下水和地潮如何处理?

 实践提示

关注基础类型,施工安全。

6.1 准备知识

6.1.1 地基、基础的概念与关系

(1) 基础 是墙和柱子下面的放大部分,它直接与土层相接触,承受建筑物的全部荷载,并将这些荷载连同本身的重量一起传给地基。

基础是建筑物的主要承重构件,处在建筑物地面以下,属于隐蔽工程。基础质量的好坏,关系着建筑物的安全问题。建筑设计中合理地选择基础极为重要。

(2) 地基 是基础下面的土层,不是房屋建筑的组成部分。地基承受建筑物的全部荷载,其中,具有一定的地耐力,直接支承基础,持有一定承载能力的土层称为持力层;持力层以下的土层称为下卧层。地基土层在荷载作用下产生的变形,随着土层深度的增加而减少,到了一定深度则可忽略不计。

基础是房屋的重要组成部分,而地基与基础又密切相关,若地基基础一旦出现问题,就难以补救,如图 6-2 所示。

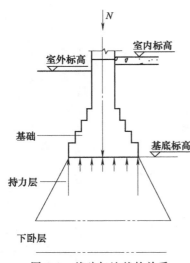

图6-2 基础与地基的关系

【专业名词】

基础：建筑地面以下的承重构件，承上启下，承受上部全部荷载并传给下部地基。

地基：承受由基础传下的荷载的土层。它不是建筑物的组成部分

持力层：直接承受建筑荷载的土层。

下卧层：持力层以下的土层。

6.1.2 地基的分类

天然地基：天然状态下即可满足承载力要求，不需要人工处理的地基。

人工地基：当建筑物上部的荷载较大或地基的承载力较弱，须预先对土壤进行人工加固或改良后才能作用的地基。

常用的人工加固地基的方法有压实法、换土法和桩基。

（1）压实法 用各种机器对土层进行夯打、碾压、振动来压实松散土的方法为压实法。在开挖基坑后，为改善土层表面的松软状况、保证地基的质量，往往采用木夯、石碾、蛙式打夯机进行夯打、压实。若需要提高地基的承载能力，则应用重锤夯实机、压路机进行夯实、碾压，或用振动压实机压实，如图6-3所示。

(a) 夯实法　　(b) 垂锤夯实法　　(c) 机械碾压法

图6-3 压实加固地基

（2）换土法 当基础下土层比较软弱，或地基有部分较弱的土层，如淤泥、淤泥质土、填土等，不能满足上部荷载对地基的要求时，可将较弱土层全部或部分挖去，换成其他较坚硬的材料，这种方法叫换土法。换土法所用材料一般是选用压缩性低的无侵蚀性材料，如砂、碎石、矿渣、石屑等松散材料。如图6-4所示。

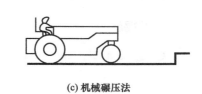

砂垫层　　　　砂石垫层

图6-4 换土加固地基

（3）桩基 当建筑物荷载很大，地基土层很弱，地基承载力不能满足要求时，可以采用桩基，使基础上的荷载经过桩传给地基土层，这也是一种加固地基的方法。按照传力的不同分为端承桩和摩擦桩，见图6-5。

桩基由承台和桩柱组成。承台是在桩柱顶现浇的钢筋混凝土梁或板，上部支承墙的称为承台梁，上部支承柱的称为承台板，承台的厚度一般不小于300mm，由结构计算确定，桩顶嵌入承台的深度不宜小于5～100mm。

6.1.3 地基与基础的设计要求

① 地基应具有足够的承载力和均匀程度。

② 基础应具有足够的强度和耐久性。

③ 经济要求。

6.1.4 基础的埋置深度及影响因素

6.1.4.1 基础埋置深度

基础埋置深度是指室外设计地坪到基础底面的垂直距离。基础埋置深度大于等于5m的称为深基础，小于5m的称为浅基础，当基础直接做在地表面上就称为不埋基础，如图6-6、图6-7所示。

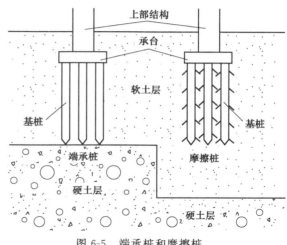

图 6-5 端承桩和摩擦桩

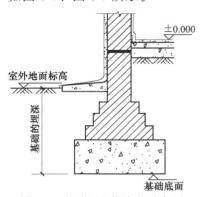

图 6-6 基础埋置深度基础底面

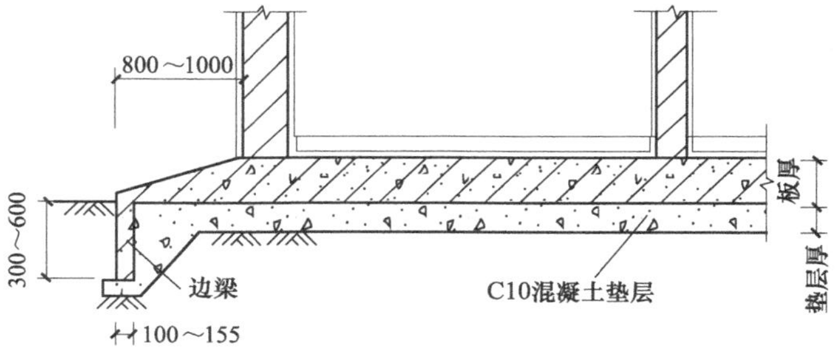

图 6-7 不埋基础

在保证安全使用的前提下，应优先选用浅基础，可降低工程造价。但当基础埋深过小时，有可能在地基受到压力后，会把基础四周的土挤出，使基础产生滑移而失去稳定，同时易受到自然因素的侵蚀和影响，使基础破坏，故基础的埋深在一般情况下不要小于0.5m。

6.1.4.2 影响基础埋置深度的因素

影响基础埋置深度的因素有很多，主要应考虑如下方面。

（1）建筑物上部荷载的大小和性质 显然上部荷载越大，基础埋深应越深，反之可浅些。当然这与建筑物的层数、结构类型等因素有关，多层建筑一般根据地下水位及冻土深度等来确定埋深尺寸，一般高层建筑的基础埋置深度为地面以上建筑物总高度的1/10。

（2）地质构造情况 基础底面应尽量选在常年未经扰动而且坚实平坦的土层或岩石上，俗称"老土层"。

若全为好土，则基础至少为0.5m。

若上为弱土，下为好土，且弱土厚度不超过2m，则基础可埋置到弱土底部。

若上为弱土，下为好土，且弱土厚度较厚，但小于5m，则基础可埋到弱土中，但必须加宽基础。

若上为弱土，下为好土，且弱土厚度超过5m，则基础可埋到弱土中，在局部进行换土，如仍不能满足荷载要求，在换土中打入桩基。

若上为好土，下为弱土，尽量将基础浅埋，减少对弱土的压力。

若上为好土，中为弱土，下为好土，则将基础埋在好土中，将桩基直接通入弱土打入好土中。地质构造与基础埋深的关系，如图6-8所示。

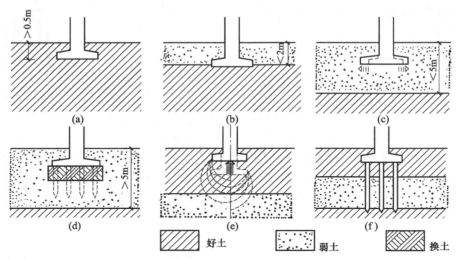

图 6-8　地质构造与基础埋深的关系

总之，由于地基土形成的地质变化不同，每个地区的地基土的性质也就不会相同，即使同一地区，它的性质也有很大变化，必须综合分析，求得最佳埋深。

（3）地下水位的影响　确定地下水的常年水位和最高水位，以便选择基础的埋深。一般宜将基础落在地下常年水位和最高水位之上，这样可不需进行特殊防水处理，节省造价，还可防止或减轻地基土层的冻胀。

若地下水位较深，尽量将基础埋在地下水位之上。

若地下水位较浅，尽量将基础埋在地下水位最下面的好土内。

地下水对某些土层的承载能力有很大影响，如黏性土在地下水上升时，将因含水量增加而膨胀，使土的强度降低；当地下水下降时，基础将产生下沉。为避免地下水的变化影响地基承载力及防止地下水对基础施工带来的麻烦，一般基础应争取埋在最高水位以上。

当地下水位较高、基础不能埋在最高水位以上时，宜将基础底面埋置在最低地下水位以下 200mm。这种情况，基础应采用耐水材料（如混凝土、钢筋混凝土等）。施工时要考虑基坑的排水。基础埋深和地下水的关系如图6-9所示。

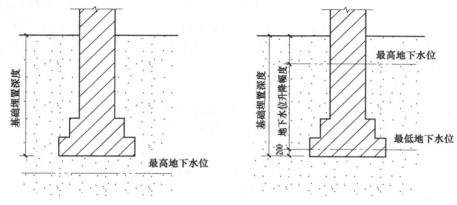

图 6-9　基础埋深和地下水的关系

（4）冰冻线因素 冻结土与非冻结土的分界线称为冻土线。各地区气候不同，低温持续时间不同，冻土深度亦不相同，如北京地区为 0.8～1.0m，哈尔滨是 2m，上海是 0.2m，重庆地区则基本无冻结土。应根据当地的气候条件了解土层的冻结深度，一般将基础的垫层部分做在土层冻结深度以下。否则，冬天土层的冻胀力会把房屋拱起，产生变形；天气转暖，冻土解冻时又会产生陷落。如地基土存在冻胀现象，特别是在粉砂、粉土和黏性土中，尽量将基础埋在冰冻线下至少 200mm。基础埋深和冰冻线的关系如图 6-10 所示。

（5）相邻建筑物基础的影响 新建建筑物的基础埋深不宜深于相邻的原有建筑物的基础；但当新建基础深于原有基础时，则要采取一定的措施加以处理，以保证原有建筑的安全和正常使用，如图 6-11 所示。

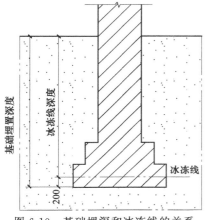

图 6-10 基础埋深和冰冻线的关系

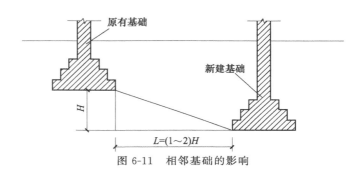

图 6-11 相邻基础的影响

6.2 基础的类型及构造

6.2.1 按材料及受力特点划分

6.2.1.1 刚性基础

如图 6-12 所示，刚性基础只适合受压而不适合受弯、受拉和受剪，因此基础剖面尺寸必须满足刚性条件的要求，即刚性角必须满足一定要求，见图 6-13。

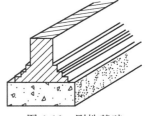

图 6-12 刚性基础

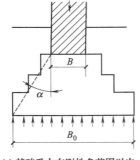

(a) 基础受力在刚性角范围以内

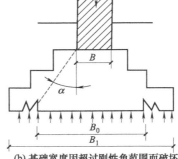

(b) 基础宽度因超过刚性角范围而破坏

图 6-13

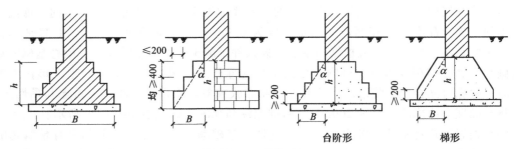

图 6-13　刚性基础的刚性角

不同材料有不同的宽高比要求，具体见表 6-1。

表 6-1　刚性基础台阶宽高比的允许值

基础名称	质量要求		台阶基础台阶宽高比的允许值		
			$P \leqslant 10$	$10 < P \leqslant 20$	$20 < P \leqslant 30$
混凝土基础	C10 混凝土		1：1.00	1：1.00	1：1.25
	C7.5 混凝土		1：1.00	1：1.25	1：1.50
毛石混凝土基础	C7.5～C10 混凝土		1：1.00	1：1.25	1：1.50
砖石基础	砖不低于 MU7.5	M5 砂浆	1：1.50	1：1.50	1：1.50
		M2.5 砂浆	1：1.50	1：1.50	
毛石基础	M2.5～M5 砂浆		1：1.25	1：50	
	M1 砂浆		1：1.50		
灰土基础	体积比为 3：7 或 2：8 的灰土其最小干密度为：轻亚黏土 1.55t/m³　亚黏土 1.50t/m³　黏土 1.45t/m³		1：1.25	1：1.50	
三合土基础	体积比为 1：2：4～1：3：6(石灰：砂：集料)每层约虚铺 220mm，夯至 150mm		1：1.50	1：2.00	

注：1. P——基础底面处的平均压力（kPa）。

2. 阶梯形毛石基础的每阶伸出宽度不宜大于 200mm。

3. 当基础由不同材料叠合组成时，应对接触部分作抗压验算。

根据材料的不同，刚性基础又分为多种，一般砌体结构房屋的基础常采用刚性基础。主要有以下几种：

（1）砖基础　砖基础所用的砖是一种取材容易、价格低廉的材料。

适用于地基土质好、地下水位低、五层以下的砖木结构或砖混结构建筑（由于砖的强度、耐久性均较差）。

做法：一般采用每两皮砖挑 1/4 砖与一皮砖挑出 1/4 砖相间砌筑。砌筑前基槽底面要铺 20mm 厚砂垫层。

如图 6-14 所示，砖基础一般由垫层、大放脚、基础墙三部分组成。用作基础的砖，其强度等级必须在 MU7.5 以上，砂浆强度等级一般不低于 M5。施工受到刚性角的限制，大放脚的宽高比应≤1：1.5。大放脚一般有等高式和间隔式两种。

（2）灰土基础　如图 6-15 所示，灰土是经过消解后的生石灰和黏性土按一定的比例拌和而成，其配合比常用石灰：黏性土＝3：7 或 2：8，俗称"三七"灰土。灰土基础适用于 5 层和 5 层以下、地下水位较低的砌体结构房屋和墙体承重的工业厂房。4 层及以上的建筑物，基础厚度一般采用 450mm，3 层及以下的建筑物一般采用 300mm，夯实后的灰土厚度每 150mm 称"一步"，300mm 可称为"两步"灰土。

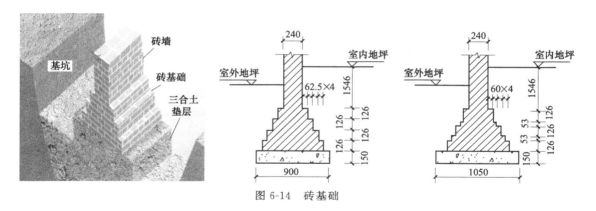

图 6-14　砖基础

做法：每层均虚铺 220mm，夯实后厚度为 150mm 左右，称为第一步。三层及三层以下房屋用两步，三层以上建筑用三步。

适用于三层及三层以下的建筑。

【注意】

灰土的抗冻、耐水性能差，灰土基础只能埋在地下水位以上，且顶面应在冻结深度以下。

（3）毛石基础　如图 6-16 所示，开采下来未经雕琢成形的石块，采用不小于 M5 砂浆砌筑的基础，其剖面形状多为阶梯形和锥形。毛石基础是由中部厚度不小于 150mm 的未经加工的块石和砂浆砌筑而成，通常采用水泥砂浆砌筑。可以用于地下水位较高、冻结深度较深的地区（由于石材强度高、抗冻、耐水性能好，水泥砂浆同样是耐水材料）。剖面形式多为阶梯。

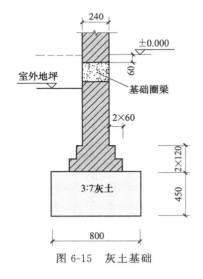

图 6-15　灰土基础

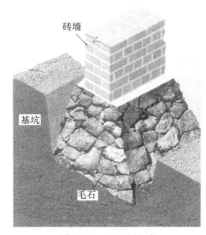

图 6-16　毛石基础

【注意】

基础顶面要比墙或柱每边宽出 100mm；基础的宽度 b、每台阶的高度均不小于 400mm；每个台阶挑出的宽度不应大于 200mm，以确保符合宽高比不大于 1：1.50 或 1：1.25 的限制。当基础底面宽度 $b \leqslant 700mm$ 时，毛石基础应做成矩形截面。

（4）三合土基础　如图 6-17 所示为三合土基础。由石灰、砂、碎砖按 1：2：4～1：3：

6 的体积比进行配合而成。铺筑至设计标高后，在最后一遍夯打时，宜浇注石灰浆，待表面灰浆略为风干后，再铺上一层砂子，最后整平夯实。

做法：每层均虚铺 220mm，夯实后厚度为 150mm 左右，称为第一步。通常三合土基础的总厚度 $H_0 \geqslant 300$mm；宽度 $B \geqslant 600$mm。

适用于四层及四层以下的建筑

【注意】 三合土基础应埋在地下水位以上，顶面应在冻结深度以下。

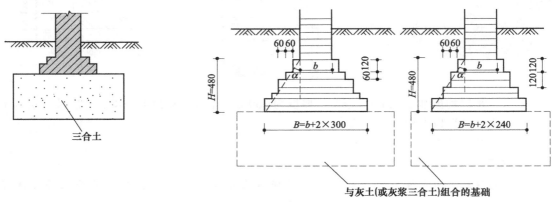

图 6-17 三合土基础

（5）混凝土基础 混凝土基础如图 6-18 所示，具有坚固、耐久、耐水、刚性角大的特点，常用于有地下水和冰冻作用的地方。剖面形状多为阶梯形和锥形。厚度一般为 300～500mm，混凝土强度等级为 C7.5～C10。当底面宽度 $B \geqslant 2000$mm 时还可以做成锥形，锥形断面能节约混凝土，从而减轻基础自重。混凝土的刚性角 $\alpha = 45°$，阶梯形断面台阶的宽高比 $\leqslant 1:1 \sim 1:1.5$，锥形断面的斜面与水平面夹角 β 应 $\geqslant 45°$。

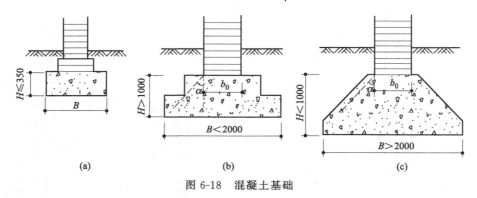

图 6-18 混凝土基础

6.2.1.2 钢筋混凝土基础

钢筋混凝土基础又称为柔性基础。钢筋混凝土的抗弯和抗剪性能好，可以在上部结构荷载较大、地基承载力较小的情况下使用。这类基础不受台阶宽高比限制，可以做得宽而薄，多为扁锥形，如图 6-19 所示。

刚性基础与柔性基础相比较：刚性基础，因受刚性角限制，基础底面宽度很大时，必须增加基础的高度，使基础高度很大。这样，不仅使开挖土方的工程量增加，还将使基础材料用量增加，对工期和造价都不利。特别是有软弱下卧层的地基，不宜将基础埋置过深，以充分利用持力层好土的承载力。如在混凝土基础中配置钢筋，利用钢筋承受拉力，基础就能承

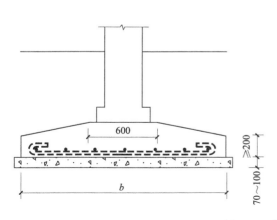
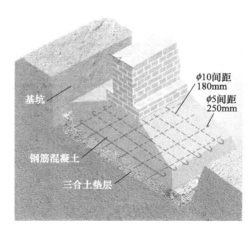

图 6-19　钢筋混凝土基础

受弯矩。钢筋混凝土基础相当于一个受均布荷载的悬臂梁，所以它的截面高度向外逐渐变小，但最薄处的厚度不应小于 200mm。

截面是阶梯形，每步高度为 300～500mm。基础中受力钢筋的数量应通过计算确定，但钢筋直径不宜小于 80mm，间距不宜大于 200mm。基础混凝土的强度等级不宜低于 C15。为了使基础底面均匀传递压力，常在基础下用强度等级为 C7.5 或 C10 的混凝土做一个垫层，其厚度宜为 50～100mm。有垫层时，钢筋距基础底面的保护层厚度不宜小于 35mm，不设垫层，钢筋距基础底面不宜小于 70mm，以保护钢筋免遭锈蚀。

板式钢筋混凝土条基和梁式钢筋混凝土条基见图 6-20。

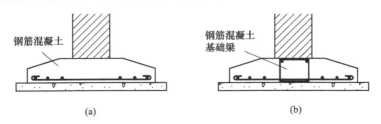

图 6-20　钢筋混凝土条基

6.2.2　按构造形式划分

6.2.2.1　条形基础

当建筑物上部结构采用墙承重时，基础沿墙身设置，多做成长条形，这类基础称为条形基础或带形基础，包括墙下条形基础和柱下条形基础。墙下条形基础多用于上部结构为砖混结构时；柱下条形基础则多用于上部结构为框架结构或排架结构时，如图 6-21 所示。

6.2.2.2　单独基础

当建筑物上部结构采用框架结构或单层排架结构承重时，基础常采用独立基础。常用的断面形式有踏步形、锥形、杯形。当柱采用预制构件时，则基础做成杯口形，然后将柱子插入并嵌固在杯口内，故称杯形基础，如图 6-22 所示。

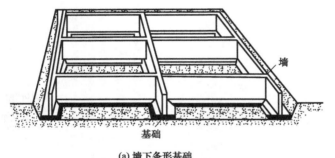

(a) 墙下条形基础   (b) 柱下条形基础

图 6-21　条形基础

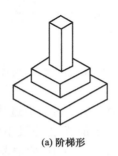 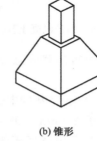 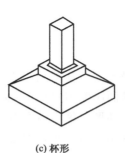

(a) 阶梯形   (b) 锥形   (c) 杯形

图 6-22　独立柱基类型

6.2.2.3　井格基础

当地基条件较差时，为了提高建筑物的整体性，防止柱子之间产生不均匀沉降，常将柱下基础沿纵横两个方向扩展连接起来，做成十字交叉的井格基础，如图 6-23 所示。

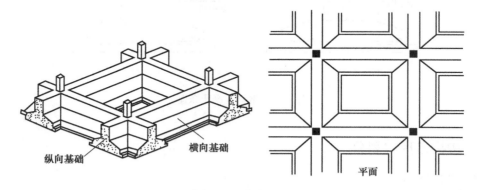

图 6-23　井格基础

6.2.2.4　片筏基础

当建筑物上部荷载较大或地基土质很差、承载能力小，采用独立基础或井格基础不能满足要求时，通常将墙或柱下基础连成一片，使建筑物的荷载承受在一块整板上成为片筏基础。由整片的钢筋混凝土板组成，板直接作用于地基上，整体性好。片筏基础有平板式和梁板式两种，如图 6-24、图 6-25 所示。

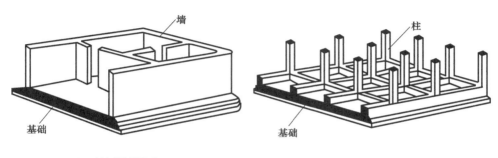

(a) 平板式片筏基础   (b) 梁板式片筏基础

图 6-24 片筏基础

(a) 片筏基础   (b) 独立柱基

图 6-25 片筏基础与独立柱基施工现场对比

6.2.2.5 箱形基础

当建筑物上部荷载较大，对地基不均匀沉降要求严格，或为软弱土地基时，为增加基础刚度，将地下室的底板、顶板和墙体整浇成箱子状的基础为箱形基础。

箱形基础是由钢筋混凝土底板、顶板和若干纵、横隔墙组成的整体结构，基础的中空部分可用作地下室（单层或多层的）或地下停车库。箱形基础整体空间刚度大，整体性强，能抵抗地基的不均匀沉降，较适用于高层建筑，如图 6-26 所示。

6.2.2.6 桩基础

当建筑物的荷载较大，而地基的弱土层较厚，地基承载力不能满足要求，采取其他措施又不经济时，可采用桩基础。

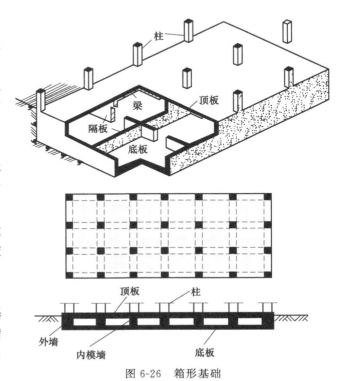

图 6-26 箱形基础

桩基础由承台和桩柱组成，如图 6-27 所示，承台是在桩柱顶现浇的钢筋混凝土梁或板，上部支承墙的称为承台梁，上部支承柱的称为承台板，承台的厚度一般不小于 300mm，由结构计算确定，桩顶嵌入承台的深度不宜小于 5~100mm。

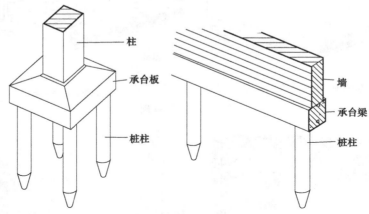

图 6-27　桩基础的组成

按桩柱的材料不同可分为混凝土桩、钢筋混凝土桩、土桩、木桩、砂桩等。

钢筋混凝土桩，按施工方法不同又分为预制桩、灌注桩和爆扩桩三种，如图 6-28 所示。

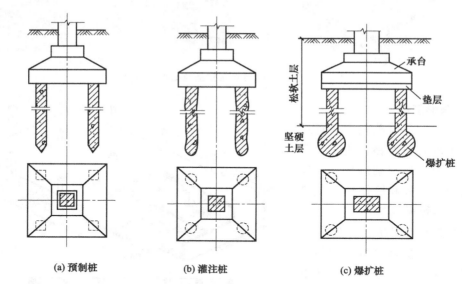

(a) 预制桩　　　　　(b) 灌注桩　　　　　(c) 爆扩桩

图 6-28　钢筋混凝土桩基础类型

（1）预制桩　是把桩先预制好，然后用打桩机打入地基土层中。桩的断面一般为 200~350mm 见方，桩长不超过 12m。预制桩质量易于保证，不受地基其他条件影响（如地下水等），但造价高、钢材用量大，打桩时有较大噪声，影响周围环境。

（2）灌注桩　是直接在所设计的桩位上开孔（圆形），然后在孔内加放钢筋骨架，浇灌混凝土而成。与钢筋混凝土预制桩比较，灌注桩有施工快、施工占地面积小、造价低等优点，近年来发展较快。

（3）爆扩桩　是用机械或爆扩等方法成孔，孔径一般为 300~400mm，成孔后用炸药扩大孔底，现浇灌混凝土而成。扩桩端是呈球状的扩大体，一般为桩身直径的2～3倍，桩长为5～7m爆扩桩具有设备简单、施工速度快、劳动强度低及投资少等优点。缺点是受施工和基础条件的局限，不易保证质量。

6.3 地下室的构造

6.3.1 地下室的构造组成

建筑物下部的地下使用空间称为地下室。地下室一般由墙身、底板、顶板、门窗、楼梯等部分组成（图6-29）。当地下室窗台低于室外地面时，为达到采光和通风的目的，应设采光井，如图6-30所示。

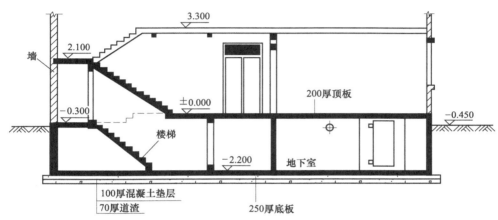

图6-29　地下室的基本组成

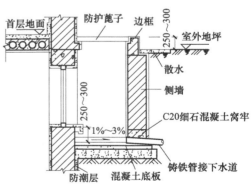

图6-30　采光井

6.3.2 地下室分类

（1）按使用功能划分　可以分为普通地下室、人防地下室。

① 普通地下室　用作高层建筑的地下停车库、设备用房；根据用途及结构需要可做成一层或二、三层、多层地下室。

② 人防地下室　结合人防要求设置的地下空间，用以应付战时情况下人员的隐蔽和疏

散，并有具备保障人身安全的各项技术措施。

（2）按顶板标高划分　可以分为半地下室（埋深为 1/3～1/2 的地下室净高）；全地下室（埋深为地下室净高的 1/2 以上）。

（3）按结构材料划分　可以分为砖混结构地下室、钢筋混凝土结构地下室。

6.3.3　地下室防水、防潮构造

地下室的外墙和底板都埋在地下，受到土中含水和地下水的浸渗，如不采取防水、防潮构造措施轻则因潮湿引起墙面抹灰脱落、墙面霉变；重则因渗漏使地下室充水，影响地下室的使用。因而保证地下室不潮湿、不透水，是地下室构造设计的重要任务。

6.3.3.1　地下室的防潮处理（地下水最高水位低于地下室底板）

设置地下室防潮的原因如图 6-31 所示。

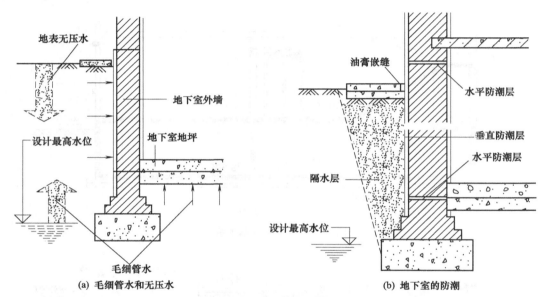

(a) 毛细管水和无压水　　(b) 地下室的防潮

图 6-31　设置地下室防潮的原因

如图 6-32 所示，当地下水的常年水位和最高水位均在地下室地坪标高以下时，须在地下室外墙外面设垂直防潮层。其做法是在墙体外表面先抹一层 20mm 厚的 1∶2.5 水泥砂浆找平，再涂一道冷底子油和两道热沥青；然后在外侧回填低渗透性土壤，如黏土、灰土等，并逐层夯实，土层宽度为 500mm 左右，以防地面雨水或其他地表水的影响。另外，地下室的所有墙体都应设两道水平防潮层，一道设在地下室地坪附近，另一道设在室外地坪以上 150～200mm 处，使整个地下室防潮层连成整体，以防地潮沿地下墙身或勒脚处进入室内。

随着新分子合成防水材料的不断涌现，地下室的防水构造也在更新。如我国目前使用的三元乙丙橡胶卷材，能充分适应防水基层的伸缩及开裂变形，拉伸强度高，拉断延伸率大，能承受一定的冲击荷载，是耐久性极好的弹性卷材。又如聚氨酯涂膜防水材料，有利于形成完整的防水涂层，对在建筑内有管道、转折和高差等特殊部位的防水处理。

6.3.3.2　地下室的防水处理（地下水最高水位高于地下室地层）

（1）外防水　如图 6-33 所示，外防水是将防水层贴在地下室外墙的外表面，这对防水有利，但维修困难。外防水构造要点是：先在墙外侧抹 20mm 厚的 1∶3 水泥砂浆找平层，

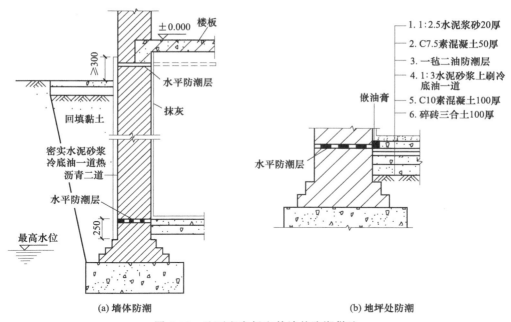

图 6-32　地下室底板和外墙的防潮做法

并刷冷底子油一道，然后选定油毡层数，分层粘贴防水卷材，防水层须高出最高地下水位500～1000mm 为宜。油毡防水层以上的地下室侧墙应抹水泥砂浆涂两道热沥青，直至室外散水处。垂直防水层外侧砌半砖厚的保护墙一道。

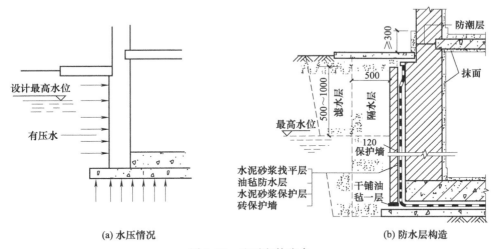

图 6-33　地下室外防水

（2）内防水　如图 6-34 所示，内防水是将防水层贴在地下室外墙的内表面，这样施工方便，容易维修，但对防水不利，故常用于修缮工程。

（3）防水混凝土防水　如图 6-35 所示，当地下室地坪和墙体均为钢筋混凝土结构时，应采用抗渗性能好的防水混凝土材料，常采用的防水混凝土有普通混凝土和外加剂混凝土。普通混凝土主要是采用不同粒径的骨料进行级配，并提高混凝土中水泥砂浆的含量，使砂浆充满于骨料之间，从而堵塞因骨料间不密实而出现的渗水通路，以达到防水目的。外加剂混凝土是在混凝土中渗入加气剂或密实剂，以提高混凝土的抗渗性能。

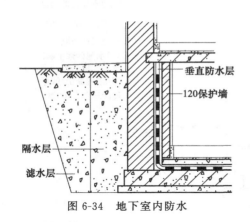

图 6-34　地下室内防水

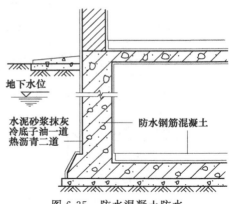

图 6-35　防水混凝土防水

弹性材料防水：随着新型高分子合成防水材料的不断涌现，地下室的防水构造也在更新，如我国目前使用的三元乙丙橡胶卷材，能充分适应防水基层的伸缩及开裂变形，拉伸强度高，拉断延伸率大，能承受一定的冲击荷载，是耐久性极好的弹性卷材；又如聚氨酯涂膜防水材料，有利于形成完整的防水涂层，对建筑内有管道、转折和高差等特殊部位的防水处理极为有利。

小　　结

1. 承受建筑物的荷载的土壤层称为地基，它不是建筑物的构造组成部分。

2. 基础是建筑物的构造组成部分，承受着建筑物的全部荷载，并将荷载传递给地基。

3. 基础埋置深度是指室外设计地坪至基础底面的垂直距离。

4. 凡是有刚性材料制作、受刚性角限制的基础，称为刚性基础。

5. 不受刚性角限制的钢筋混凝土基础称为柔性基础。

6. 按构造形式分基础可分为条形基础、独立基础、井格基础、片筏基础、箱形基础和桩基础。

7. 地下室一般由墙身、底板、顶板、门窗、楼梯等部分组成。

8. 地下室按使用功能分为：普通地下室、人防地下室。按顶板标高分有半地下室（埋深为 1/3～1/2 的地下室净高）和全地下室（埋深为地下室净高的 1/2 以上），按结构材料分为有砖混结构地下室、钢筋混凝土结构地下室。

拓 展 训 练

一、填空题

1. _____是建筑物的重要组成部分，它承受建筑物的全部荷载并将它们传给_____。

2. _____至基础底面的垂直距离称为基础的埋置深度。

3. 地基分为_____和_____两大类。

4. 地基土质均匀时，基础应尽量_____，但最小埋深应不小于_____。

5. 基础按构造类型分为_____、_____、_____、_____等。

6. 砖基础为满足刚性角的限度，其台阶的允许宽高比应为_____。

7. 混凝土基础的断面形式可以做成_____、_____和_____。当基础宽度大于 350mm 时，基础断面为_____。

8. 钢筋混凝土基础不受刚性角的限制，其截面高度向外逐渐减少，但最薄处的厚度不应小于_____。

9. 按防水材料的铺贴位置不同，地下室防水分为_____和_____两类，其中_____是将防水材料贴在迎水面。

10. 当地基有冻胀现象时，基础应埋置在冰冻线以下约_____的地方。

11. 基础的埋置深度除与_____、_____、_____等因素有关外，还需考虑周围环境与具体工程特点。

二、选择题

1. 当地下水位很高，基础不能埋在地下水位以上时，应将基础底面埋置在（ ）以下，从而减少和避免底下水的浮力和影响等。

A. 最高水位 200m
B. 最低水位 200m
C. 最高水位 500m
D. 最高水位与最低水位之间

2. 砖基础采用台阶式、逐级向下放大的做法，一般为每 2 皮砖挑出（ ）的砌筑方法。

A. 1/2 砖
B. 1/4 砖
C. 3/4 砖
D. 1 皮砖

3. 刚性基础的受力特点是（ ）。

A. 抗拉强度大，抗压强度小
B. 抗拉、抗压强度均大
C. 抗剪切强度大
D. 抗压强度大、抗拉强度小

4. 当设计最高地下水位（ ）地下室地坪时，一般只做防潮处理。

A. 高于
B. 高于300mm
C. 低于
D. 高于100mm

5. 一般情况下，对埋置在粉砂、粉土和黏性土中的基础，基础底面应埋置在冰冻以下（ ）mm。

A. 300
B. 250
C. 200
D. 100

6. 基础埋深不得过小，一般不应小于（ ）mm。

A. 300
B. 200
C. 500
D. 400

7. 钢筋混凝土柔性基础中直径不宜小于8mm，混凝土的强度不低于（ ）。

A. C7.5
B. C20
C. C15
C. C25

三、简答题

1. 地基与基础的关系如何？

2. 影响基础埋深的因素有哪些？

3. 基础按构造形式不同分为哪几种？各自的适用范围如何？

任务 6 参考答案

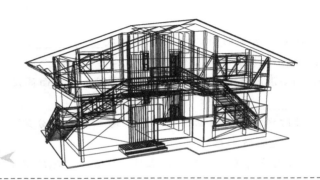

任务 7 <<<

墙体

 能力目标

1. 能正确区分墙体类型。
2. 能正确进行墙体构造方案设计。

 知识目标

1. 了解墙体的作用、类型及设计要求。
2. 掌握隔墙构造。
3. 熟练掌握砖墙构造设计。

 任务布置

1. 以校园建筑分析不同墙面作用、特点、功能要求，了解其类型、材质、构造方案等。

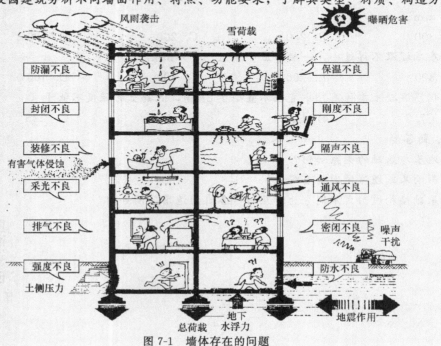

图 7-1　墙体存在的问题

2. 分析图 7-1 中墙体要考虑哪些问题？

 实践提示

从墙体的功能，位置考虑。

7.1 墙体的作用、类型及设计要求

7.1.1 墙体的作用

墙体是房屋不可缺少的重要组成部分，在不同结构类型的房屋建筑中，墙体处于不同的位置时，分别起着承重、围护和分隔作用。

（1）承重作用 它承受屋顶、楼板传来的荷载，本身的自重和风荷载。

（2）围护作用 它阻隔自然界的风、雨、雪的侵袭，防止太阳辐射、噪声的干扰以及室内热量的散失，起保温、隔热、隔声、防水等作用。

（3）分隔作用 按照各部分使用性质的不同，墙把房屋内部划分为若干房间。

7.1.2 墙体的类型

根据墙体在建筑物中的位置、受力情况、材料选用、构造施工方法的不同，可将墙体分为不同类型。

（1）按墙体所处的位置及方向分类 墙体按所处位置不同分为外墙和内墙。内墙是位于建筑物内部的墙，外墙是位于建筑物四周与室外接触的墙。按布置方向又可以分为纵墙和横墙。沿建筑物长轴方向布置的墙称为纵墙，沿建筑物短轴方向布置的墙称为横墙，外横墙又称山墙。另外，窗与窗、窗与门之间的墙称为窗间墙；窗洞下部的墙称为窗下墙；外墙从屋顶上高出屋面的部分称为女儿墙等，如图 7-2 所示。

不同墙面

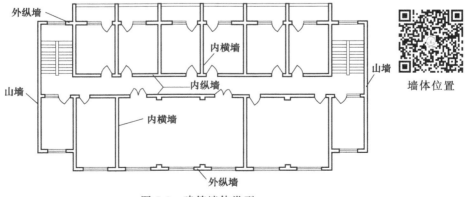
图 7-2 建筑墙体类型

墙体位置

【知识链接】

建筑抗震对墙体尺寸的要求见表 7-1。

表 7-1　建筑抗震对墙体尺寸的要求　　　　　　　　　　单位：m

构造类型	设计烈度			备注
	6度、7度	8度	9度	
承重窗间墙最小宽度	1.00	1.20	1.50	在墙角设钢筋混凝土构造柱时，不受此限制； 出入口上面的女儿墙应有锚固；阳角设钢筋混凝土构造柱时不受此限制
承重外墙尽端至门窗洞边最小距离	1.00	1.20	1.50	
非承重外墙尽端至门窗洞边的最小距离	1.0	1.0	1.0	
内墙阳角至门窗洞边最小距离	1.00	1.50	2.00	
无锚固女儿墙非出入口外最大高度	0.50	0.50	—	

注：非承重墙外墙尽端至门窗洞边的宽度不得小于1m。

（2）按受力情况分类　根据墙体的受力情况不同可分为承重墙和非承重墙。凡直接承受楼板、屋顶等传来荷载的墙称为承重墙；不承受这些外来荷载的墙称为非承重墙。在非承重墙中，不承受外来荷载，仅承受自身重量并将其传至基础的墙称为自承重墙；仅起分隔空间作用，自身重量由楼板或梁来承担的墙称为隔墙；在框架结构中，填充在柱子之间的墙称为填充墙如图 7-3 所示，内填充墙是隔墙的一种；悬挂在建筑物外部的轻质墙称为幕墙，有金属幕、玻璃幕等。幕墙和外填充墙，虽不能承受楼板和层顶的荷载，但承受着风荷载并把风荷载传给骨架结构。

图 7-3　填充墙

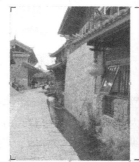

图 7-4　石砌墙

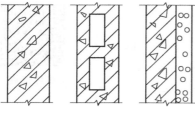

(a) 实体墙　　(b) 空体墙　　(c) 组合墙

图 7-5　墙体构造形式

（3）按材料分类　按墙体所用材料的不同，墙体有砖和砂浆砌筑的砖墙、利用工业废料制作的各种砌块砌筑的砌块墙、现浇或预制的钢筋混凝土墙、石块和砂浆砌筑的石墙等，石砌墙如图 7-4 所示。

（4）按构造形式分类　按构造形式不同，墙体可分为实体墙、空体墙和组合墙三种，如图 7-5 所示。实体墙是由普通黏土砖及其他实体砌块砌筑而成的墙；空体墙内部的空腔可以靠组砌形成，如空斗墙，也可用本身带孔的材料组合而成，如空心砌块墙等；组合墙由两种以上材料组合而成，如加气混凝土复合板材墙，其中混凝土起承重作用，加气混凝土起保温隔热作用。

【知识链接】　空斗墙

空斗墙是用普通黏土砖组砌成的空体墙。为了减轻自重，可用实心黏土砖砌成空斗，墙厚为一砖，砌筑方式常用一眠一斗、一眠二斗或一眠多斗，每隔一块斗砖必须砌1~2丁砖（图7-6）。眠砖——垂直于墙面的平砌砖；斗砖——平行于墙面的侧砌砖；丁砖——垂直于墙面的侧砌砖。

空斗墙自重轻，造价低，可用作3层以下民用建筑的承重墙，但以下情况不宜采用：土质软弱，且有可能引起不均匀沉降时；门窗洞口面积超过墙面积的50％以上的；建筑物有振动荷载时；建筑物处在有抗震要求的地区时。

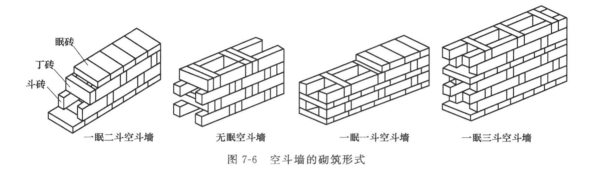

图7-6 空斗墙的砌筑形式

（5）按施工方法分类 根据施工方法不同墙体可分为块材墙、板筑墙和板材墙三种，如图7-7、图7-8所示。

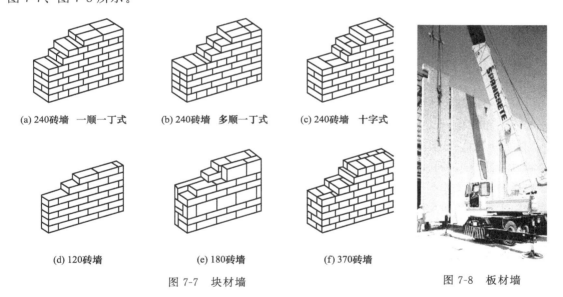

图7-7 块材墙

图7-8 板材墙

7.1.3 墙体的设计要求

墙体在建筑中主要起承重、围护、分隔作用，在选择墙体材料和确定构造方案时，应根据墙体的作用，除满足结构方面的要求外，作为围护结构还应具有保温、隔热、隔声、防火、防水、防潮等要求。

（1）结构方面的要求 满足强度和稳定性要求。墙的强度取决于砌墙所用的材料的强度和墙体厚度。墙的稳定性与墙的长度、高度和厚度有关。结合提高强度和稳定性两个方面，常采用增设圈梁、墙垛、壁柱和构造柱等措施。

墙体是多层砖混房屋的围护构件，也是主要的承重构件。墙体布置必须同时考虑建筑和结构两方面的要求，墙体承重结构布置方案应坚固耐久、经济合理。砖混结构建筑的结构布置方案，通常有横墙承重、纵墙承重、纵横墙双向承重、局部框架承重几种方式。墙体必须具有一定承载力和稳定性要求，如图7-9所示。

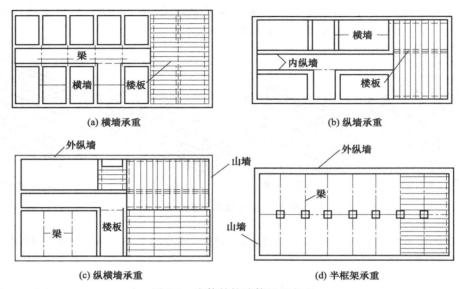

(a) 横墙承重　　　　　　　　　　　　(b) 纵墙承重

(c) 纵横墙承重　　　　　　　　　　　(d) 半框架承重

图7-9　砌体结构墙体承重方式

① 横墙承重方案　楼板、屋顶上的荷载均由横墙承受，纵向墙只起纵向稳定和拉结的作用。

优点：横墙间距一般小于纵墙间距，此时水平承重构件的跨度小，厚度必然也小，可以节省混凝土和钢材；又由于此时横墙较密，又有纵墙拉结，房屋的整体性好，横向刚度大，有利于抵抗风力、地震力等水平荷载；横墙为承重墙，纵向外墙为非承重墙，开窗灵活，纵向内墙也为非承重墙，可以自由布置，增加了建筑平面布局的灵活性，容易组织穿堂风。

缺点：开间尺寸不灵活，墙的结构面积大，房屋使用面积相对小，故耗费墙体材料多。

适用于房间开间尺寸不大的宿舍、住宅及病房楼等小开间建筑。

② 纵墙承重方案　楼板、屋顶上的荷载均由纵墙承受，横墙只起分隔房间的作用，有的起横向稳定作用。

优点：开间划分灵活，能分隔出较大房间，适应不同需要；楼板、梁的规格少，横墙数量也少，能节省墙材料。

缺点：楼板跨度比横墙承重时大。每块板重量也大，需要机械施工设备。由于内外纵墙都是承重墙，门窗洞口开设受限，室内通风不易组织，且这类房屋的整体刚度较差。

适用于需要较大房间的办公楼、商店、教学楼等公共建筑。

③ 纵横墙（混合）承重方案　凡由纵向墙和横向墙共同承受楼板、屋顶荷载的结构。

优点：房间布置较灵活，建筑物的刚度亦较好。目前在民用建筑中较多采用。

缺点：楼屋面板类型偏多，且因铺设方向不一，施工比较麻烦。

适用于开间、进深较大、房间类型较多的建筑和平面复杂的建筑，前者如教学楼、医院等，后者如点式住宅、托儿所、幼儿园等建筑。

④ 部分框架结构或内部框架承重方案　结构设计中，应用梁、柱代替部分纵、横墙的一种方法，是取得较大房间的措施。梁的一端支承在墙上，另一端支承在柱上，由墙和梁、柱等共同承担楼板和屋顶的荷载。

适用于室内需要较大使用空间的建筑，如商场等。

（2）墙体的保温要求　必须提高其构件的热阻（构件阻止热量传递的能力）。常用措施如下：

① 增加外墙厚度，结构自重、墙体材料和建筑面积增加，有效空间缩小，不经济。

② 选择导热系数小的墙体材料，泡沫混凝土、加气混凝土、膨胀珍珠岩、泡沫塑料、玻璃棉等。

③ 采取隔蒸汽措施。冬季，由于外墙两侧存在温度差，出现蒸汽渗透，产生凝聚水，凝聚水发生在墙体表面称表面凝结，发生在墙体内部则称内部凝结。内部凝结会使保温材料失去保温能力。为防止墙体产生内部凝结，常在墙体的保温层靠高温一侧，即蒸汽渗入的一侧，设置一道隔蒸汽层，如图 7-10 所示。

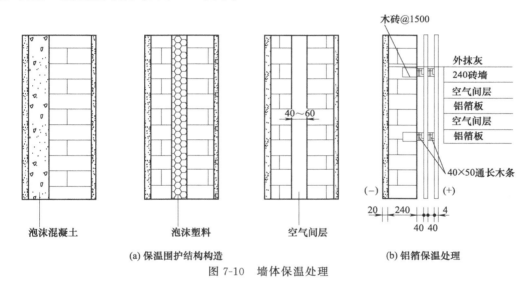

图 7-10　墙体保温处理

（3）墙体的隔热要求　外墙外表面受到的日晒时数和太阳辐射强度以东、西向最大，东南和西南向次之，南向较小，北向最小，所以隔热措施以东、西向墙体为主。隔热措施如下：

① 外墙采用浅色而平滑的外饰面　如白色外墙涂料、玻璃马赛克、浅色墙地砖、金属外墙板等，以反射太阳光，减少墙体对太阳辐射的吸收。

② 在外墙内部设通风间层　利用风压和热压的作用，形成间层中空气不停地交换带走热量，从而降低外墙内表面温度。

③ 在窗口外侧设置遮阳设施　以遮挡太阳光直射室内。

④ 种植攀缘植物使之遮盖整个外墙　吸收太阳辐射热，从而起到隔热作用。

（4）隔声要求　对墙体采取控制噪声的措施：加强墙体的密缝处理；增加墙体密实性及厚度；采用有空气间层或多孔性材料的夹层墙。同时，还应提高门窗的隔声能力。

（5）防火要求　墙体材料应符合防火规范的规定，较大型建筑应设置防火墙，将建筑划分成几段（每段长度一般不大于 100m），用以防止火灾的蔓延。

【知识链接】 防火墙构造

耐火极限不低于 4.0h；直接设在基础或钢筋混凝土框架上，并高于不燃烧屋面不小于 400mm；高于燃烧体或难燃烧体屋面不小于 500mm。当屋顶承重构件为耐火极限不低于 0.5h 的不燃烧体时，防火墙（包括纵向防火墙）可砌至屋面基层的底部，不必高出屋面；防火墙上不应开设门窗洞口，如必须开设时，应采用甲级防火门窗，并应能自动关闭；防火墙上不应设排气道，必须设时，两侧的墙厚不小于 120mm；防火墙不应设在建筑物的转角处，否则内转角两侧的门窗洞口的水平距离不小于 4m。紧靠防火墙两侧的门窗洞口最近距离不小于 2m。设耐火极限不低于 0.9h 的非燃烧固定窗的采光窗时不受限制。

（6）抗震设防要求　防震、抗震设防地区房屋应符合抗震规范的有关规定，采取相应措施，使墙体具备足够的防震、抗震能力，做到"小震不坏，中震可修，大震不倒"。

（7）合理选择墙体材料、减轻自重、降低造价。

（8）适应工业化生产要求，按需要防水、防潮、防腐蚀、防射线等。

（9）建筑节能要求　为贯彻国家的节能政策，改善严寒和寒冷地区居住建筑采暖能耗大，热工效率差的状况，必须通过建筑设计和构造措施来节约能耗。

7.2　砖墙构造

砖墙是应用最广泛的一种墙体，由砖和砂浆砌筑而成。

7.2.1　墙体材料

砖墙包括砖和砂浆两种材料。如图 7-11 所示为砌筑墙体的材料。

实心黏土砖

粉煤灰硅酸盐砌块

多孔黏土砖

混凝土空心砌块

图 7-11　砌筑墙体的材料

（1）砖　砖的种类很多，从材料上看有黏土砖、灰砂砖、页岩砖、煤矸石砖、水泥砖以及各种工业废料砖（如炉渣砖等）。从形状上看，有实心砖及多孔砖，其中普通黏土实心砖使用最普遍，以黏土为主要原料，经成型、干燥、焙烧而成。有红砖和青砖之分。青砖比红砖强度高，耐久性好。由于成型不同又分为实心砖和空心砖两种。空心砖有竖孔和横孔之分，广泛用于砌筑非承重墙，但在转角、洞口等处不能采用。普通黏土砖是全国统一规格，称为标准砖，尺寸为 240mm×115mm×53mm。砖的长、宽、厚之比为 4∶2∶1，在砌筑墙体时应加灰缝，且上下错缝。砖的强度——以强度等级表示，分别为 MU30、MU25、MU20、MU10，如 MU30 表示砖的极限抗压强度平均值为 30MPa，即每平方毫米可承受30N 的压力。

【知识链接】　*砖模数*

标准砖砌筑墙体时是以砖宽度的倍数，即 115＋10＝125（mm）为模数。这与我国现行《建筑模数协调统一标准》中的基本模数 M＝100mm 不协调，因此在使用中，须注意标准砖的这一特征。

（2）砂浆　砂浆是黏结材料，砖块需经砂浆砌筑成墙体，使它传力均匀。砂浆还起着嵌缝作用，能提高防寒、隔热和隔声的能力。砌筑砂浆要求有一定的强度，以保证墙体的承载能力，还要求有适当的稠度和保水性，即有好的和易性，方便施工。砂浆的强度等级分为五级：M15、M10、M7.5、M5 和 M2.5。

砌筑砂浆通常使用的有水泥砂浆、石灰砂浆、混合砂浆及黏土砂浆四种。

水泥砂浆——由水泥、砂加水拌和而成。特点：属水硬性材料，强度高，但可塑性和保水性较差；适用于砌筑湿环境下的砌体，如地下室、砖基础等。

石灰砂浆——由石灰膏、砂加水拌和而成。特点：由于石灰膏为塑性掺合料，可塑性很好，但强度较低，且遇水强度即降低，适用于砌筑次要的民用建筑的地上砌体。

混合砂浆——由水泥、石灰膏、砂加水拌和而成。特点：既有较高的强度，又有良好的可塑性和保水性，故民用建筑地上砌体中被广泛采用。

黏土砂浆——是由黏土加砂和水拌和而成。特点：强度很低，仅适于土坯墙的砌筑，多用于乡村民居。它们的配合比取决于结构要求的强度。

7.2.2　砖墙的组砌方式

组砌是指砌块在砌体中的排列。组砌的关键是错缝搭接，使上下皮砖的垂直缝交错，保证砖墙的整体性。如果墙体表面或内部的垂直缝处于一条线上，即形成通缝。在荷载作用下使墙体的强度和稳定性显著降低。清水墙时，组砌还应考虑墙面图案美观，如图7-12 所示。

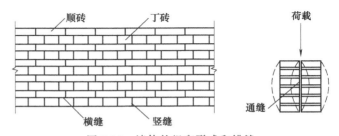

图 7-12　墙体的组砌形式和错缝

在砖墙的组砌中，把砖的长方向垂直于墙面砌筑的砖叫丁砖，把砖的长方向平行墙面砌筑的砖叫顺砖。上下皮之间的水平灰缝称横缝，左右两块砖之间的垂直缝称竖缝。要求丁砖和顺砖交替砌筑，灰浆饱满，横平竖直。

实心砖的砌筑方式分实砌墙、空斗墙和复合墙等型式。

（1）**实砌墙** 实砌墙应用最广泛。实体砖墙通常采用全顺式、每皮丁顺相间式、一丁一顺式、两平一侧式、多顺一丁等。不同的组砌方式，形成不同的砖墙厚度尺寸，如图 7-13 所示。

（2）**空斗墙** 用实心黏土砖砌成的空斗墙，可显著减轻自重。但要注意在墙的转角处、壁柱和门窗洞口边、近楼（地）面及地坪以下不能用空斗墙，见图 7-14。

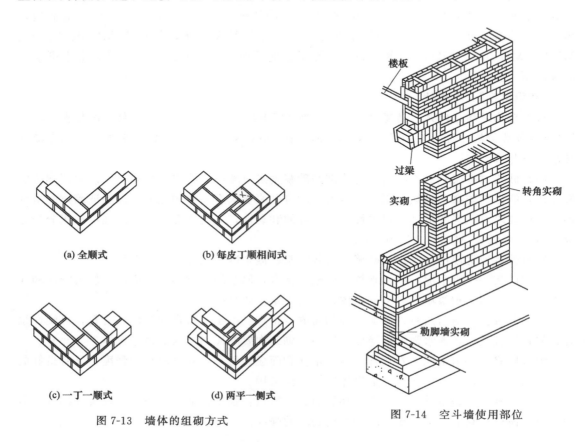

(a) 全顺式

(b) 每皮丁顺相间式

(c) 一丁一顺式

(d) 两平一侧式

图 7-13　墙体的组砌方式

图 7-14　空斗墙使用部位

（3）**复合墙** 由高强度材料和保温材料（或隔热材料）结合而成。见图 7-15，多孔材料可采用泡沫或加气混凝土，水泥膨胀蛭石或珍珠岩等；纤维材料可采用矿棉、玻璃棉毡或

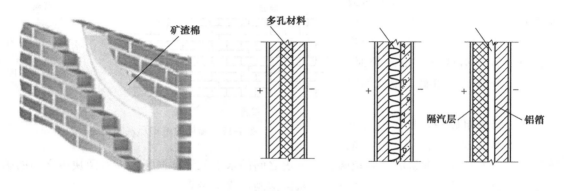

图 7-15　复合墙构造

板；空气间层应为封闭式，间层≤50mm。为了防止室内高温水蒸气在内墙面表面凝结而损坏墙面，甚至渗入墙内冷凝而降低保温材料性能，应在高温一侧增设隔汽层，如涂刷沥青、隔汽涂料、铺贴卷材或铝箔等防水材料。

7.2.3 砖墙的厚度

标准砖的规格为 240mm×115mm×53mm，用砖块的长、宽、高作为砖墙的基数，在错缝或墙厚超过砖块时，均按灰缝 10mm 进行组砌。从尺寸上不难看出，它以砖厚加灰缝、砖宽加灰缝后与砖长形成 1：2：4 的比例为其基本特征，组砌灵活。常用厚度有：半砖墙（115mm，俗称 12 墙）、3/4 砖墙（178mm，俗称 18 墙）、一砖墙（240mm，俗称 24 墙）、一砖半墙（365mm，俗称 37 墙）、二砖墙（490mm，俗称 49 墙），如图 7-16 所示。

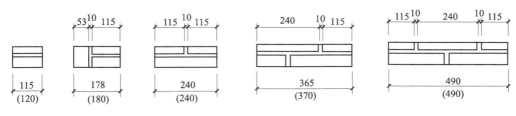

图 7-16　墙厚与砖的关系

7.2.4 墙身细部构造

墙体除了自身的承重、围护和分隔功能外，为了提高自身的耐久性或与其他构配件配合，形成一些常见的构造做法，称为细部构造。在砖混结构中，墙体自下而上的细部构造有防潮层、勒脚、散水、明沟、窗台、过梁、圈梁、榆口、女儿墙等。

7.2.4.1 墙脚防潮层

在墙脚铺设防潮层，防止土壤内的潮气和地面水渗入砖墙体。

（1）防潮层的位置　当室内地面垫层为混凝土等密实材料时，防潮层设在垫层厚度中间位置，一般低于室内地坪 60mm；同时还应至少高于室外地面 150mm，防止雨水溅湿墙面。

当室内地面垫层为透水材料（如炉渣、碎石等）时，防潮层的位置应与室内地坪平齐或高于室内地坪 60mm，如图 7-17 所示。

当室内地面低于室外地面或内墙两侧的地面出现高差时，除了要分别设置两道水平防潮层外，还应对两道水平防潮层之间靠土一侧的垂直墙面做防潮处理，见图 7-18。

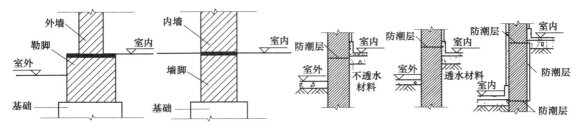

图 7-17　墙身水平防潮层的位置

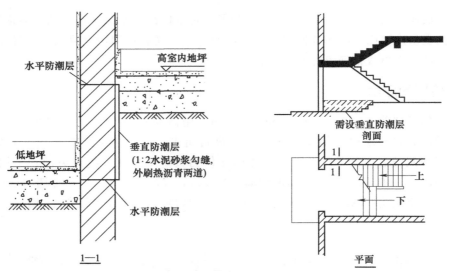

图 7-18　垂直防潮层的设置

（2）防潮层的做法　常用的有以下四种（图 7-19）：

① 防水砂浆防潮层　采用 1：2 水泥砂浆加 3％～5％防水剂，厚度为 20～25mm；或用防水砂浆砌三皮砖作防潮层，此种做法构造简单，但砂浆开裂或不饱满时影响防潮效果。

② 细石混凝土防潮层　采用 60mm 厚的细石混凝土带，内配 3ϕ6 钢筋，其防潮性能好。

③ 油毡防潮层　先抹 20mm 厚水泥砂浆找平层，再铺一毡两油。此种做法防水效果好，但由于有油毡隔离，削弱了砖墙的整体性，不宜在刚度要求高或地震区采用。

④ 设钢筋混凝土地圈梁。

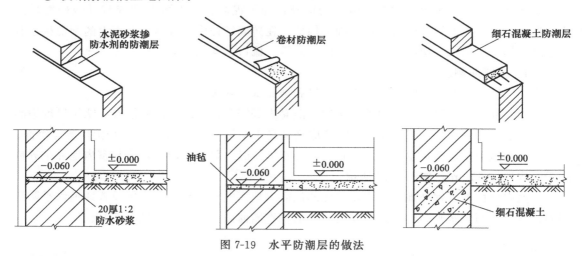

图 7-19　水平防潮层的做法

7.2.4.2　勒脚构造

勒脚是外墙的墙脚，下部靠近室外地坪的加厚或加固部分。其作用是防止雨水溅起而造成墙体浸蚀风化，提高墙体耐久性；并兼起美化墙面外观的作用。

勒脚一般设置在室内外地坪高差之间，高度为 300～600mn，最高可至底层窗台下沿。

勒脚的做法、高矮、色彩等应结合建筑物造型，选用耐久性高的材料，或防水性能好的外墙饰面。一般采用图 7-20 中几种构造做法。

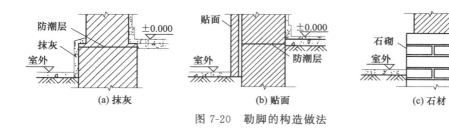

图 7-20 勒脚的构造做法

【知识链接】 踢脚

踢脚是室内墙面下部与室内地坪交接处的一种保护构造，并起装饰或防水作用。它的高度一般为 120～150mm，凸出墙面厚 20mm。常用材料有水泥砂浆、水磨石、木板或强化板材、瓷砖等。其构造做法常与地面一致，如图 7-21 所示。

图 7-21 石砌勒脚、抹灰勒脚、踢脚

7.2.4.3 外墙根部的排水处理

在室外地坪和外墙勒脚交会处，房屋四周一般采用散水或明沟排除雨水。防止积水渗入墙体和基础，造成墙体浸蚀甚至建筑下沉。当屋面为有组织排水时可设散水、明沟或暗沟；当屋面为无组织排水时一般设散水，并可加滴水砖（石）带。

散水的做法通常是在素土夯实的地面上铺三合土、混凝土等材料，厚度为 60～70mm。散水应设不小于 3%的排水坡，散水宽度一般为 0.6～1.0m。注意：散水与外墙交接处应设分格缝，分格缝用弹性材料嵌缝，防止外墙下沉时将散水拉裂。散水构造及混凝土散水构造如图 7-22 和图 7-23 所示。

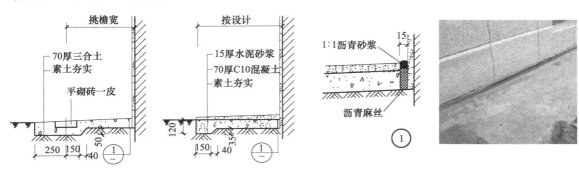

图 7-22 散水构造

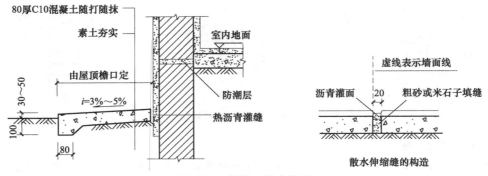

图 7-23 混凝土散水构造

当在年降雨量大于 900mm 的地区，为了有效疏导和排除靠近墙脚的地面积水，直接在勒脚下部或散水外沿设置排水沟，将积水引向下水道，不设沟盖板的称为明沟，若加设盖板称为暗沟。明沟可用砖砌、石砌、混凝土现浇，沟底应做纵坡，坡度为 0.5％～1％，坡向窨井。沟中心应正对屋檐滴水位置，外墙与明沟之间应做散水，如图 7-24 所示。

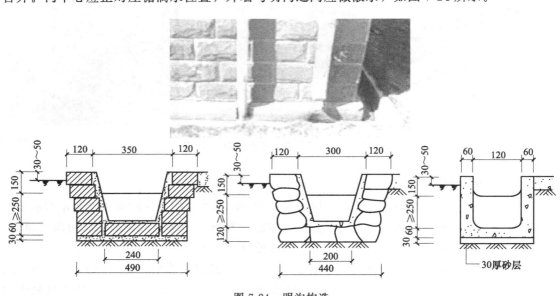

图 7-24 明沟构造

7.2.4.4 门窗过梁构造

过梁是承重构件，用来支承门窗洞口上墙体的荷载，承重墙上的过梁还要支持楼板荷载。根据材料和构造方式的不同，过梁有钢筋混凝土过梁、拱砖过梁（平拱和弧拱）、钢筋砖过梁三种，如图 7-25 所示。

（1）砖拱过梁 如图 7-26 所示，完全由砖立砌而成。由于砌筑形式不同，又分为弧拱和平拱。平拱过梁洞口上方起拱支模板后，用不低于 MU7.5 的砖和 M2.5 的砂浆砌筑，砖立砌后靠两侧墙体挤压保持水平状态，这种平拱的跨度不宜大于 1.8m。

（2）钢筋砖过梁 如图 7-27 所示，先在洞口上方支水平模板，铺厚 30mm 的 M5 的水泥砂浆一层，伸入两边墙内不小于 240mm；并在砂浆层内置钢筋 3～4 根 $\phi 6@120$，两端上弯 60mm；然后在钢筋砂浆带上用不低于 M5 水泥砂浆砌 4～6 块砖。这种过梁施工较简便，抗震性较差，跨度不宜大于 2m。

(a) 平拱砖过梁

(b) 弧拱砖过梁

(c) 钢筋砖过梁

(d) 钢筋混凝土过梁

图 7-25　过梁形式

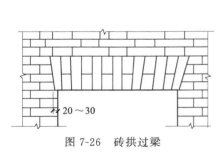

图 7-26　砖拱过梁

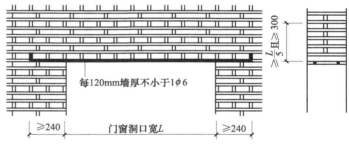

图 7-27　钢筋砖过梁

（3）钢筋混凝土过梁　由于钢筋混凝土过梁承载能力强，可用于较宽的门窗洞口，对房屋不均匀下沉或振动有一定的适应性，所以应用最广泛。适用洞口跨度大于 2m 或上部有较大荷载的情况。过梁的截面形式有矩形、L 形（带眉板，又称小挑檐和大挑檐）、组合式，如图 7-28 所示。在有保温要求的外墙中，为了减少热损失，应采用 L 形过梁。

过梁的截面尺寸，应根据跨度及荷载计算确定。过梁宽度一般同墙厚，高度按结构计算确定，但应配合砖的规格，如 60mm、120mm、240mm 过梁两端伸进墙内的支承长度不小于 240mm。过梁高度是砖厚 60mm 的整倍数，一般为 60～240mm。长度应为洞口尺寸加上两倍支座搭接长度（≥240mm）。立面中往往有不同形式的窗，过梁的形式应配合窗的形式加以处理。过梁的断面形式有矩形和 L 形。矩形多用于内墙和混水墙，L 形多用于外墙和清水墙。为简化构造、节约材料，可将过梁与圈梁、悬挑雨篷、窗楣板或遮阳板等结合起来设计。如在南方炎热多雨地区，常从过梁上挑出 300～500mm 宽的窗楣板，既保护窗户不淋雨，又可遮挡部分直射太阳光。

钢筋混凝土过梁一般为预制式，有利于机械化施工，但是为了提高整体性和抗震能力，常将过梁与圈梁、楼板一起现浇。过梁构造如图 7-28 所示。

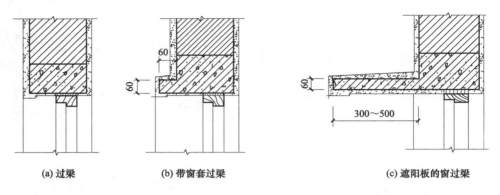

(a) 过梁　　　　　(b) 带窗套过梁　　　　　(c) 遮阳板的窗过梁

图 7-28　过梁构造

7.2.4.5　窗台构造

窗台是窗洞口下部的一种泄水和装饰构造。其作用是排除墙面流下的雨水，防止渗入墙身，且沿窗缝渗入室内，同时避免雨水污染外墙面。由于窗框的安装位置不同又分为外窗台和内窗台。

(1) 外窗台　可用砖平砌或侧砌成排水斜坡（1‰～2‰），只用水泥砂浆勾缝，称为清水窗台；若用水泥砂浆抹面或贴瓷砖称为混水窗台。窗台面常挑出 60mm，下沿抹成滴水线。也可不挑出，反而有利于墙面整洁，易清扫。可用混凝土现浇，提高窗台强度，但施工较麻烦。

(2) 内窗台　一般用水泥砂浆抹面或用瓷砖贴面，并突出墙面 5mm 形成护角。对于装修要求较高或窗台下设置采暖片的房间，常采用窗台板（预制混凝土板、水磨石板、木制窗台板），图 7-29 为窗台构造。

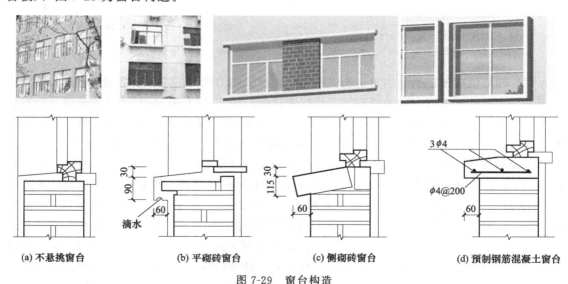

(a) 不悬挑窗台　　　(b) 平砌砖窗台　　　(c) 侧砌砖窗台　　　(d) 预制钢筋混凝土窗台

图 7-29　窗台构造

【知识链接】 窗套与腰线

结合建筑的立面造型，将外墙面的窗洞口下部挑出窗台，上部带挑檐的过梁与两侧挑砖连成封闭形式，称为窗套。将相邻的挑出窗台连成双联或三联窗台，将同一高度的全部挑出窗台和带挑檐过梁连成的水平环形带，称为腰线，如图 7-30 所示。

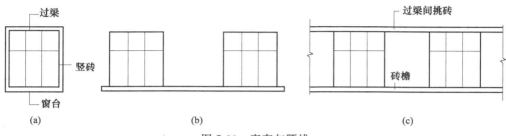

图 7-30 窗套与腰线

7.2.4.6 门垛和壁柱

在墙体上开设门洞一般应设门垛，特别是在墙体转折处或丁字墙处，用以保证墙身稳定和门框安装。门垛宽度同墙厚，门垛长度一般为 120mm 或 240mm，过长会影响室内使用。当墙体受到集中荷载或墙体过长时（如 240mm，长超过 6m）应增设壁柱（扶墙柱），使之和墙体共同承担荷载和起稳定墙身的作用。壁柱的尺寸应符合砖的规格，通常壁柱突出墙面 120mm、240mm，壁柱宽 370mm 或 490mm，如图 7-31 所示。

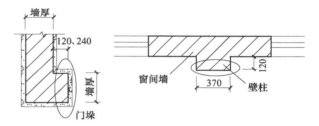

图 7-31 门垛和壁柱

7.2.4.7 圈梁

圈梁（俗称腰箍）是沿全部外墙和部分内墙墙体上设置的水平封闭梁。它用以提高墙体的整体性和稳定性，提高建筑的空间整体刚度，防止地基不均匀沉降造成墙体开裂，提高建筑的抗震能力。

圈梁设在房屋四周外墙及部分内墙中，处于同一水平高度，其上表面与楼板面平，像箍一样把墙箍住。圈梁一般设置在屋盖、楼层、地坪与墙体的交汇处。对于不抗震设防地区的多层楼应首先在屋盖处设置，屋盖以下可隔层设置；对于抗震设防烈度为 7 度以上设防地区的多层楼房，必须层层设置圈梁。对于墙体高度大于 8m 的建筑，应每隔 3m 增设一道圈梁。

圈梁与门窗过梁统一考虑，可用圈梁代替门窗过梁。圈梁应闭合，若遇门窗洞口必须中断时（如楼梯间平台处的窗洞），应在洞口上增设构造相同的附加圈梁，上下搭接，搭接长度应≥2h 且≥1m，如图 7-32 所示。

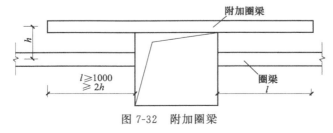

图 7-32 附加圈梁

圈梁有钢筋混凝土和钢筋砖圈梁两种。

① 钢筋砖圈梁是在楼板底面以下 4～6 皮砖范围内用不低于 M5 的水泥砂浆砌筑，且在上下两层砂浆中各配钢筋 3ϕ6@120（37 墙 4ϕ6@120）。

② 钢筋混凝土圈梁一般为现场支模浇筑，若与楼板、构造柱一起整浇，整体刚度强，可以大大提高建筑的抗震能力。

圈梁的截面尺寸：圈梁宽度同墙厚，不小于 240mm，高度为 60mm 的整倍数，不小于 120mm，内配纵向钢筋 4ϕ10～4ϕ12，箍筋 ϕ6@200～@150。高度一般为 180mm、240mm。如图 7-33 所示为圈梁做法。

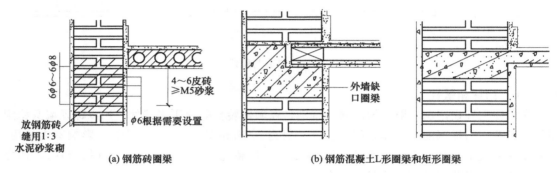

(a) 钢筋砖圈梁　　　　　　(b) 钢筋混凝土L形圈梁和矩形圈梁

图 7-33　圈梁做法

7.2.4.8　构造柱

为了增加建筑物的整体刚度和稳定性，在多层砖混结构房屋的墙体中，还需设置钢筋混凝土构造柱，使之与各层圈梁连接，形成空间骨架，加强墙体抗弯、抗剪能力，使墙体在破坏过程中具有一定的延伸性，减缓墙体在地震力作用下酥碎现象的产生。构造柱是防止房屋倒塌的一种有效措施。构造柱与圈梁的关系如图 7-34 所示。

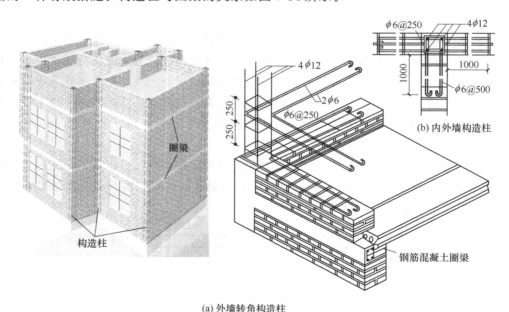

(a) 外墙转角构造柱

(b) 内外墙构造柱

图 7-34　构造柱与圈梁的关系

多层砖房构造柱的设置部位为外墙四角及转角处、错层部位横墙与外纵墙交接处、较大洞口两侧、大房间内外墙交接处，楼梯间的四角。具体布局、数量与房屋层数、抗震设防烈度有关。构造柱的截断面是在砌筑墙体时形成"马牙槎"空腔，最小截面尺寸为 240mm×180mm 竖向钢筋一般 4φ12，箍筋间距不大于 250mm，随地震烈度加大和层数增加，房屋四角的构造柱可适当加大截面及配筋。施工时必须先砌墙，后浇筑钢筋混凝土柱，并应沿墙高每隔 500mm 设 2φ6 拉结钢筋，每边伸入墙内不小于 1m。构造柱可不单独设置基础，但应伸入室外地面下 500mm，或锚入浅于 500mm 的基础圈梁内。构造柱设置如图 7-35 所示。

(a) 转角处构造柱   (b) 构造柱不设独立基础

(c) 纵横墙交接处构造柱   (d) 构造柱与砖墙拉结

图 7-35 构造柱设置

【知识链接】 圈梁、构造柱与框架梁、框架柱的区别
圈梁、构造柱是墙体的一部分，不单独承重；
圈梁、构造柱与墙体同步施工，墙不是填充体；
圈梁、构造柱的断面尺寸和配筋不需结构计算。

构造柱-马牙槎

7.3 隔墙构造

7.3.1 隔墙作用

隔墙是分隔室内空间的非承重构件。在现代建筑中，为了提高平面布局的灵活性，大量采用隔墙以适应建筑功能的变化。由于隔墙不承受任何外来荷载，且本身的重量还要由楼板或小梁来承受，因此要求隔墙具有自重轻、厚度薄、便于拆卸、有一定的隔声能力。卫生间、厨房隔墙还应具有防水、防潮、防火等性能。

7.3.2 隔墙类型

按其构造方式可分为块材隔墙、轻骨架隔墙、板材隔墙三大类。

（1）块材隔墙　块材隔墙是用普通砖、空心砖、加气混凝土等块材砌筑而成的，常用的有普通砖隔墙和砌块隔墙。目前框架结构中大量采用的框架填充墙，也是一种非承重块材墙，既作为外围护墙，也作为内隔墙使用。

① 普通砖隔墙　采用 1/2 砖（120mm）隔墙。1/2 砖墙用普通黏土砖采用全顺式砌筑而成，要求：砌筑砂浆强度等级不低于 M5；砌筑较大面积墙体时，长度超过 6m 应设砖壁柱，高度超过 5m 时应在门过梁处设通长钢筋混凝土带；在砖墙砌到楼板底或梁底时，将立砖斜砌一皮，或将空隙塞木楔打紧，然后用砂浆填缝（为了保证砖隔墙不承重），如图 7-36 所示。

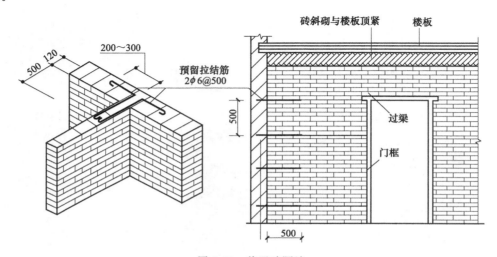

图 7-36　普通砖隔墙

② 砌块隔墙　为减轻隔墙自重，可采用轻质砌块，墙厚一般为 90～120mm。加固措施同 1/2 砖隔墙的做法。砌块不够整块时宜用普通黏土砖填补，因砌块孔隙率大、吸水量大，故在砌筑时先在墙下部实砌 3～5 皮实心黏土砖再砌砌块。

（2）轻骨架隔墙　轻骨架隔墙由骨架和面层两部分组成，由于是先立墙筋（骨架）后做面层，因而又称为立筋式隔墙。骨架有木骨架和金属骨架之分，面板有板条抹灰、钢丝网板条抹灰、胶合板、纤维板、石膏板等。

① 板条抹灰隔墙　由上槛、下槛、墙筋斜撑或横档组成木骨架，其上钉以板条再抹灰，如图 7-37 所示。

② 立筋面板隔墙　面板用人造胶合板、纤维板或其他轻质薄板，骨架为木质或金属组合而成。骨架由墙筋间距视面板规格而定。金属骨架一般采用薄型钢板、铝合金薄板或拉眼钢板网加工而成，并保证板与板的接缝在墙筋和横档上。采用金属骨架时，可先钻孔，用螺栓固定，或采用膨胀铆钉将板材固定在墙筋上。特点：干作业，自重轻，可直接支撑在楼板上，施工方便，灵活多变，故得到广泛应用，但隔声效果较差，如图 7-38 所示。

（3）板材隔墙　板材隔墙是用加气混凝土条板、石膏条板、碳化石灰板、石膏珍珠岩板和复合板等多种预制板，不依赖骨架，现场直接安装的隔墙。目前，采用的大多为条板，如各种轻质条板、蒸压加气混凝土板和各种复合板材等。如图 7-39 所示为隔声石膏板隔墙，如图 7-40 所示为碳化石灰板隔墙及连接。

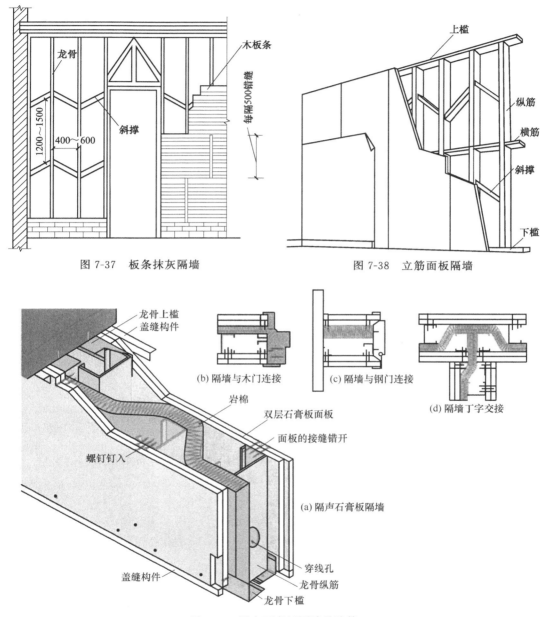

图 7-37 板条抹灰隔墙

图 7-38 立筋面板隔墙

(b) 隔墙与木门连接　　(c) 隔墙与钢门连接

(d) 隔墙丁字交接

(a) 隔声石膏板隔墙

图 7-39 隔声石膏板隔墙及连接

7.3.3 隔墙设计要求

① 自重轻，有利于减轻楼板的荷载；
② 厚度薄，增加建筑的有效空间；
③ 便于拆卸，能随使用要求的改变而变化；
④ 有一定的隔声能力，使各房间互不干扰；

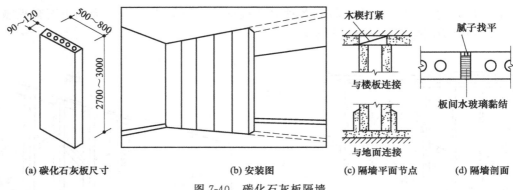

| (a) 碳化石灰板尺寸 | (b) 安装图 | (c) 隔墙平面节点 | (d) 隔墙剖面 |

图 7-40　碳化石灰板隔墙

⑤ 满足不同使用部位的要求。

【知识链接】　隔断

隔断是完全分隔空间，但可局部遮挡视线或组织交通路线。常用的隔断有屏风式、镂空式、玻璃墙式、移动式以及家具式等。

7.4　幕墙构造

幕墙是由支承结构体系与面板组成的、可相对主体结构有一定位移能力、不分担主体结构所受作用的建筑外围护结构或装饰性结构。主要的体系由结构体系、面板体系和连接体系组成。

7.4.1　幕墙的分类

（1）按结构体系分类　刚性体系、柔性体系、刚柔结合体系。

（2）面板体系分类　玻璃、金属板、石材、陶瓷板、微晶玻璃、陶土板。

（3）按外观表面方式分类　明框、隐框、半隐框。

（4）按保温性能分类　双层幕墙、单层幕墙（断桥隔热幕墙、普通单层）。

（5）刚性体系分类　钢结构、铝合金结构、玻璃体系。

（6）柔性体系分类　拉索体系、拉杆体系。

（7）铝合金结构分类　构件式、单元式、半单元式。

不同材料面板的幕墙如图 7-41 所示。

(a) 玻璃幕墙与石材幕墙

(b) 金属幕墙

图 7-41　不同材料面板的幕墙

不同效果的幕墙如图 7-42 所示。

(a) 隐框式玻璃幕墙　　(b) 半隐框玻璃及铝板幕墙　　(c) 明框玻璃幕墙

图 7-42　不同效果的幕墙

幕墙的安装如图 7-43 所示。

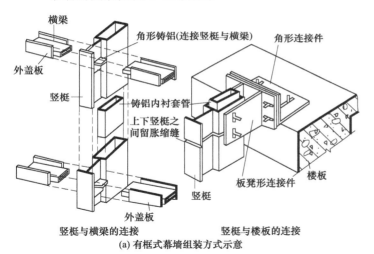

图 7-43　幕墙的安装

7.4.2　幕墙体系的材料组成

一般幕墙系统材料包括骨架材料、面板材料和连接材料等。

（1）骨架材料分类　包括竖龙骨、横龙骨。

（2）面板材料分类　玻璃面板（玻璃、副框、结构胶、双面胶条）、金属板（金属板、边框、加强筋、固定角铝）、石材板（石材板、不锈钢或铝合金挂件、环氧树脂胶）。

（3）连接材料　主龙骨与主体结构间连接（预埋件、连接角钢、不锈钢连接螺栓、防腐垫片）、横龙骨与立柱间连接（连接铝角码、不锈钢连接螺栓、柔性垫片）、面板与横龙骨间连接（压块、铝合金角码、不锈钢螺栓、不锈钢挂件等）、其他材料（耐候密封胶、泡沫条、美纹纸、镀锌防火板、防火棉、避雷连接片、防雷均压环、开启窗附件、通风器等）。

点式玻璃幕墙的"爪"形连接件如图 7-44 所示。

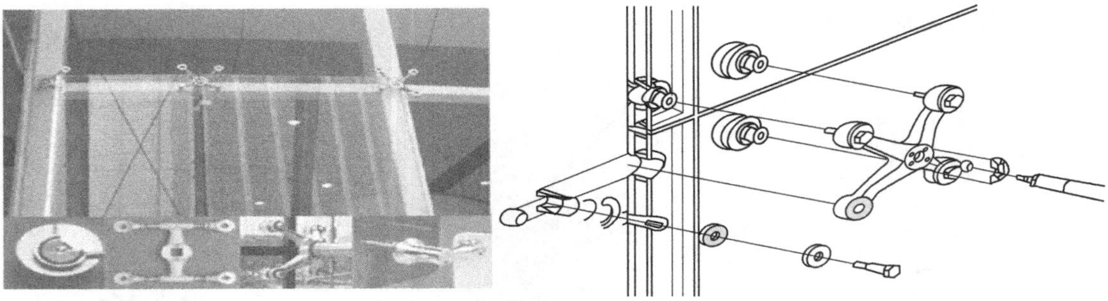

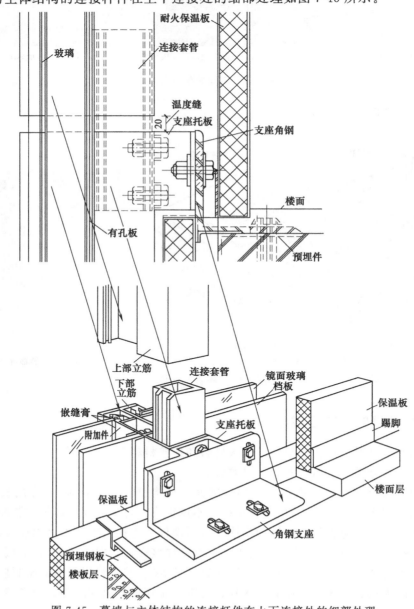

图 7-44　点式玻璃幕墙的"爪"形连接件

幕墙与主体结构的连接杆件在上下连接处的细部处理如图 7-45 所示。

图 7-45　幕墙与主体结构的连接杆件在上下连接处的细部处理

7.4.3　幕墙设计要求

幕墙设计应考虑：工程环境因素、气候条件、幕墙形式、材料质感搭配、施工方式等，以选择合适的幕墙类型。

小　　结

1. 墙体的功能、要求。
2. 墙体的分类。
3. 砖墙的细部构造要求（重点）。
4. 隔墙特点、类型。
5. 幕墙类型。

拓 展 训 练

一、填空题

1. 按受力情况不同，墙体可分为_____和_____。

2. 散水是沿建筑物外墙设置的倾斜坡面，坡度一般为_____，宽度一般为_____。

3. 设计抗震设防烈度在 8 度及以上时，圈梁必须_____。

二、单选题

1. 我国标准实心黏土砖的规格是（　　）。

A. 60mm×115mm×240mm　　　　　　B. 53mm×115mm×240mm

C. 53mm×120mm×240mm　　　　　　D. 60mm×120mm×240mm

2. 一般需要较大房间如办公楼、教学楼等公共建筑多采用以下哪种墙体结构布置？（　　）

A. 横墙承重　　　B. 纵墙承重　　　C. 混合承重　　　D. 部分框架结构

3. 墙体的稳定性与墙的（　　）有关。

A. 高度、长度和宽度　　　　　　　　B. 高度、强度

C. 平面尺寸、高度　　　　　　　　　D. 材料强度、砂浆标号

4. 对有保温要求的墙体，需提高其构件的（　　）。

A. 热阻　　　B. 厚度　　　C. 密实性　　　D. 材料导热系数

5. 钢筋混凝土圈梁的最小截面为（　　）。

A. 240mm×120mm　　　　　　　　　B. 240mm×180mm

C. 180mm×120mm　　　　　　　　　D. 180mm×180mm

6. 门窗过梁的作用是（　　）。

A. 装饰的作用　　　　　　　　　　　B. 承受砖墙的荷载

C. 承受门窗上部墙的荷载　　　　　　D. 承受楼板的荷载

7. 外墙与室外地坪接触的部分叫（　　）。

A. 散水　　　B. 踢脚线　　　C. 踢脚　　　D. 防潮层

8. 下列（　　）不能用于加强砌体结构房屋整体性。

A. 设圈梁　　　B. 设过梁　　　C. 设壁柱　　　D. 设构造柱

9. 当室内地面垫层为碎砖或灰土材料时，其水平防潮层的位置应设在（　　）。

A. 垫层高度范围内 　　　　　　　　B. 室内地面以下—0.060m 处

C. 垫层标高以下 　　　　　　　　　D. 平齐或高于室内地面面层

10. 散水宽度一般不小于（　　）。

A. 600mm 　　　　　B. 500mm 　　　　　C. 400mm 　　　　　D. 300mm

三、多选题

1. 墙身水平防潮层的做法有（　　）几种。

A. 沥青防潮层 　　　　B. 油毡防潮层 　　　　C. 防水砂浆防潮

D. 防水砂浆砌砖防潮层 　　　　　　E. 细石混凝土防潮

2. 构造柱一般设在（　　）等处。

A. 建筑物的四角 　　　B. 外墙交接处 　　　C. 楼梯间和电梯间的四角

D. 某些较长墙体的中部 　　　　　　E. 某些较厚墙体的内部

四、简答题

1. 为了使构造柱与墙体连接牢固，应从构造方面和施工方面采取什么措施？

2. 墙中为什么要设水平防潮层？设在什么位置？一般有哪些做法？各有什么优缺点？

3. 什么情况下要设垂直防潮层？为什么？

4. 常见的过梁有几种？它们的适用范围是什么？

5. 增加墙体的保温性能的措施有哪些？

6. 寒冷地区保温墙体为什么要设隔蒸汽层？隔蒸汽层常采用哪些材料？

7. 构造柱的作用是什么？

8. 什么是过梁？什么是圈梁？

任务 7 参考答案

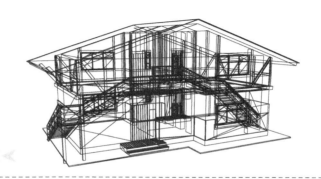

任务 8

楼地层

能力目标

1. 能够完成一般楼地面细部构造设计；
2. 能够读懂一般阳台、雨篷、吊顶的细部构造图。

知识目标

1. 掌握常见楼板面、地面的基本类型、构造；
2. 了解阳台、雨篷、顶棚的常见类型、基本构造和设计要求；
3. 熟练掌握现浇钢筋混凝土楼板的类型、施工特点及其经济跨度。

任务布置

1. 观察分析学校内教学楼、学生公寓、图书馆等建筑物所采用的楼板类型及其特点；
2. 观察分析学校内各建筑物主要入口处雨篷的构造特点。

实践提示

关注现浇钢筋混凝土楼板的类型、结构特点及其经济跨度。

8.1 楼板层的构造组成、类型及设计要求

8.1.1 楼板层的基本组成

楼板层与底层地坪层统称楼地层，它们是房屋的重要组成部分。

楼板层是指建筑物中分隔上下楼层的水平构件，它不仅起到承受自重和上部荷载的作用，并将其传递给墙体和柱，而且对墙体起到水平支撑的作用。

楼板层主要由三部分组成：面层、结构层、顶棚层，根据使用的实际需要可在楼板层里

设置附加层。如图 8-1 所示。

（1）面层　又称为楼面，起到保护结构层、承受并传递荷载、装饰等作用。

（2）结构层　即楼板，是楼层的承重部分。主要功能是承受荷载并将其传给柱或墙体，应具有足够的强度、刚度和耐久性。

（3）顶棚层　俗称天花板，起到保护结构层和装饰的作用，一般位于楼板最下面。

（4）附加层　又称功能层。根据楼板层的具体要求而设置，主要作用是隔声、隔热、保温、防水、防潮、防腐蚀、防静电等。根据需要，有时和面层合二为一，有时又和吊顶合为一体。

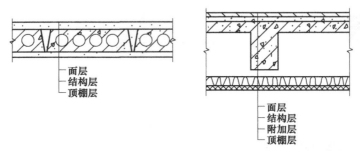

图 8-1　楼板层的构成

8.1.2　楼板的分类

楼板按所用的材料不同，可分为木楼板、砖拱楼板、钢筋混凝土楼板、钢衬板组合楼板等多种类型。

（1）木楼板　构造简单、自重轻、保温性能好，防火、耐久性差，木材消耗量大。

（2）砖拱楼板　自重大、结构占用空间大、顶棚不平整、抗震性能差且施工复杂、工期长，目前已基本不使用。

（3）钢筋混凝土楼板　强度高、刚度大、耐久性好、防火及可塑性好，是目前应用极为广泛的楼板。按照施工方法不同又可分为现浇整体式、预制装配式、装配整体式三种类型。

（4）钢衬板组合楼板　强度高、刚度大、施工快，钢材用量较多，是目前正在推广的一

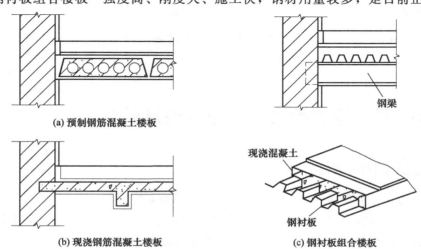

图 8-2　楼板的类型

种楼板形式。

按照施工情况分为：预制钢筋混凝土楼板、现浇钢筋混凝土楼板、钢衬板组合楼板，如图 8-2 所示。

8.1.3　楼板层的设计要求

① 楼板层和底层地坪层应该具有足够的强度和刚度，以保证结构的安全及变形要求。

② 根据不同的使用要求和建筑等级，要求具有不同程度的隔声、防火、防水、防潮、保温、隔热等性能。

③ 便于在楼板层和底层地坪层铺设各种管线。

④ 尽量为建筑工业化创造条件，提高建筑质量和加快施工进度。

⑤ 满足经济性要求。

8.2　钢筋混凝土楼板构造

钢筋混凝土楼板因为取材广泛、简单，承载能力好，造价低廉，同时具有良好的耐久、防火和可塑性，一直以来都被广泛使用。

钢筋混凝土楼板按其施工方法不同，可分为现浇式、预制装配式和装配整体式三种类型。

8.2.1　现浇钢筋混凝土楼板

现浇钢筋混凝土楼板是在施工现场通过支模、绑扎钢筋、浇注混凝土及养护等工序制作而成的楼板。这种楼板具有整体性强、抗震性能好的优点，但有模板用量大、工序多、施工期长、湿作业的缺点。

现浇钢筋混凝土楼板按受力和传力情况的不同分为板式楼板、梁板式楼板、无梁楼板和压型钢板组合楼板。

8.2.1.1　板式楼板

楼板下不设置梁，将直接搁置在墙上的楼板称为板式楼板。板式楼板的四周支承于墙上，荷载由板直接传给墙体。板的跨度一般不大于 3m，板厚通常在 80mm 左右，多适用于平面尺寸较小的房间以及公共建筑走廊等。

板式楼板按受力和传力情况不同，可分为单向板和双向板。如图 8-3 所示。

（1）单向板　长边与短边之比大于 2 时。受力筋沿短边方向布置。屋面板板厚 60～80mm；民用建筑楼板厚 70～100mm；工业建筑楼板厚 80～180mm。

（2）双向板　长边与短边之比小于等于 2 时，受力筋沿双向方向布置，板厚为 80～160mm。

当长边与短边长度之比大于 2 但小于 3 时宜按双向板计算。双向板在结构上属于空间受力和传力，单向板则属于平面受力和传力，因此，双向板比单向板更为经济合理。

8.2.1.2　梁板式楼板

当房间的平面跨度较大时，为了使楼板结构的受力与传力较为合理，常在楼板下设梁以增加板的支点，从而减少板的跨度，这种楼板称为梁板式楼板。梁板式楼板是最为常见的楼板形式之一。梁板式楼板的荷载是先由板传给梁，再由梁传给墙或者柱。

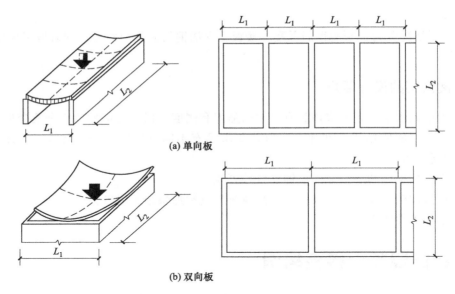

(a) 单向板

(b) 双向板

图 8-3　单向板和双向板

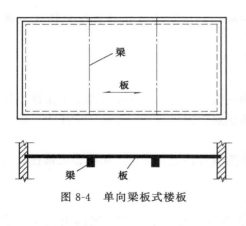

图 8-4　单向梁板式楼板

梁板式楼板根据其受力特点与支撑情况不同，可分为单向梁板式楼板、双向梁板式楼板和井式楼板。

（1）单向梁板式楼板　当房间尺寸不大时，可以只在一个方向设置梁，梁直接支撑在墙上，称为单向梁板式楼板。如图 8-4 所示。

（2）双向梁板式楼板　有主次梁的楼板称为双向梁板式楼板（复梁式楼板）。如图 8-5 所示。

（3）井式楼板　井式楼板是梁板式楼板的一种特殊形式，当房间尺寸较大，并接近正方形时，常沿两个方向布置等距离、等截面高度的梁，板为双向板，形成井格式的梁板结构。这种结构无主次梁之分，中部不设柱，梁跨可达 30m，板跨一般为 3m 左右。井格式梁的布置按它与房间的关系可分为正交正放和正交斜放两种。井式楼板下部自然形成美观的图案，一般可用于门厅或较大空间的大厅。如图 8-6 所示。

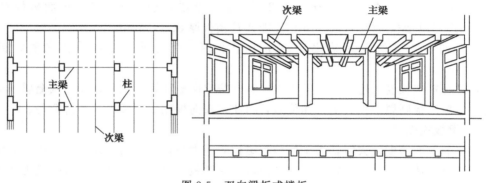

图 8-5　双向梁板式楼板

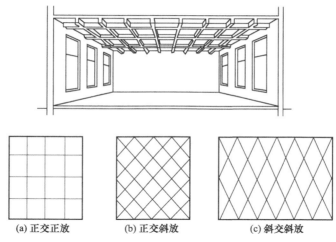

(a) 正交正放   (b) 正交斜放   (c) 斜交斜放

图 8-6 井式楼板

8.2.1.3 无梁楼板

无梁楼板是将板直接支承在柱和墙上，不设梁。无梁楼板分为有柱帽和无柱帽两种。当荷载较大时，为避免楼板太厚，应采用有柱帽无梁楼板；当楼面荷载较小时，采用无柱帽形式。如图 8-7 所示。

无梁楼板的柱网一般布置成正方形或矩形，柱距以 6m 左右较为经济。由于其板跨度较大，板厚应小于 150mm，一般为 160~200mm。无梁楼板具有顶棚平整、增加了室内净空高度、采光及通风良好、施工较简单等优点。这种楼板多用于楼层荷载较大的商场、仓库、展览馆及多层工业厂房等建筑中。

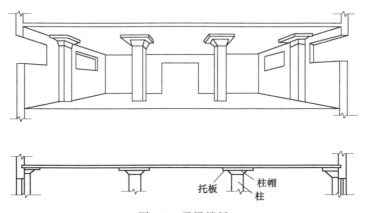

托板
柱帽
柱

图 8-7 无梁楼板

8.2.1.4 压型钢板组合楼板

压型钢板组合楼板是由钢梁、压型钢板和现浇混凝土三部分组成的，是整体性很强的一种楼板。如图 8-8 所示。

压型钢板组合楼板是以截面为凹凸形的压型钢板做衬板，与现浇混凝土浇筑在一起构成的楼板结构。压型钢板起到现浇混凝土的永久模板作用；同时板上的肋条能与混凝土共同工作，可以简化施工程序，加快施工速度；并且具有刚度大、整体性好的优点；同时还可以利用压型钢板肋间空间敷设电力或通信管线。此种楼板适用于较大空间的多高层民用建筑及大跨度工业厂房中。

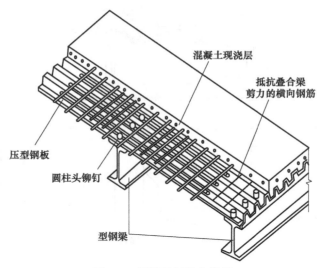

图 8-8 压型钢板组合楼板

8.2.2 预制装配式钢筋混凝土楼板

预制装配式钢筋混凝土楼板是指在预制构件加工厂或施工现场外预先制作，然后再运到施工现场装配而成的钢筋混凝土楼板。采用预制装配式楼板可提高工业化施工水平，节约模板，缩短工期，是目前广泛采用的形式。但是这种楼板的整体性差，并需要一定的起重安装设备。

预制板装配式钢筋混凝土楼板的长度一般与房屋的开间或进深一致，为 300mm 的倍数；宽度一般为 100mm 的倍数；截面尺寸须经结构计算确定。预制板有预应力和非预应力两种。

8.2.2.1 预制装配式钢筋混凝土楼板的类型

预制装配式钢筋混凝土楼板常用类型有实心板、槽形板和空心板三种。

（1）实心板 预制实心板跨度较小，上下表面平整，制作简单，但隔声效果较差，故常用作厨房、厕所、走廊及楼梯平台板等。实心平板的跨度一般不大于 2.4m，板宽通常为 500～900mm，板厚可取跨度的 1/30，常用 60～80mm。如图 8-9 所示。

（2）槽形板 槽形板是一种梁板合一的构件，如图 8-10 所示，在板的两端设有纵肋，构成槽形断面。依板的槽口向上和向下分别称为倒槽板和正槽板。板的跨度一般为 2.1～6.0m，板宽为 500～1200mm，板厚为 25～35mm，肋高为 150～300mm。

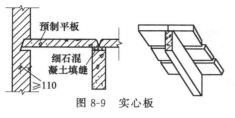

图 8-9 实心板

为了增强板的刚度和便于搁置，常将板的两端以端肋封闭，当板的跨度达 6m 时，则在板的中部每隔 1000～1500mm 增设横肋一道。槽形板具有自重轻、省材料、造价低、便于开孔留洞等优点，但正槽板的板底不平整、隔声效果差，常用于观瞻要求不高或在其下做吊顶的房间。而倒槽板的受力与经济性不如正槽板，但板底平整，槽内可填轻质材料做保温、隔热之用。

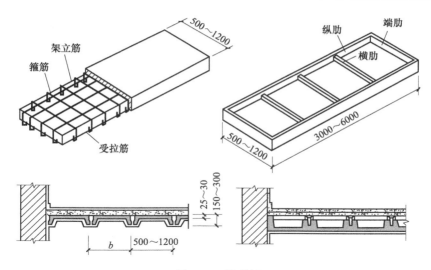

图 8-10 槽形板

（3）空心板　钢筋混凝土空心板是上下板面平整，梁板结合的预制构件。与槽形板相比，其结构计算理论相似，材料消耗也相近，但是隔声效果优于槽形板。如图 8-11 所示。

根据板内抽空方式的不同有方孔、椭圆孔和圆孔之分，其中圆孔板的应用最为广泛。圆孔板的跨度一般为 2.4～8.2m，板的宽度通常为 600～900mm，板厚根据板跨有 120mm、180mm 等。在安装时，空心板的两端孔内常以砖块或混凝土块填塞，以免在板端灌缝时漏浆，并保证板端能将上部荷载传递至下层墙体。

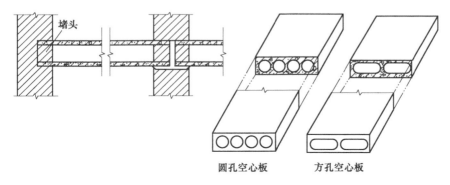

图 8-11 空心板

8.2.2.2 预制装配式钢筋混凝土楼板的结构布置与细部构造

（1）预制装配式钢筋混凝土楼板的结构布置　在进行楼板结构布置时，应先根据房间开间、进深的尺寸确定构件的支撑方式，然后选择楼板的规格进行合理的安排。如图 8-12 所示。楼板的支撑方式有板式结构和梁板式结构两种布置方式。

板式结构布置多用于横墙间距较小的宿舍、住宅及办公楼等建筑中。梁板式结构布置方式多用于房间开间及进深较大的建筑中，如教学楼等。当采用梁板式结构时，板在梁上的搁置方式一般有两种：一种是板直接搁在梁顶上，另一种是板搁在花篮梁或十字形梁上，这种板的上表面与梁的上表面平齐。在梁高不变的情况下，由于板搁在梁两端的翼缘上，因此减少了结构所占去的空间高度，相应地增加了室内的净高。

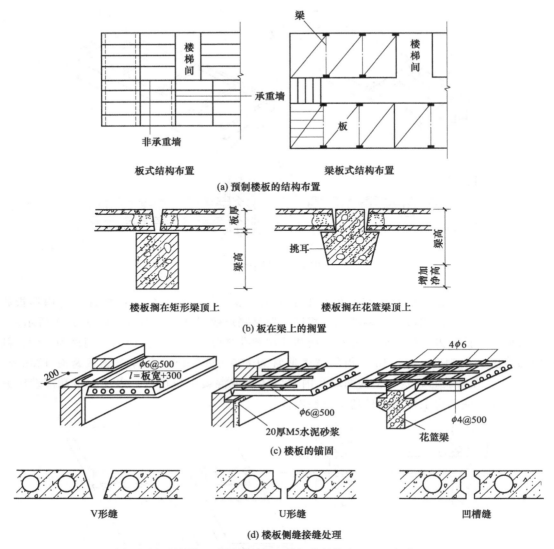

图 8-12　预制装配式钢筋混凝土楼板的结构布置及细部构造图

（2）预制装配式钢筋混凝土楼板的细部结构

① 板缝构造　安装预制板时，为使板缝灌浆密实，要求板块之间有一定距离，以便填入细石混凝土。板间的接缝有端缝和侧缝两种。端缝一般以细石混凝土灌注，必要时可将板端留出的钢筋交错搭接在一起，或加钢筋网片后再灌注细石混凝土，以加强连接。对整体性要求较高的建筑，可在板缝配筋或用短钢筋与预制板吊钩焊接。侧缝一般有 V 形缝、U 形缝和凹槽缝三种形式，缝内灌水泥砂浆或细石混凝土，其中凹槽缝板的受力状态较好，但灌缝较困难，常见的为 V 形缝。如图 8-12（d）所示。

② 板与墙、梁的连接构造　预制楼板直接搁置在砖墙或者梁上，均应有足够的支承长度。当预制楼板支承在梁上时，其搁置长度不小于 80mm；当预制楼板支承在墙上时，其搁置长度不小于 110mm，并在梁或墙上浇筑强度等级为 M5、厚度为 20mm 的水泥砂浆，以保证楼板的平稳，受力均匀。另外，为增加建筑物的整体刚度，楼板与墙、梁之间或楼板与楼板之间常用钢筋拉结，拉结程度与抗震要求和对建筑物的整体性要求有关。如图 8-13 所示。

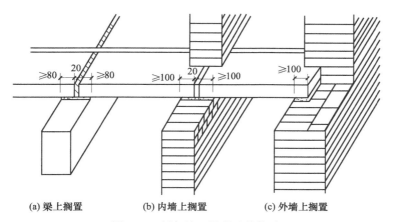

(a) 梁上搁置　　　　　(b) 内墙上搁置　　　　　(c) 外墙上搁置

图 8-13　板与墙、梁的连接构造

③ 楼板上隔墙的处理　预制钢筋混凝土楼板上设立隔墙时，宜采用轻质隔墙，可搁置在楼板的任何位置。若隔墙自重较大时，如砖隔墙、砌块隔墙等，则应避免将隔墙搁置在一块楼板上，通常将隔墙设置在两块楼板的接缝处。当采用槽形板或小梁搁板的楼板时，隔墙可直接搁置在板的纵肋或小梁上；当采用空心板时，须在隔墙下的板缝出设现浇板带或梁来支承隔墙。如图 8-14 所示。

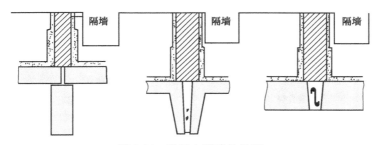

图 8-14　楼板上隔墙的处理

8.2.3　装配整体式钢筋混凝土楼板

装配整体式钢筋混凝土楼板是先将楼板中的部分构件预制并现场安装后，再浇筑混凝土面层而形成的整体楼板。这种楼板具有整体性强，可节约模板，加快施工速度，集合了现浇式钢筋混凝土楼板和预制式钢筋混凝土楼板的优点。

装配整体式钢筋混凝土楼板按结构及构造方式的不同，分为密肋填充块楼板和叠合楼板等。

（1）密肋填充块楼板　密肋填充块楼板是采用间距较小的密肋小梁做承重构件，小梁之间用轻质砌块填充，并在上面浇筑面层而形成的楼板。密肋填充块楼板有现浇密肋填充块楼板和预制小梁填充块楼板两种。如图 8-15 所示。

预制小梁填充楼板的小梁采用预制空心砌块并现浇面板而制成的楼板结构，它们有整体性强和模板利用率高等特点。

（2）叠合楼板　预制薄板（预应力）与现浇混凝土面层叠合而成的装配整体式楼板，又称预制薄板叠合楼板。如图 8-16 所示。这种楼板以预制混凝土薄板为永久模板而承受施工荷载，板面现浇混凝土叠合层。叠合楼板跨度一般为 4～6m，最大可达 9m，通常以 5.4m

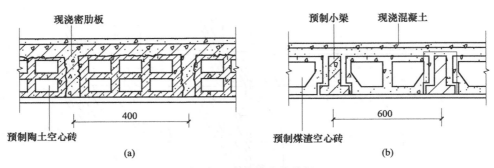

图 8-15　密肋填充块楼板

以内较为经济。预应力薄板厚 50～70mm，板宽 1.1～1.8m。为了保证预制薄板与叠合层有较好的连接，薄板上表面需做处理，常见的有两种：一种是在上表面作刻槽处理，刻槽直径 50mm、深 20mm、间距 150mm；另一种是在薄板表面露出较规则的三角形的结合钢筋。

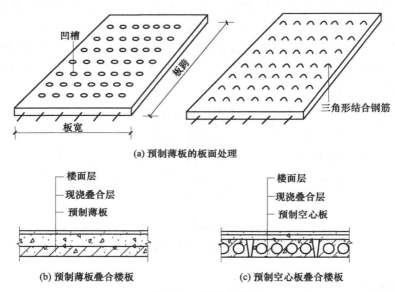

图 8-16　叠合楼板

8.3　楼地面构造

8.3.1　地面的组成

地层是建筑物中与土壤直接接触的水平构件，承受作用在它上面的各种荷载，并将其传给地基。地面是指楼板层和地层的面层部分，它直接承受上部荷载的作用，并将荷载传给下部的结构层和垫层，同时对室内又有一定的装饰作用。

地层由面层、垫层和基层三部分组成，如图 8-17 所示。对有特殊要求的地坪，常在面层与垫层之间增设附加层，如保温层、防水层等。

（1）面层　构造同楼板面层，也称地面，是地坪层的最上部分，直接承受着上面的各种荷载，同时又有装饰室内的功能。根据使用和装修要求的不同，有各种不同做法。

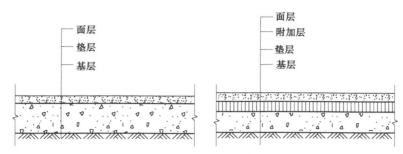

图 8-17　底层地层构造

（2）垫层　即地坪的结构层，主要作用是承受和传递上部荷载，一般采用 C10 混凝土制成，厚度为 60～100mm。垫层材料分为刚性和柔性两大类，刚性垫层如混凝土、碎砖三合土等，有足够的整体刚度，受力后不产生塑性变形，多用于整体地面和小块块料地面。柔性垫层如砂、碎石、炉渣等松散材料，无整体刚度，受力后产生塑性变形，多用于块料地面。

（3）基层　基层即地基，主要起加强地基、帮助结构层传递荷载的作用，一般为原土层或填土分层夯实。当上部荷载较大时，增设 2∶8 灰土 100～150mm 厚，或碎砖、道渣三合土等。

（4）附加层　附加层主要是为了满足某些特殊使用要求而设置的构造层次，如防潮层、防水层、保温层、隔声层或管道敷设层等。

8.3.2　楼地面的类型

按地面所用材料和施工方法的不同，楼地面可分为整体式地面、块料地面、卷材地面、涂料地面等。

8.3.2.1　整体式地面

用现场浇筑的方法做成的整片地面称为整体式地面，常用的有水泥砂浆地面、水磨石地面等。

（1）水泥砂浆地面　水泥砂浆地面是比较常见的一种整体式地面，具有构造简单、坚硬和强度较高等特点，但是容易起灰，不易清洁。如图 8-18 所示。

水泥砂浆地面通常分为单层和双层两种做法。单层做法是先刷素水泥砂浆结合层一道，再用 15～20mm 厚 1∶2.5 水泥砂浆压实抹光；双层做法是先以 15～20mm 厚 1∶3 水泥砂

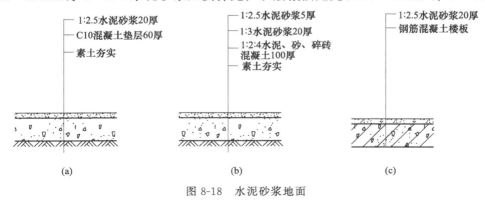

图 8-18　水泥砂浆地面

浆打底、找平，再以5～10mm厚1：2.5的水泥砂浆抹面。这样双层的做法可以减少表面收缩时产生裂纹的可能，所以目前以双层水泥砂浆地面居多。

（2）水磨石地面 水磨石地面是用水泥做胶结材料、大理石或者白云石等中等硬度石料的石屑作骨料而形成的水泥石屑浆浇抹硬结后，经过磨光打蜡而成。水磨石地面坚硬、耐磨、不透水、不起灰，具有装饰效果好的特点。

水磨石地面需先用10～15mm厚1：3水泥砂浆在钢筋混凝土楼板或混凝土垫层上做找平层，然后在其上用1：1水泥砂浆固定分隔条，再用10～15mm厚水泥石子砂浆做面层，经研磨、清洗、打蜡而成。如图8-19所示。

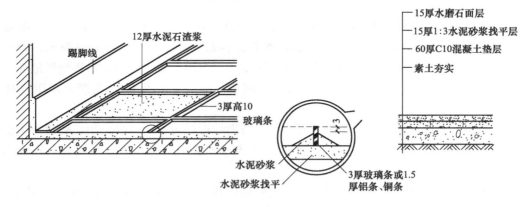

图 8-19 水磨石地面

8.3.2.2 块料地面

块料地面是指用各种块材铺贴而成的地面，按照面层材料的不同有陶瓷锦砖地面、人造或天然石板地面、木楼地面等，如图8-20所示。

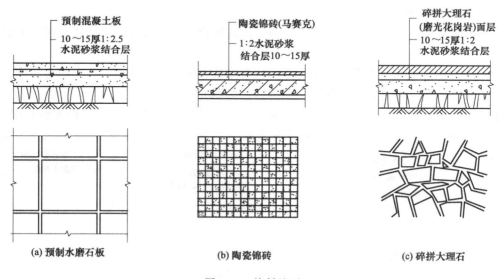

(a) 预制水磨石板　　(b) 陶瓷锦砖　　(c) 碎拼大理石

图 8-20 块料地面

（1）陶瓷锦砖地面 陶瓷锦砖质地坚硬，经久耐用，色泽多样，耐磨、防水、耐腐蚀、易清洁，适用于有水、易腐蚀的地面。如图8-20（b）所示。陶瓷锦砖地面的做法是用15～

20mm厚1：3水泥砂浆找平，上面铺一层5mm厚（1：1）～（1：1.5）的水泥砂浆加107胶粘贴，在其上铺贴陶瓷锦砖，用辊筒压平，使得水泥砂浆挤入缝隙；最后待水泥硬化后，用水洗去皮纸，再用干水泥擦缝。

（2）人造或天然石板地面　常用的天然石板指大理石和花岗石板，由于它们质地坚硬，色泽丰富艳丽，属高档地面装饰材料，一般多用于高级宾馆、会堂、公共建筑的大厅、门厅等处。做法是在基层上刷素水泥浆一道后（30mm厚1：3干硬性水泥砂浆找平，面上撒2mm厚素水泥，洒适量清水）粘贴石板。人造石材地面如水磨石板材、人造大理石板材。碎拼大理石地面如图8-20（c）所示。

（3）木楼地面　木楼地面是指表面由木板铺钉或硬质木块胶合而成的地面，主要特点是有弹性、不起灰、不起潮、容易清洁、保温隔热性能好、自重较轻，但是耐火性能比较差，保养比较麻烦，容易被腐蚀，造价比较高。

木楼地面的构造形式有空铺式、实铺式、粘贴式三种。

① 空铺式木地板常用于底层地面，要用木地板架空，为的是防止木地板受潮腐烂。一般做法为：砌筑地垄墙到标高位置，地垄墙顶部用20mm厚1：3水泥砂浆找平，在墙体顶部固定100mm×50mm的沿墙木，在沿墙木上钉50mm×70mm木龙骨，中距400mm，在垂直龙骨的方向钉50mm×50mm的横撑，中距800mm，然后再铺钉木地板，表面刷油漆，打蜡抛光，进行成品保护。如图8-21所示。

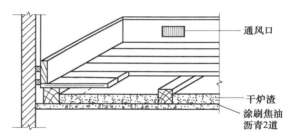

图8-21　空铺式木楼地面构造

② 实铺式木地板是在刚性垫层或结构层上直接铺钉木搁栅，再在木搁栅上固定木板，其构造做法分为双层和单层铺钉。单层做法是将木地板直接钉在钢筋混凝土基层上的木搁栅上，而木搁栅绑扎在预埋于钢筋混凝土楼板内或混凝土垫层内的10号双股镀锌铁丝上。木搁栅为50mm×70mm方木，中距400mm，50mm×50mm横撑，中距800mm。若在木搁栅上加设45°斜铺木板，再钉长条板或拼花地板，就形成了双层。如图8-22（a）、（b）所示。

③ 粘贴式楼地面是在钢筋混凝土楼板或混凝土垫层上做找平层。其做法是先在钢筋混凝土基层上用20mm厚1：2.5水泥砂浆找平，然后刷冷底子油和热沥青各一道作为防潮层，再用胶黏剂随涂随铺20mm厚硬木长条地板。当面层为小细纹拼花木地板时，可直接用胶黏剂刷在水泥砂浆找平层上进行粘贴。如图8-22（c）所示。

8.3.2.3　卷材地面

卷材地面使用成卷的铺材铺贴而成的，常见的有塑料地毡和地毯。

常用的塑料地毡为聚氯乙烯塑料地毡和聚氯乙烯石棉地板。聚氯乙烯塑料地毡（又称地板胶）是软质卷材，可直接干铺在地面上。聚氯乙烯石棉地板是在聚氯乙烯树脂中掺入60%～80%的石棉绒和碳酸钙填料，由于树脂少、填料多，所以质地较硬，常做成300mm×300mm的小块地板，用黏结剂拼花对缝粘贴。

地毯的类型比较多，按地毯面料的不同，有化纤地毯、羊毛地毯、棉织地毯等。地毯的铺设方法有固定和不固定两种方式，不固定是将地毯裁边、黏结拼接成整片，然后直接铺在

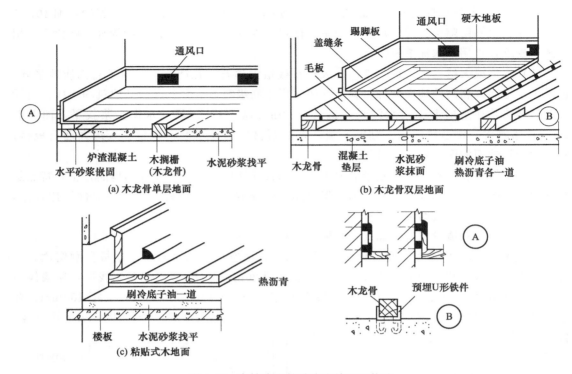

图 8-22 实铺式和粘贴式木楼地面构造

地面上；固定则是在将地毯四周与房间地面加以固定。如图 8-23 所示。

图 8-23 地毯地面

图 8-24 涂料地面

8.3.2.4 涂料地面

涂料地面包括各种高分子合成涂料所形成的地面。涂料类地面耐磨性好，耐腐蚀、耐水防潮，整体性好，易清洁，不起灰，弥补了水泥砂浆和混凝土地面的缺陷，同时价格低廉，易于推广。如图 8-24 所示。

8.3.3 地面的设计要求

（1）具有足够的坚固性 即要求在各种外力作用下不容易被磨损、破坏，且要求表面平整、光洁、易清洁和不起灰。

（2）具有良好的保温性能 作为人们经常接触的地面，应给人们以温暖舒适的感觉，保证寒冷季节脚步舒适。

（3）具有一定的弹性 当人们行走时不致有过硬的感觉，同时有弹性的地面对减弱撞击声也有利。

（4）具有良好的隔声效果 隔声要求主要针对楼地面，可通过悬着楼地面垫层的厚度与材料类型来达到。

（5）具有一定的美观性 地面是建筑物内部空间的重要组成部分，应具有与建筑功能相适应的外观形象。

（6）某些特殊要求 如对有水作用的房间应抗潮湿、不透水；对有火灾隐患的房间应防火；对有酸碱等化学物质作用的房间应耐腐蚀等。

8.3.4 楼地面细部构造

8.3.4.1 踢脚线

为了保护墙面，防止外界碰撞损坏墙面或者清洗地面时弄脏墙面，通常在墙面靠近地面的位置处设置踢脚线，又成为踢脚板。踢脚线通常凸出于墙面，它的材料一般与地面是一致的，所以它一般被当作为地面的一部分。常用的踢脚线材料有水泥砂浆、水磨石、釉面砖、木板等，高度一般为 100～150mm。如图 8-25 所示。

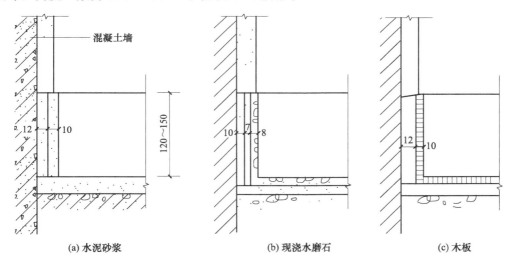

(a) 水泥砂浆   (b) 现浇水磨石   (c) 木板

图 8-25 踢脚线构造

8.3.4.2 墙裙

墙裙的做法与踢脚线类似，相当于是踢脚线向上的延续，它是墙体在内墙面所做的保护处理。一般居室内的墙裙主要起装饰作用，常用木板、大理石板等板材来做，高度为 900～1200mm。卫生间、厨房的墙裙，作用是防水和便于清洗，多用水泥砂浆、釉面瓷砖来做，高度为 900～2000mm。如图 8-26 所示。

8.3.4.3 楼地面排水

首先要设置地漏，并使地面由四周向地漏有一定坡度，从而引导水流入地漏。地面排水坡度一般为 1‰～1.5‰。另外，有水房间的地面标高应比周围其他房间或走廊低 20～30mm，若不能实现标高差时，亦可在门口做高为 20～30mm 的门槛，以防水多时或地漏不

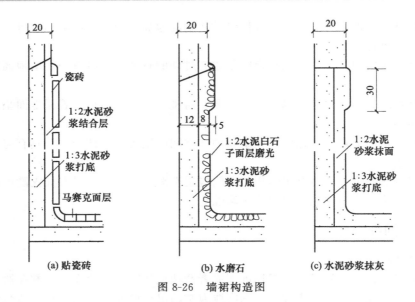

图 8-26　墙裙构造图

畅通时积水外溢。

8.3.4.4　楼地面防水

　　有防水要求的楼层，其结构应采用现浇钢筋混凝土楼板。面层也宜采用水泥砂浆、水磨石地面或贴缸砖、瓷砖、陶瓷锦砖等防水性能好的材料。为防止房间四周墙脚受水，应将防水层沿周边向上泛起至少 150mm；当遇到门洞时，将防水层向外延伸 250mm 以上。竖向管道穿越的地方是楼层防水的薄弱环节。如图 8-27 所示。

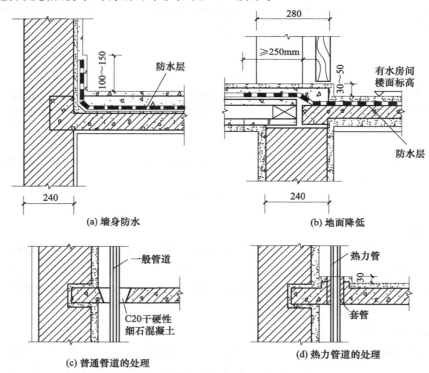

图 8-27　地面防水

8.3.4.5 楼地面隔声

楼层隔声的重点是对撞击声的隔绝，可从以下三个方面进行改善：

① 采用弹性面层；

② 采用弹性垫层；

③ 采用吊顶。

8.4 顶棚构造

顶棚是指楼板层的最底部构造，也被叫作天棚、天花板。顶棚位于室内空间的顶部，与墙体、楼地面一样，是建筑物主要的装修部位之一。

8.4.1 直接式顶棚

直接式顶棚是指直接在钢筋混凝土屋面板或楼板下表面直接喷浆、抹灰或粘贴装修材料的一种构造方法。当板底平整时，可直接喷、刷大白浆或 106 涂料；当楼板结构层为钢筋混凝土预制板时，可用 1∶3 水泥砂浆填缝刮平，再喷刷涂料。这类顶棚构造简单，施工方便，具体做法和构造与内墙面的抹灰类、涂刷类、裱糊类基本相同，常用于装饰要求不高的一般建筑。常有以下几种做法：①直接喷、刷涂料的顶棚；②抹灰顶棚如图 8-28（a）所示；③贴面顶棚如图 8-28（b）所示。

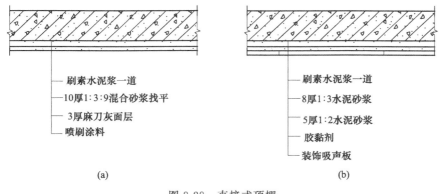

| (a) | (b) |

图 8-28 直接式顶棚

8.4.2 悬吊式顶棚

悬吊式顶棚又称吊顶，它离开屋顶或楼板的下表面有一定的距离，通过悬挂物与主体结构联结在一起。

（1）吊顶的类型 根据结构构造形式的不同，吊顶可分为整体式吊顶、活动式装配吊顶、隐蔽式装配吊顶和开敞式吊顶等。根据材料的不同，吊顶可分为板材吊顶、轻钢龙骨吊顶、金属吊顶等。吊筋是吊顶与楼板连接的构建，它与楼板的连接方式见图 8-29。

（2）吊顶的构造组成

① 吊顶龙骨 分为主龙骨与次龙骨，主龙骨为吊顶的承重结构，次龙骨则是吊顶的基层。主龙骨通过吊筋或吊件固定在楼板结构上，次龙骨用同样的方法固定在主龙骨上。龙骨可用木材、轻钢、铝合金等材料制作，其断面大小视其材料品种、是否上人和面层构造做法

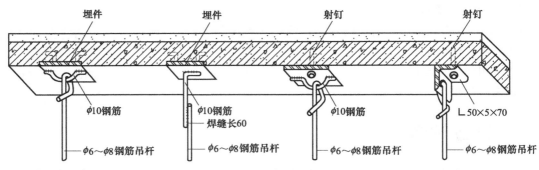

图 8-29　吊筋与楼板的连接

等因素而定。主龙骨断面比次龙骨大，间距约为 2m。悬吊主龙骨的吊筋为 $\phi8\sim\phi10$ 钢筋，间距也是不超过 2m。次龙骨间距视面层材料而定，间距一般不超过 600mm。

② 吊顶面层　分为抹灰面层和板材面层两大类。抹灰面层为湿作业施工，费工费时；板材面层，既可加快施工速度，又容易保证施工质量。板材吊顶有植物板材、矿物板材和金属板材等

（3）木质（植物）板材吊顶　吊顶龙骨一般用木材制作，分格大小应与板材规格相协调。为了防止植物板材因吸湿而产生凹凸变形，面板宜锯成小块板铺钉在次龙骨上，板块接头必须留 3～6mm 的间隙作为预防板面翘曲的措施。板缝缝形根据设计要求可做成密缝、斜槽缝、立缝等形式。如图 8-30 所示。

（4）矿物板材吊顶　矿物板材吊顶常用石膏板、石棉水泥板、矿棉板等板材作面层，轻钢或铝合金型材作龙骨。这类吊顶的优点是自重轻、施工安装快、无湿作业、耐火性能优于植物板材吊顶和抹灰吊顶，故在公共建筑或高级工程中应用较广。

轻钢和铝合金龙骨的布置方式有两种：龙骨外露；不露龙骨。主龙骨仍采用槽形断面的轻钢型材，但次龙骨采用 U 形断面轻钢型材，用专门的吊挂件将次龙骨固定在主龙骨上，面板用自攻螺钉固定于次龙骨上。如图 8-31 所示。

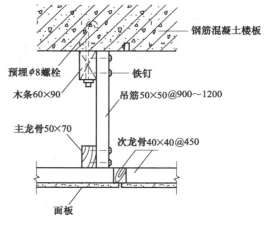

图 8-30　木龙骨吊顶

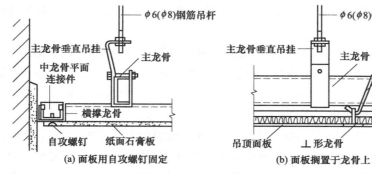

（a）面板用自攻螺钉固定　　（b）面板搁置于龙骨上

图 8-31　金属骨架吊顶

（5）金属板材吊顶　金属板材吊顶最常用的是以铝合金条板作面层，龙骨采用轻钢型材。金属龙骨吊顶一般以轻钢或者铝合金型材做龙骨，具有自重轻、刚度大、防火性能好、施工安装快等优点，现在被广泛应用。

8.5　阳台与雨篷

8.5.1　阳台的种类

阳台是楼房建筑中不可缺少的室内与室外过渡的空间，人们可以用阳台来晒衣服、休息、眺望或者从事家务活动。根据阳台与建筑物外墙的关系可分为挑阳台、凹阳台、半挑半凹及转角阳台。如图 8-32 所示。

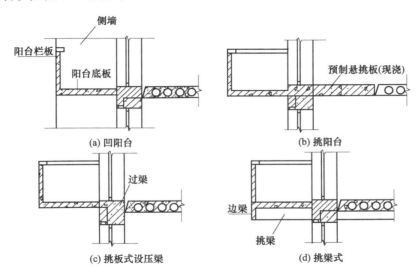

图 8-32　阳台的类型及结构布置

8.5.2　阳台的结构布置

凹阳台是楼板层的一部分，所以它的承重结构布置可按楼板层的受力分析进行，采用搁板式布板方式。挑阳台的受力构件为悬挑构件，涉及结构受力、倾覆等问题，它的承重方案可分为挑梁式和挑板式，当挑出长度在 1200mm 以内时，可采用挑板式，大于 1200mm 时可采用挑梁式。

（1）搁板式　搁板式是将阳台板由两侧凸出的墙体来支承。阳台板可为现浇或预制板，由于阳台板型及尺寸与楼板一致，施工较方便，适用于凹阳台。

（2）挑板式　是利用预制板或现浇板悬挑出墙面形成阳台板。这种阳台板底平整、造型简单，但结构构造及施工较麻烦，适用于挑阳台。

（3）挑梁式　挑梁式是在阳台两端设置挑梁，在挑梁上搁板，此种方式构造简单，施工方便，是挑阳台中常见的结构处理方式。

8.5.3 阳台的细部构造

（1）栏杆、栏板形式　栏杆及栏板是阳台沿外围设置的竖向构件。其作用是保护人身安全并具有装饰作用。其净高要求一般情况下不小于1m，高层建筑应不小于1.1m。阳台栏杆及扶手按材料的不同有金属栏杆、混凝土栏杆等；按立面形式可分为空花栏杆、实心栏板及混合式栏杆三种。阳台扶手的材料有砖砌体、钢筋混凝土及金属材料等。如图8-33所示。

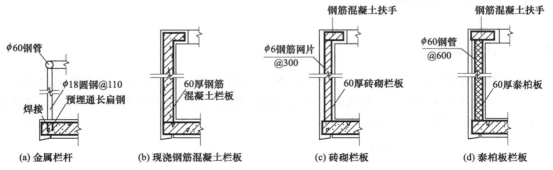

图8-33　阳台栏杆、栏板构造

（2）连接构造　根据阳台栏杆、栏板及扶手的材料和形式的不同，连接构造方式有多种。如图8-33所示。栏杆与扶手的连接方式有焊接、现浇等方式；栏杆与面梁或阳台板的连接方式有焊接、榫接坐浆、现浇等；扶手与墙的连接，应将扶手或扶手中的钢筋伸入外墙的预留洞中，用细石混凝土或水泥砂浆填实固牢；现浇钢筋混凝土栏杆与墙连接时，应在墙体内预埋240mm×240mm×120mm C20细石混凝土块，从中伸出2ϕ6，长300mm，与扶手中的钢筋绑扎后再进行现浇。

8.5.4 雨篷

雨篷是建筑物入口处和顶层阳台上部用以遮挡雨水，保护外门免受雨水侵蚀的水平构件。建筑物入口处雨篷的悬挑长度一般为1.5m。为防止倾覆，通常将雨篷板与入口门过梁浇筑成一体。为立面及排水的需要常在雨篷外缘作挡水处理，可采用砖或混凝土做成。板面需做防水处理，在靠墙处做泛水，板的边缘应做滴水。

根据雨篷板的支承方式不同，有悬板式和梁板式两种。板式和梁板式雨篷如图8-34所示。

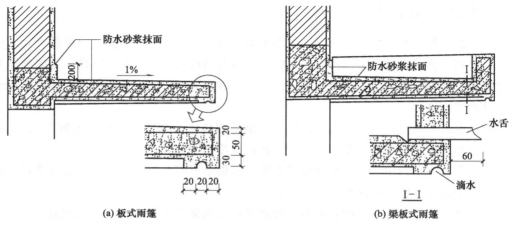

(a) 板式雨篷　　　　　　　　　　(b) 梁板式雨篷

图8-34　板式雨篷和梁板式雨篷

（1）悬板式雨篷　悬板式雨篷外挑长度一般为 0.9～1.5m，板根部厚度不小于挑出长度的 1/12，雨篷宽度比门洞每边宽 250mm，雨篷排水方式可采用无组织排水和有组织排水两种，如图 8-35 所示。雨篷顶面距过梁顶面 250mm 高，板底抹灰可抹 1：2 水泥砂浆内掺 5％防水剂的防水砂浆 15mm 厚，多用于次要出入口。

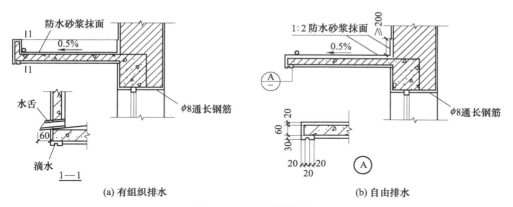

图 8-35　悬挑雨篷构造

（2）梁板式雨篷　梁板式雨篷多用在宽度较大的入口处，悬挑梁从建筑物的柱上挑出，为使板底平整，多做成倒梁式。

小　结

1. 楼地层的设计要求与构造原理。
2. 现浇钢筋混凝土楼板类型、预制装配式钢筋混凝土楼板类型。
3. 常规楼地面、阳台、顶棚、雨篷的做法。

拓 展 训 练

一、选择题

1. 楼板层一般由面层、附加层、结构层和顶棚层等几个基本层次组成，其中作为楼板主要承重层次的是（　　）。

A. 结构层　　　　B. 面层　　　　C. 附加层　　　　D. 顶棚层

2. 下列关于阳台说法错误的一项是（　　）。

A. 阳台是多层和高层建筑中人们接触室外的平台

B. 按阳台与内墙的相对位置不同，可分为凸阳台、凹阳台、半凸半凹阳台及转角阳台

C. 按施工方法不同，阳台可分为预制阳台和现浇阳台

D. 阳台的承重构造是由楼板挑出的阳台板构成

3. 下列不属于楼板层中附加层主要能起的作用是（　　）。

A. 保温　　　　B. 承重　　　　C. 隔声　　　　D. 防水

4. 楼板层一般由面层、附加层、结构层和顶棚层等几个基本层次组成，其中俗称为天花的是（　　）。

A. 结构层　　　　B. 面层　　　　C. 附加层　　　　D. 顶棚层

5. 现浇水磨石地面常嵌固分格条（玻璃条、铜条等），其目的是（　　）。

A. 防止面层开裂　　B. 便于磨光　　C. 面层不起灰　　D. 增添美观

6. 空心板在安装前，孔的两端常用混凝土或碎砖块堵严，其目的是（　　）。

A. 增加保温性　　　　　　　　　B. 避免板端被压坏

C. 增强整体性　　　　　　　　　D. 避免板端滑移

7. （　　）施工方便，但易结露、易起尘、导热系数大。

A. 现浇水磨石地面　　　　　　　B. 水泥地面

C. 木地面　　　　　　　　　　　D. 预制水磨石地面

8. 吊顶的吊筋是连接（　　）的承重构件。

A. 搁栅和屋面板或楼板等　　　　B. 主搁栅与次搁栅

C. 搁栅与面层　　　　　　　　　D. 面层与面层

9. 预制钢筋混凝土梁搁置在墙上时，常需在梁与砌体间设置混凝土或钢筋混凝土垫块，其目的是（　　）。

A. 扩大传力面积　　　　　　　　B. 简化施工

C. 增大室内净高　　　　　　　　D. 减少梁内配筋

10. 当首层地面垫层为柔性垫层（如砂垫层、炉渣垫层或灰土垫层）时，可用于支承（　　）面层材料。

A. 瓷砖　　　　　　　　　　　　B. 硬木拼花板

C. 黏土砖或预制混凝土块　　　　D. 马赛克

二、简答题

1. 简述楼板层的设计要求。

2. 现浇钢筋混凝土楼板有哪些类型？各有什么样的特点？

3. 顶棚有哪些种类？

4. 阳台的结构布置有哪些？

任务 8 参考答案

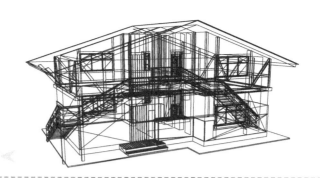

任务9

楼梯

  能力目标

1. 能正确区分楼梯形式，准确把握楼梯尺度。
2. 能合理分析钢筋混凝土楼梯的构造特点和细部处理。
3. 能准确理解建筑室外出入口的台阶与坡道构造方案。
4. 能准确理解电梯与自动扶梯的建筑构造要求。

知识目标

1. 了解楼梯功能、类型和选用。
2. 掌握楼梯的组成、尺度。
3. 掌握钢筋混凝土楼梯的构造特点和细部处理。

导入案例

欣赏不同的楼梯。

楼梯欣赏

任务布置

1. 如何解决到达建筑内部的不同标高？
2. 分析校园教学楼的楼梯数量、类型、构造方案等。
3. 钢筋混凝土楼梯的细部如何处理？
4. 楼梯的净空高度如何解决？
5. 测量一下楼梯踏步的尺度 $b \times h$，斜板和平台的宽度，思考为什么？
6. 分析图 9-1 中平行双跑楼梯在平面、剖面表达上的不同之处。

  实践提示

从楼梯的功能、位置、疏散考虑。

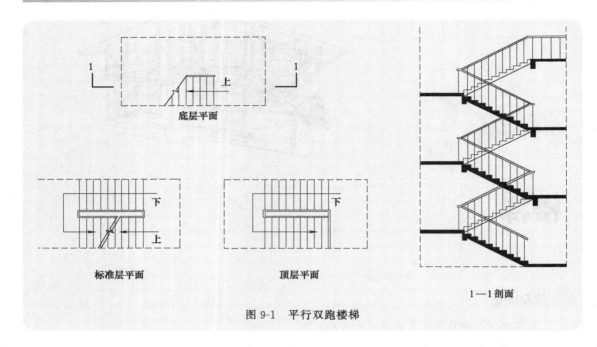

图 9-1 平行双跑楼梯

9.1 楼梯的准备知识

9.1.1 楼梯的设计要求

楼梯是建筑中各楼层间的主要交通设施，除交通联系的主要功能外，还是紧急情况下安全疏散的主要通道，因此，楼梯既要满足使用功能要求，又要确保使用安全需要。

楼梯的设计应满足以下要求：

① 满足人和物的正常运行和紧急疏散；

② 必须具有足够的通行能力、强度和刚度；

③ 满足防火、防烟、防滑、采光和通风等要求；

④ 部分楼梯对建筑具有装饰作用，要考虑楼梯对建筑整体空间效果的影响，确保造型美观；

⑤ 楼梯间的门应朝向人流疏散方向，底层应有直接对外的出口。北方地区当楼梯间兼作建筑物出入口时，要注意防寒，一般可设置门斗或双层门。

9.1.2 楼梯的组成

楼梯一般由楼梯段、楼梯平台、栏杆（栏板）和扶手三部分组成，如图 9-2 所示。

（1）楼梯段（"跑"） 楼梯段是楼梯的主要使用和承重部分，是联系两个不同标高平台的倾斜构件。楼梯段是由若干个连续的踏步组成。踏步（"级"）由水平的踏面和垂直的踢面组成。为减少人们上下楼梯时的疲劳和适应人行的习惯，一个楼梯段上的踏步数≤18 级且≥3 级。

（2）楼梯平台 平台是指两楼梯段之间的水平板，有楼层平台、中间平台之分。其主要作用在于缓解疲劳，让人们在连续上楼时可在平台上稍加休息，故又称休息平台。同时，平台还是梯段之间转换方向的连接处，还用来分配到达各层的人流。

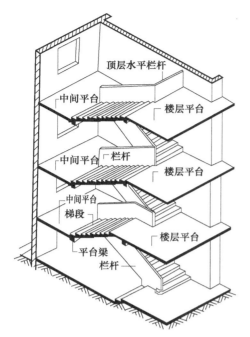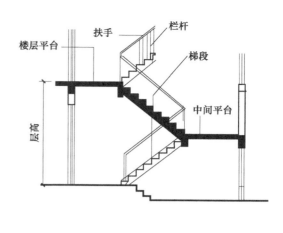

图 9-2 楼梯的组成

（3）栏杆（栏板）和扶手 栏杆是楼梯段的安全设施，一般设置在梯段的边缘和平台临空的一边，要求它必须坚固可靠，并保证有足够的安全高度。当楼梯宽度不大时，可只在梯段临空面设置，当楼梯宽度较大（＞1.4m）时，非临空面也要加设扶手，当楼梯宽度很大（＞2.2m），超过 4～5 股人流时，还应在梯段中间加设扶手。

9.1.3 楼梯的形式

（1）按材料划分 有钢筋混凝土楼梯、钢楼梯、木楼梯等。

（2）按位置划分 有室内楼梯和室外楼梯。

（3）按重要程度划分 有主要楼梯、辅助楼梯等。

（4）按平面形式划分

① 直行单跑式 用于层高不高的建筑。

② 直行多跑式 用于层高较大的建筑。

③ 折行双跑式 用于导向性强仅上一层楼的建筑。

④ 折行多跑式 用于层高较大的公共建筑中。

⑤ 平行双跑式 用于居住建筑。

⑥ 平行双分式 用于办公类建筑。

⑦ 平行双合式 用于办公类建筑。

⑧ 交叉跑式 用于层高较大且楼层人流多向性选择要求的建筑。

⑨ 螺旋式 多用于室内。

⑩ 弧形式 用于室内或公共建筑的门厅。

（5）按使用性质划分 疏散楼梯、消防楼梯、防烟楼梯、专用楼梯等。

（6）按坡度划分：≤10°坡道，10°～23°台阶，23°～45°楼梯，≥45°爬梯，90°电梯。

无中柱螺旋楼梯和弧形楼梯如图 9-3 所示。

图 9-3　无中柱螺旋楼梯和弧形楼梯

折行双跑和三跑楼梯的平面见图 9-4。

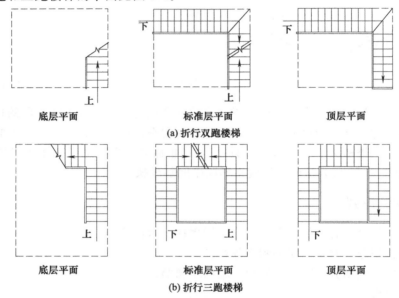

底层平面　　　　标准层平面　　　　顶层平面

(a) 折行双跑楼梯

底层平面　　　　标准层平面　　　　顶层平面

(b) 折行三跑楼梯

图 9-4　折行双跑和三跑楼梯

楼梯平面形式如图 9-5 所示。

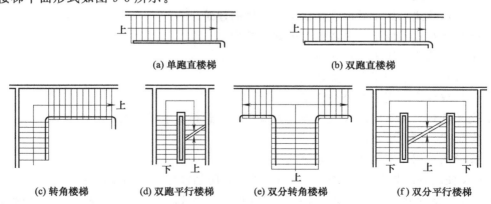

(a) 单跑直楼梯　　　　　　　　(b) 双跑直楼梯

(c) 转角楼梯　　(d) 双跑平行楼梯　　(e) 双分转角楼梯　　(f) 双分平行楼梯

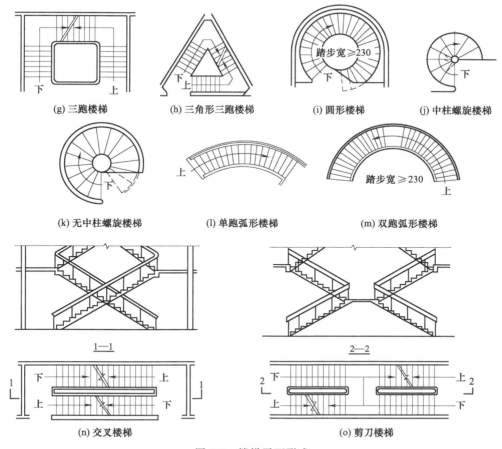

(g) 三跑楼梯　　(h) 三角形三跑楼梯　　(i) 圆形楼梯　　(j) 中柱螺旋楼梯

(k) 无中柱螺旋楼梯　　(l) 单跑弧形楼梯　　(m) 双跑弧形楼梯

1—1　　　　　　　　　　2—2

(n) 交叉楼梯　　　　　　(o) 剪刀楼梯

图 9-5　楼梯平面形式

平行双分和双合楼梯的平面见图 9-6。

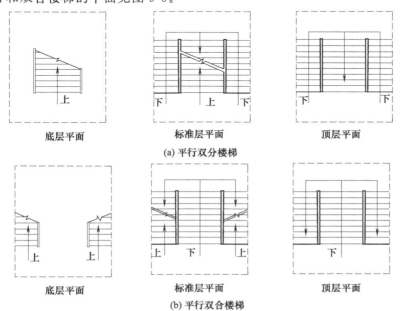

底层平面　　　标准层平面　　　顶层平面

(a) 平行双分楼梯

底层平面　　　标准层平面　　　顶层平面

(b) 平行双合楼梯

图 9-6　平行双分和双合楼梯

【知识链接】

关注疏散距离（最远的门到楼梯间的距离），房间门至外部出口或封闭楼梯间的最大距离见表9-1。

表9-1　房间门至外部出口或封闭楼梯间的最大距离　　　　单位：m

名　　称	位于两个外部出口或楼梯之间的房间(L_1)			位于袋形走道两侧或尽端的房间(L_2)		
	耐火等级			耐火等级		
	一、二级	三级	四级	一、二级	三级	四级
托儿所、幼儿园	25	20	—	20	15	—
医院、疗养院	35	30	—	20	15	—
学校	35	30	25	22	20	—
其他民用建筑	40	35	25	22	20	15

注：L_1和L_2在平面图中的含义见图9-7。

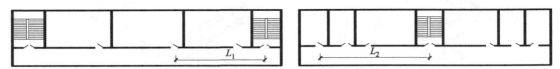

图9-7　楼梯间与最远房间门的距离控制

9.1.4　楼梯的尺度

楼梯各部分的尺度如图9-8所示。

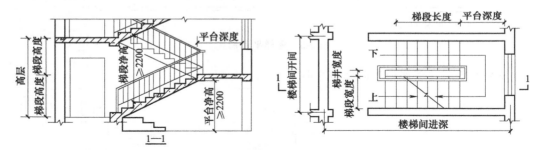

图9-8　楼梯各部分的尺度

9.1.4.1　踏步尺度

楼梯坡度实质上与楼梯踏步密切相关，踏步高与宽之比即可构成楼梯坡度。踏步高常以h表示，踏步宽常以b表示。一般踏面b的取值范围为250～320mm、踢面h的取值范围为140～180mm、踏面和踢面的尺寸宜满足以下公式：

$$h+b=420\sim450mm$$

$$2h+b=600\sim620mm$$

$$b=250\sim300mm$$

$$h=150\sim175mm$$

民用建筑中楼梯踏步的最小宽度与最大高度的限制值见表9-2。

为了在踏步宽度一定的情况下增加行走舒适度，而又不增加梯段的实际长度，可将踏面适当挑出（踏步出挑20～30mm）或将踢面前倾，如图9-9所示。

表9-2 民用建筑中楼梯踏步的最小宽度与最大高度的限制值　　　单位：mm

楼梯类别	最小宽度 b	最大高度 h
住宅公用楼梯	250(260～300)	180(150～175)
幼儿园楼梯	260(260～280)	150(120～150)
医院、疗养院等楼梯	280(300～350)	160(120～150)
学校、办公楼等楼梯	260(280～340)	170(140～160)
剧院、会堂等楼梯	220(300～350)	200(120～150)

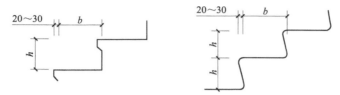

图9-9 踏步尺寸的处理（适当增加）

9.1.4.2 梯段的尺度

楼梯段的尺度分为梯段宽度和梯段长度。

（1）楼段宽度 B（净宽）　宽度必须满足疏散要求、上下人流及搬运物品的需要。从确保安全角度出发，楼梯段宽度是由通过该梯段的人流股数确定的。还应考虑建筑的类型、耐火等级、层数等因素。一般按每股人流宽为 0.55＋(0～0.15)m 的尺寸确定，（0～0.15)m 是人流在行进中人体的摆幅。人流较多的公共建筑中应取上限值。一般楼梯应至少满足两股人流通行，宽度不小于 1100mm。单人通行时为 900mm，双人通行时为 1000～1200mm，三人通行时为 1500～1800mm。并应满足各类建筑设计规范中，对梯段宽度的限定。如住宅 ≥1100mm，公共建筑梯段宽度 ≥1300mm。

（2）梯段长度 L　梯段长度 L：指每一梯段的水平投影长度，L＝b(N－1)。b 为踏步宽；N 为梯段踏步数，即踢面高步数。

9.1.4.3 平台宽度

平台是指两楼梯段之间的水平板，有楼层平台、中间平台之分。其主要作用在于缓解疲劳，让人们在连续上楼时可在平台上稍加休息，故又称休息平台。因为平台是梯段之间转换方向的连接处，所以平台的净宽度不得小于梯段的净宽度，以确保通过楼梯段的人流或货物也能顺利地在楼梯平台上通过，避免发生拥挤塞堵。

（1）中间平台宽度　对于平行和折行多跑等类型楼梯，其转向后中间平台宽度应不小于梯段宽度，并且不小于 1.1m；对于不改变行进方向的平台，其宽度可不受此限。医院建筑中间平台宽度不小于 1800mm。

（2）楼层平台宽度　应比中间平台宽度更宽松一些。对于开敞式楼梯间，楼层平台同走廊连在一起，一般可使梯段的起步点自走廊边线后退一段距离（≥500mm）即可。

9.1.4.4 梯井宽度

梯段之间形成的空档，上下两梯段内侧之间缝隙的水平距离。一般以 60～200mm 为宜。儿童用梯应小于 120mm。公共建筑楼梯井净宽大于 200mm，住宅楼梯井净宽大于

110mm 时，必须采取安全措施。梯井如图 9-10 所示。

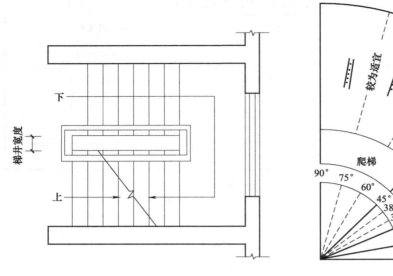

图 9-10　梯井

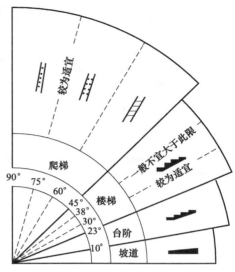

图 9-11　楼梯坡度范围

9.1.4.5　楼梯坡度

楼梯的坡度是指梯段的斜率，当 i 较小时，行走舒适，但是占地面积大，增加造价；反之，节约了面积，行走吃力。常用斜面与水平面的夹角表示，也可用斜面在垂直面上的投影高和在水平面上的投影长之比来表示。一般楼梯的坡度范围为 $25°\sim45°$，室内楼梯坡度以 $26°\sim35°$ 为宜，常用的坡度为 1∶2 左右。楼梯坡度范围如图 9-11 所示。

9.1.4.6　栏杆（栏板）和扶手尺度

楼梯扶手高度是指踏步前缘线至扶手顶部的垂直高度。与楼梯的坡度及使用要求有关。单扶手：一般建筑物楼梯扶手高度为 900mm，当顶层平台上水平扶手长度超过 500mm 时，其高度不应小于 1000mm。双层扶手：幼托建筑的栏杆（栏板）上可增加一道 600~700mm 高的儿童扶手。栏杆距离不应大于 110mm。栏杆高度：一般室内楼梯≥900mm，靠梯井一侧水平栏杆长度＞500mm，其高度≥1000mm，室外楼梯栏杆高≥1100mm。扶手高度如图 9-12 所示。

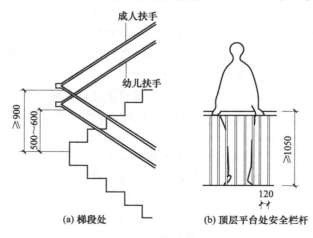

(a) 梯段处　　　　(b) 顶层平台处安全栏杆

图 9-12　扶手高度

9.1.5 楼梯的净空高度

楼梯净空高度指平台下或梯段下通行人或物件时所需要的竖向净空高度。平台面到上部结构最低处的距离，应不小于2000mm，梯段下净空高度应大于2200mm，如图9-13所示。

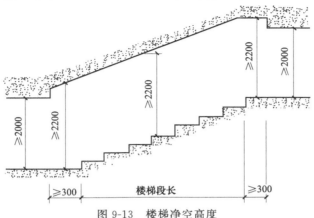

图9-13 楼梯净空高度

【小技巧】

注意：当楼梯底层休息平台下有出入口时，为求得下面空间净高≥2000mm，可以采用以下四种方案处理：

① 将楼梯底层设计成"长短跑"，让第一跑的踏步数目多些，第二跑踏步少些，利用踏步的多少来调节下部净空的高度。

② 增加室内外高差。

③ 将上述两种方法结合，即降低底层中间平台下的地面标高，同时增加楼梯底层第一个梯段的踏步数量。

④ 将底层采用单跑楼梯，这种方式多用于少雨地区的住宅建筑。

底层出楼梯间的处理如图9-14所示。

9.1.6 楼梯尺寸的确定

设计楼梯主要是解决楼梯梯段和平台的设计，而梯段和平台的尺寸与楼梯间的开间、进深和层高有关。如图9-15所示。

（1）梯段宽度与平台宽的计算

梯段宽 B $\qquad B=(A-C)/2$

其中，A 为楼梯间的开间净宽；C 为梯井宽，指两梯段之间的缝隙宽，考虑消防、安全和施工的要求，$C=60\sim200$mm。平台宽 D：$D\geqslant B$。

（2）踏步的尺寸与数量的确定

踏步数量 N $\qquad N=H/h$

其中，H 为层高；h 为踏步高。

（3）梯段长度计算 梯段长度取决于踏步数量。当 N 已知后，可得出两段等跑的楼梯梯段长 L。

$$L=(N/2-1)b$$

其中，b 为踏步宽。

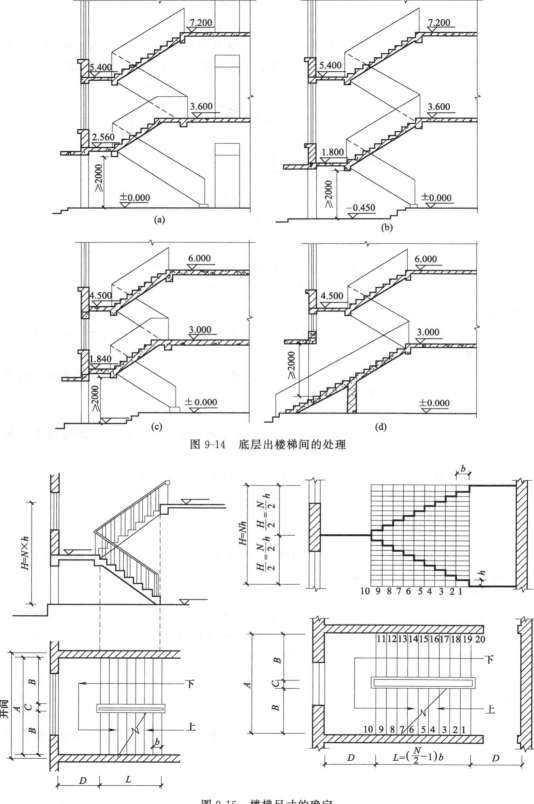

图 9-14　底层出楼梯间的处理

图 9-15　楼梯尺寸的确定

9.2 现浇钢筋混凝土楼梯构造

现浇钢筋混凝土楼梯的梯段和平台整体浇筑在一起，其整体性好、刚度大、抗震性好，不需要大型起重设备，但施工进度慢、耗费模板多、施工程序较复杂。

按梯段的传力特点，分为板式楼梯、梁板式楼梯、悬臂式楼梯、扭板式楼梯。

9.2.1 板式楼梯

楼梯段作为一块整板，斜搁在楼梯的平台梁上。其构造特点为：板式楼梯的梯段分别与两端的平台梁整浇在一起，由平台梁支承。平台梁之间的距离便是这块板的跨度。楼段相当于是一块斜放的现浇板，平台梁是支座。为保证平台过道处的净空高度，可在板式楼梯的局部位置取消平台梁，形成折板式楼梯。板式楼梯的结构简单，板底平整，施工方便。一般适用于荷载较小、层高较小（建筑层高对梯段长度有直接影响）的中小型民用建筑，如住宅、宿舍建筑。梯段的水平投影长度一般不大于3m。如图9-16所示。

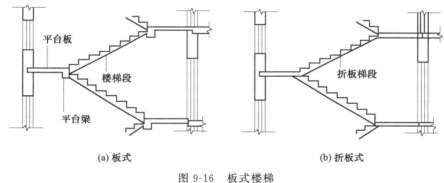

(a) 板式   (b) 折板式

图 9-16   板式楼梯

9.2.2 梁板式楼梯

当梯段较宽或楼梯负载较大时，采用板式梯段往往不经济，须增加梯段斜梁（简称梯梁），以承受板的荷载，并将荷载传给平台梁，这种梯段称梁板式梯段。优点是踏步板的跨度小，从而减小了板的厚度，节省用料，结构合理。其缺点是模板复杂，当楼梯斜梁截面尺寸较大时，造型显得比较笨重。其构造特点：由踏步板、楼梯斜梁、平台梁和平台板组成。踏步板由斜梁支承；斜梁由两端的平台梁支承。一般斜梁在板下部的称正梁式梯段，将斜梁反向上面称反梁式梯段。其下面平整，踏步包在梁内。如图9-17所示。

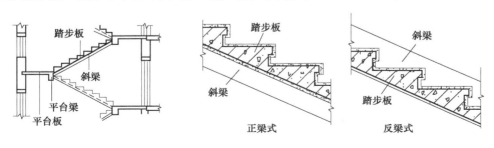

图 9-17   梁式楼梯（正梁式和反梁式）

9.2.3 现浇梁悬臂式楼梯

踏步板从梯斜梁两边或一边悬挑的楼梯形式。这种楼梯一般为单梁或双梁悬臂支承踏步板和平台板，多用于框架结构建筑的室外楼梯。如图 9-18 所示。

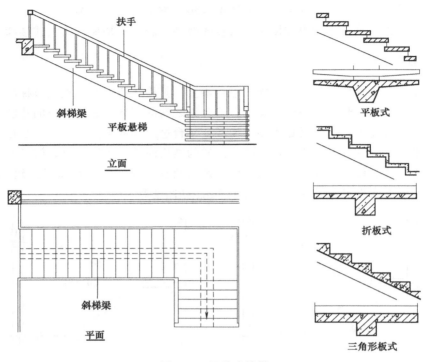

图 9-18 悬臂式楼梯

9.2.4 现浇扭板式楼梯

现浇扭板式钢筋混凝土楼梯底面平顺，结构占空间少，造型美观。但由于板的跨度大，受力复杂，施工难度大，一般只宜用于标准较高的建筑，特别是公共大厅中。

9.3 预制钢筋混凝土楼梯构造

装配式钢筋混凝土楼梯是指楼梯段、楼梯平台等构件单独预制，现场装配的楼梯。具有工业化程度高、施工速度快、现场湿作业少、不受季节性施工限制等优点。如图 9-19 所示。

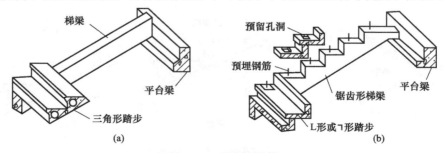

图 9-19 装配式楼梯

9.3.1　类型

9.3.1.1　小型构件装配式楼梯

构件尺寸小、重量轻、数量多，一般把踏步板作为基本构件。具有构件生产、运输、安装方便的优点，同时也存在着施工较复杂、施工进度慢、往往需要现场湿作业配合的不足。按其构造形式分为墙承式、悬臂式和梁承式。

（1）墙承式　预制钢筋混凝土踏步板直接搁置在墙上的一种楼梯形式。其踏步板一般采用一字形、L形或┐形断面。

（2）悬臂式　预制钢筋混凝土踏步板一端嵌固于楼梯间侧墙上，另一端凌空悬挑的楼梯形式。楼梯间整体刚度极差，不能用于有抗震设防要求的地区。其用于嵌固踏步板的墙体厚度≥240mm，踏步板悬挑长度一般≤1500mm，以保证嵌固端牢固。

（3）梁承式　梯段由平台梁支持的楼梯形式。

9.3.1.2　中、大型构件装配式楼梯

一般把楼梯段和平台板作为基本构件，构件的体量大，规格和数量少，装配容易，施工速度快，适于成片建设的大量性建筑。

9.3.2　预制装配梁承式楼梯构件

9.3.2.1　梯段

（1）梁板式梯段　由梯斜梁和踏步板组成。一般踏步板两端各设一根梯斜梁，踏步板支承在斜梁上。踏步板的断面形式有一字形、L形或┐形、三角形，厚度为40～80mm，常将三角形踏步板做成空心构件。梯斜梁断面一般为矩形断面，也可做成L形断面搁置一字形、L形或┐形踏步板，用于搁置三角形踏步板的梯斜梁为等断面。如图9-20所示。

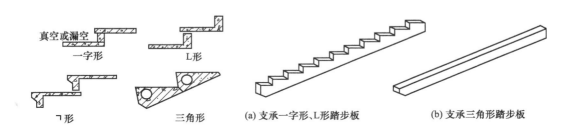

图9-20　踏步和斜梁形式

（2）板式梯段　梯段为整块或数块带踏步板，其上下端直接支承在平台梁上，其有效断面厚度可按 $L/30～L/20$ 估算。

梁板式梯段与板式梯段的对比如图9-21所示。

9.3.2.2　平台梁

支承斜梁或踏步板、平衡梯段水平力并减少平台梁所占空间，一般做成L形断面，其高度按 $L/12$ 估算（L 为平台梁跨度），如图9-22所示。

9.3.2.3　平台板

根据需要常采用钢筋混凝土空心板、槽板或平板，但有管道穿过时，不宜用空心板，布置方式有平行平台梁和垂直平台梁两种形式。梯板的抽孔形式见图9-23。

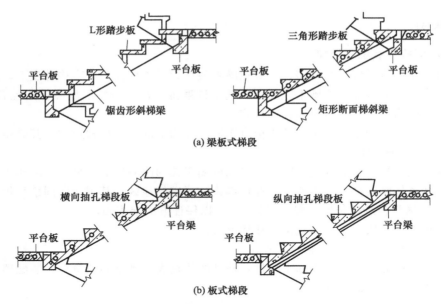

图 9-21 对比梁板式梯和板式梯的梯段

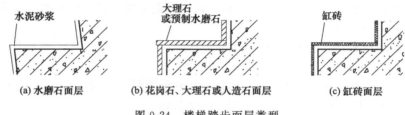

图 9-22 预制平台梁

图 9-23 梯板的抽孔形式

9.4 楼梯的细部构造

9.4.1 踏步面层和防滑处理

踏步面层装修做法与楼层面层装修做法基本相同。一般与门厅或走道的地面材料一致，常用的有水泥砂浆、水磨石、花岗石、大理石、缸砖等。如图 9-24 所示。

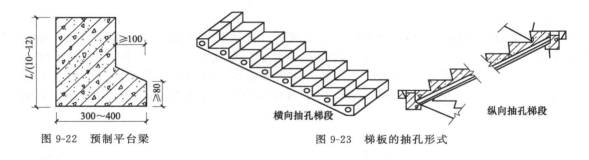

图 9-24 楼梯踏步面层类型

踏面的防滑处理：一般在踏步面层前缘 40mm 和距栏杆 120mm 位置处考虑防滑的处理。防滑措施常利用同种材料凸凹不平、不同材料耐磨系数不同和踏面与踢面交接处设包口。如图 9-25 所示。

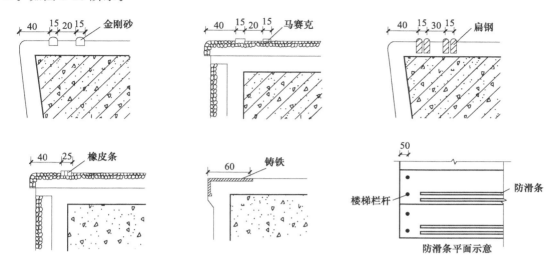

图 9-25　踏步的防滑处理

9.4.2　栏杆与扶手构造

（1）栏杆形式与构造　栏杆形式可分为空花式、栏板式和混合式。须根据材料、经济、装修标准和使用对象的不同进行合理的选择和设计。

① 空花式　楼梯栏杆以栏杆竖杆作为主要构件，常采用钢材、木材、铝合金型材、铜材和不锈钢等制作。竖栏杆之间的距离≤110mm。如图 9-26 所示。

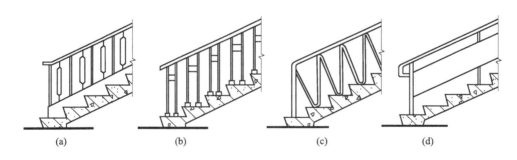

图 9-26　空花栏杆

② 栏板式　用栏板代替栏杆，安全、无锈蚀，为承受侧推力，栏板构件应与主体构件连接可靠，常有钢筋混凝土和钢丝网水泥栏板。如图 9-27 所示。

③ 混合式　是指空花式和栏板式两种栏杆形式的组合，栏杆竖杆作为主要抗侧力构件，栏板则作为防护和美观饰件。如图 9-28 所示。

【知识链接】　栏杆与梯段踏步、平台的连接（图 9-29）

（2）扶手形式　楼梯扶手常用木材、塑料、金属管材（钢管、铝合金管、铜管和不锈钢管等）制作。如图 9-30 所示。

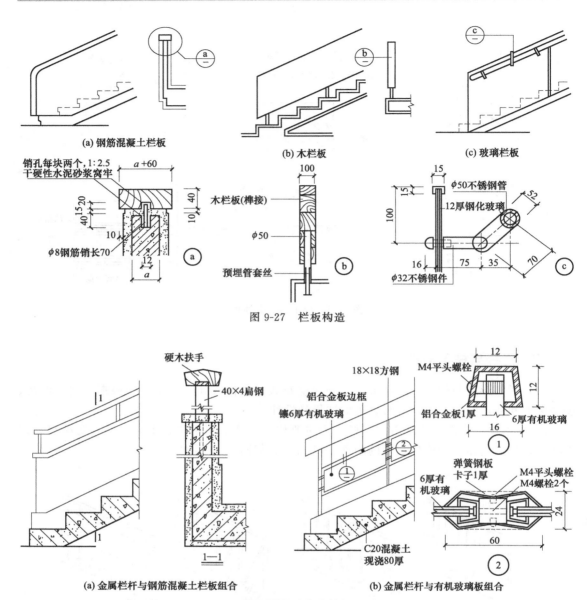

(a) 钢筋混凝土栏板　　(b) 木栏板　　(c) 玻璃栏板

图 9-27　栏板构造

(a) 金属栏杆与钢筋混凝土栏板组合　　(b) 金属栏杆与有机玻璃板组合

图 9-28　混合式栏板

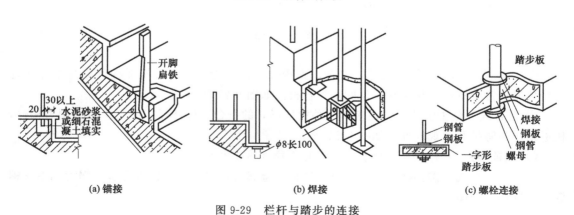

(a) 锚接　　(b) 焊接　　(c) 螺栓连接

图 9-29　栏杆与踏步的连接

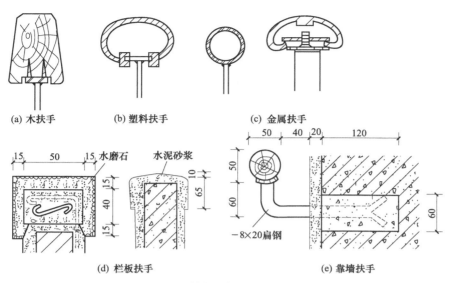

(a) 木扶手　　　(b) 塑料扶手　　　(c) 金属扶手

(d) 栏板扶手　　　　　　(e) 靠墙扶手

图 9-30　栏杆及栏板的扶手构造

【知识链接】

关注以下问题

1. 栏杆扶手与墙、柱的连接

栏杆扶手与墙、柱的连接见图 9-31。

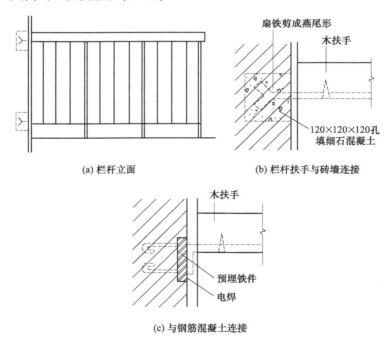

(a) 栏杆立面　　　　　　(b) 栏杆扶手与砖墙连接

(c) 与钢筋混凝土连接

图 9-31　栏杆扶手与墙、柱的连接

2. 栏杆扶手的起步、转折处理

起步扶手：将踏步、栏杆和扶手配合做成特殊形式，增加美观和栏杆刚度。如图 9-32 所示。

扶手转折：包括鹤颈扶手转折；栏杆扶手伸出踏步半步；上下梯段错开一步；上下扶手

分开。如图9-33所示。

3．楼梯基础——梯基处理

主要针对第一段斜板（第一跑）的下部支撑点的考虑。如图9-34所示。

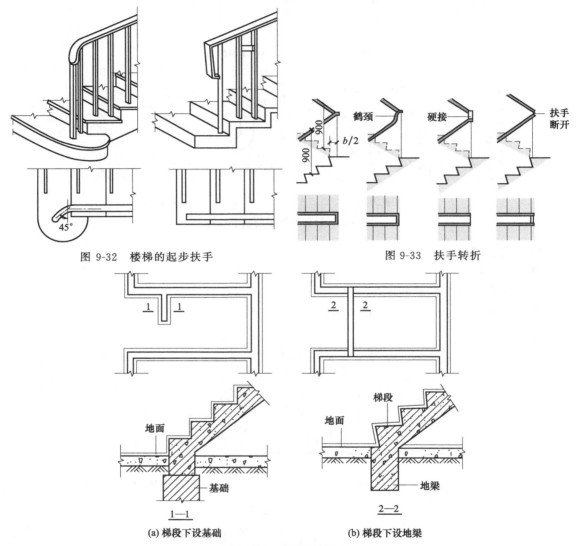

图9-32 楼梯的起步扶手　　　　　　图9-33 扶手转折

(a) 梯段下设基础　　　　　　　(b) 梯段下设地梁

图9-34 楼梯基础处理

9.5 室外台阶与坡道构造

台阶与坡道是用在建筑物的出入口，连接室内外高差的构件。一般建筑物多采用台阶，当有车辆通行或室内外地面高差较小时，可采用坡道。如图9-35所示。

9.5.1 台阶

台阶由踏步和平台组成。

台阶形式：单面踏步、两面踏步、三面踏步以及单面踏步带花池（花台）等。

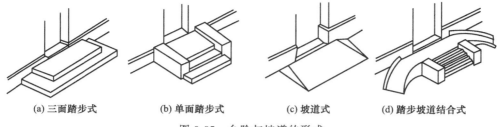

(a) 三面踏步式　　(b) 单面踏步式　　(c) 坡道式　　(d) 踏步坡道结合式

图 9-35　台阶与坡道的形式

台阶尺寸：顶部平台的宽度应大于所连通的门洞口宽度，一般每边至少宽出 500mm，室外台阶顶部平台的深度不应小于 1m。台阶面层标高应比首层室内地面标高低 10mm 左右，并向外作 1‰～2‰ 的坡度。台阶坡度较楼梯平缓，每级踏步高为 100～150mm，踏面宽为 300～400mm。当台阶高度超过 1m 时，宜有护栏设施。

台阶的形式和尺寸如图 9-36 所示。

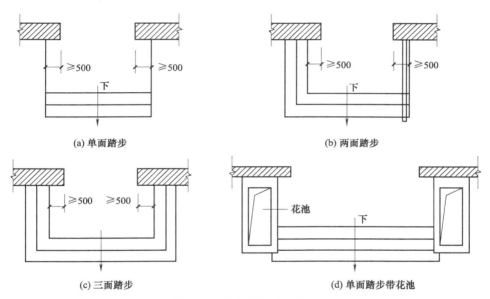

(a) 单面踏步　　　　　　　　　　　　(b) 两面踏步

(c) 三面踏步　　　　　　　　　　　　(d) 单面踏步带花池

图 9-36　台阶的形式和尺寸

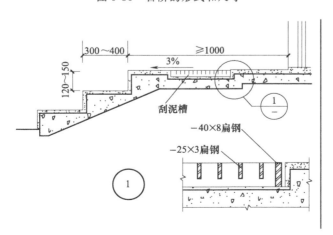

图 9-37　台阶细部做法

台阶细部的做法如图 9-37 所示。

台阶的构造——按照材料分有混凝土台阶 [图 9-38 （a）]、石砌台阶 [图 9-38 （b）]、砖砌台阶等。

按照建造方式分为：

（1）架空式台阶　将台阶支承在梁上或地垄墙上 [图 9-38 （c）]。

（2）分离式台阶　台阶单独设置，如支承在独立的地垄墙上。单独设立的台阶必须与主体分离，中间设沉降缝，以保证相互间的自由沉降。

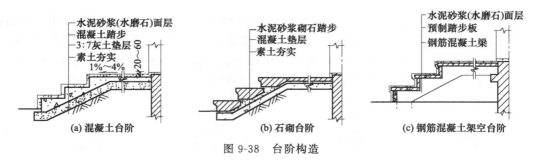

图 9-38　台阶构造

9.5.2　坡道

（1）坡道坡度　应以有利推车通行为佳，一般为 1/10～1/8，也有 1/30 的。还有些大型公共建筑，为考虑汽车能在大门入口处通行，常采用台阶与坡道相结合的形式。

（2）坡道的形式　有行车坡道和轮椅坡道两类。行车坡道分为普通行车坡道与回车坡道两种（图 9-39）。坡道多为单面坡形式，极少三面坡的，常用混凝土坡道设在公共建筑的出入口处。

坡道构造如图 9-40 所示。

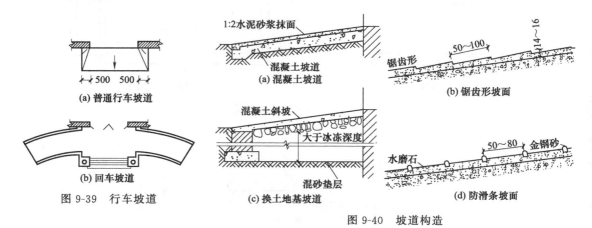

图 9-39　行车坡道

图 9-40　坡道构造

（3）坡道尺寸

① 普通行车坡道　宽度应大于所连通的门洞宽度，一般每边至少≥500mm。坡道的坡度与建筑的室内外高差和坡道的面层处理方法有关。

② 回车坡道　宽度与坡道半径及车辆规格有关，不同位置的坡道坡度和宽度应符合相关要求。

③ 轮椅坡道　坡度不宜大于 1：12，宽度不应小于 0.9m；每段坡道的坡度、允许最大

高度和水平长度应符合规定；当超过规定时，应在坡道中部设休息平台，其深度不小于1.2m；坡道在转弯处应设休息平台，其深度不小于1.5m。

④ 无障碍坡道　在坡道的起点和终点，应留有深度不小于1.50m的轮椅缓冲地带。

（4）坡道的构造　与台阶基本相同，一般采用实铺，垫层的强度和厚度应根据坡道的长度及上部荷载大小进行选择。严寒地区垫层下部设置砂垫层。坡道材料常见的有混凝土或石块等，面层亦以水泥砂浆居多，对经常处于潮湿、坡度较陡或采用水磨石作面层的，在其表面必须作防滑处理。

9.6　电梯与自动扶梯

9.6.1　电梯

9.6.1.1　电梯设置条件

① 当住宅的层数较多（7层及7层以上）或建筑从室外设计地面至最高楼面的高度超过16m以上时，应设置电梯。

② 4层及4层以上的门诊楼或病房楼，高级宾馆（建筑级别较高）、多层仓库及商店（使用有特殊需要）等，也应设置电梯。

③ 高层及超高层建筑达到规定要求时，还要设置消防电梯。

9.6.1.2　电梯的类型

按照电梯的用途不同：分为客梯、货梯、客货电梯、病床电梯、观光电梯、杂物梯等。

按照电梯的速度不同：分为高速电梯、中速电梯和低速电梯。

按照对电梯的消防要求：分为普通乘客电梯和消防电梯。

电梯分类及井道平面如图9-41所示。

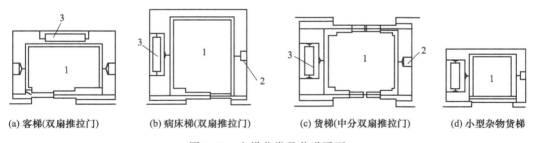

(a) 客梯(双扇推拉门)　　(b) 病床梯(双扇推拉门)　　(c) 货梯(中分双扇推拉门)　　(d) 小型杂物货梯

图9-41　电梯分类及井道平面

1—电梯厢；2—导轨及撑架；3—平衡重

9.6.1.3　电梯的布置要点

① 电梯间应布置在人流集中的地方，而且电梯前应有足够的等候面积，一般不小于电梯轿厢面积。供轮椅使用的候梯厅深度不应小于1.5m。

② 当需设多部电梯时，宜集中布置，有利于提高电梯使用效率，也便于管理维修。

③ 以电梯为主要垂直交通工具的高层公共建筑和12层及12层以上的高层住宅，每栋楼设置电梯的台数不应少于2台。

④ 电梯的布置方式有单面式和对面式。电梯不应在转角处紧邻布置，单侧排列的电梯不应超过4台，双侧排列的电梯不应超过8台。

9.6.1.4　电梯的组成

电梯由井道、机房和地坑三部分组成。

（1）电梯井道　电梯井道是电梯轿厢运行的通道，一般采用现浇混凝土墙；当建筑物高度不大时，也可以采用砖墙；观光电梯可采用玻璃幕墙。砖砌井道一般每隔一段应设置钢筋混凝土圈梁，供固定导轨等设备用。电梯井道应只供电梯使用，不允许布置无关的管线。速度不低于2m/s的载客电梯，应在井道顶部和底部设置不小于600mm×600mm带百叶窗的通风孔。

（2）机房　机房一般设在电梯井道的顶部。其平面及剖面尺寸均应满足设备的布置、方便操作和维修要求，并具有良好的采光和通风条件。其面积要大于井道的面积，通往机房的通道、楼梯和门的宽度不应小于1.20m。机房机座下设弹性垫层外，还应在机房下部设置隔声层。

（3）地坑　地坑深入地面，用于安装缓冲器、限速器、钢丝绳张紧装置等。由于深入了地面，因此要考虑防水，最好有排水设施。

电梯的组成如图9-42所示。

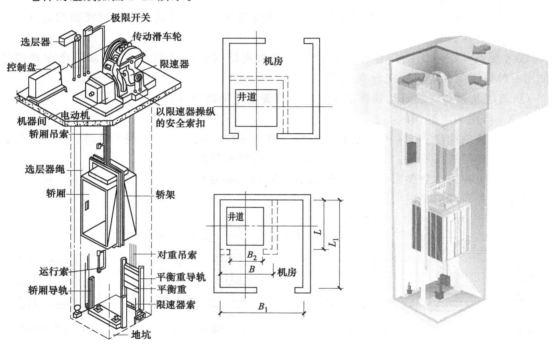

图9-42　电梯的组成

9.6.1.5　电梯井道构造

（1）电梯井道的构造设计应满足如下要求

① 平面尺寸　平面净尺寸应当满足电梯生产厂家提出的安装要求。

② 井道的防火　井道和机房四周的围护结构必须具备足够的防火性能，其耐火极限不低于该建筑物的耐火等级的规定。当井道内超过两部电梯时，需用防火结构隔开。

③ 井道的隔振与隔声　一般在机房的机座下设弹簧垫层隔振，并在机房下部设置1.5m左右的隔声层。如图9-43、图9-44所示。

④ 井道的通风　在井道的顶层和中部适当位置（高层时）及坑底处设置不小于300mm×600mm或面积不小于井道面积3.5%的通风口，通风口总面积的1/3应经常开启。

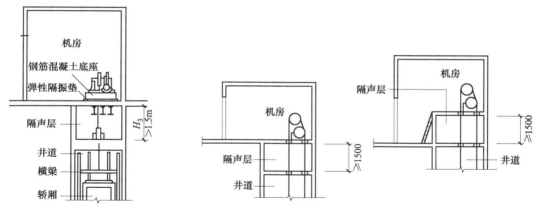

图 9-43　机房设置弹性垫层

图 9-44　机房设置隔声层

（2）电梯井道的细部构造

① 电梯门套　门套的构造做法应与电梯厅的装修相协调，常用的做法有水泥砂浆门套、水磨石门套、大理石门套、硬木板门套、金属板门套等，如图 9-45 所示。

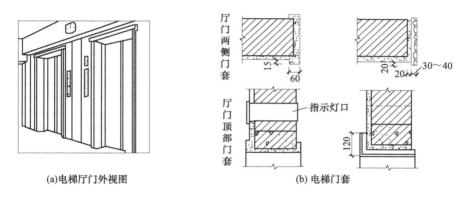

（a）电梯厅门外视图　　　　　　　　（b）电梯门套

图 9-45　电梯厅及电梯门套

② 电梯厅地面　可按照楼地面的常规处理

③ 导轨撑架的固定　导轨撑架与井道内壁的连接构造可采用锚接、栓接和焊接。

④ 厅门牛腿构造　电梯厅门轨道安装在挑出的牛腿上。如图 9-46 所示。

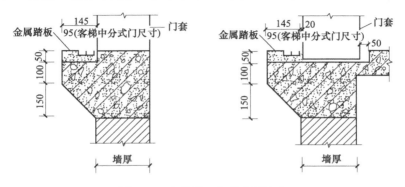

图 9-46　电梯厅口处的牛腿构造

9.6.2 自动扶梯

自动扶梯适用于有大量人流上下的公共场所，坡度一般采用30°，按运输能力分为单人、双人两种型号，其位置应设在大厅的突出明显位置。

自动扶梯由电动机械牵引，机房悬挂在楼板的下方，踏步与扶手同步，可以正向、逆向运行，在机械停止运转时，自动扶梯可作为普通楼梯使用。

自动扶梯的布置形式包括并联排列式、平行排列式、串联排列式、交叉排列式。如图9-47所示。

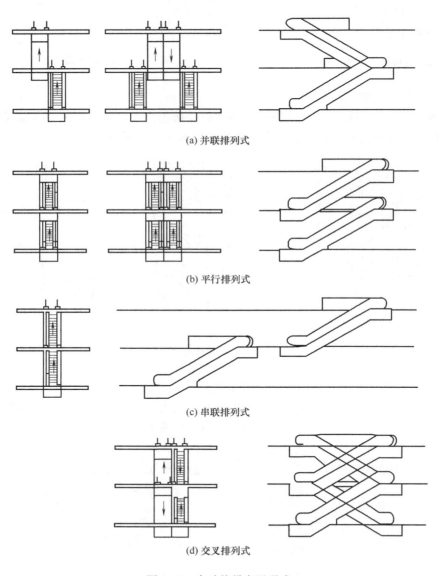

(a) 并联排列式

(b) 平行排列式

(c) 串联排列式

(d) 交叉排列式

图 9-47　自动扶梯布置形式

扶梯尺寸和参数：自动扶梯的倾斜角不应超过30°，当提升高度不超过6m、额定速度不超过0.50m/s时，倾斜角允许增至35°；倾斜式自动人行道的倾斜角不应超过12°。宽度可设为 600mm（单人）、800mm（单人携物）、1000mm、1200mm（双人）。自动扶梯与扶梯边缘楼板之间的安全间距应不小于 400mm。如图 9-48、图 9-49 所示。

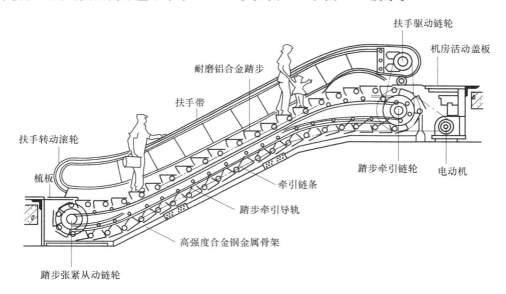

图 9-48 扶梯组成

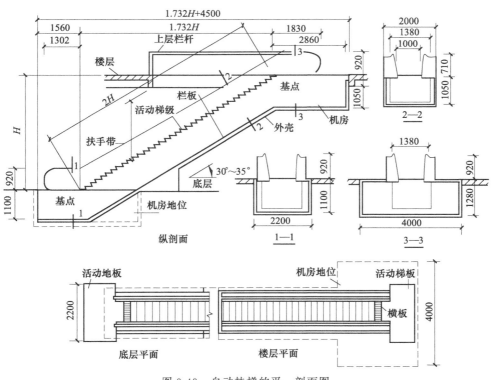

图 9-49 自动扶梯的平、剖面图

小　　结

1. 楼梯、电梯、自动扶梯是建筑的垂直交通设施，虽然在有些建筑中电梯和自动扶梯已成为主要的垂直交通，但楼梯仍然要担负紧急情况下安全疏散的任务。

2. 楼梯的基本要求是通行顺畅、行走舒适、坚固、耐久、安全；楼梯的类型、形式较多，一般坡度为25°~45°，踏步高宽应符合建筑设计规范的要求；一般扶手的高度为900mm左右。净空高度：平台上部为2m，梯段上部为2.2m。楼梯段是楼梯的重要组成部分，其坡度、踏步尺寸和细部构造处理对楼梯的使用影响较大。楼梯面层可用不同的材料，踏口要作防滑处理；栏杆、栏板及扶手可用不同材料制作，与梯段要有可靠连接。

3. 钢筋混凝土楼梯具有很多优点，应用较广。整浇式分为板式楼梯和梁式楼梯。

4. 台阶和坡道作为楼梯的一种特殊形式，在建筑中主要用于室内外有高差地面的过渡。台阶有架空式和分离式台阶两种处理方式。

5. 电梯在高层建筑和部分多层建筑中使用频繁，要注意其布置方式；它由井道、机房、轿厢三部分组成。自动扶梯主要用于商场类的人流较多的大型公共建筑。

拓 展 训 练

一、单选题

1. 由梯段、梯段斜梁、平台板和平台梁组成的楼梯是（　　　）。

A. 板式楼梯　　　　　B. 梁式楼梯　　　　　C. 梁板式楼梯　　　　　D. 螺旋式楼梯

2. 楼梯的连续踏步阶数最多不超过多少级？（　　　）

A. 28　　　　　　　　B. 32　　　　　　　　C. 18　　　　　　　　D. 12

3. 现浇式钢筋混凝土梁板式楼梯的梁和板分别是指（　　　）。

A. 平台梁和平台板　　　　　　　　　　B. 斜梁和梯段板

C. 平台梁和梯段板　　　　　　　　　　D. 斜梁和平台板

4. 当住宅楼梯底层中间平台下设置通道时，底层中间平台下的净空高度应不小于（　　　）。

A. 1900mm　　　　　B. 2000mm　　　　　C. 2100mm　　　　　D. 2200mm

5. 一般建筑物楼梯应至少满足两股人流通行，楼梯段的宽度不小于（　　　）。

A. 900mm　　　　　　B. 1000mm　　　　　C. 1100mm　　　　　D. 1200mm

6. 在楼梯形式中，不宜用于疏散楼梯的是（　　　）。

A. 直跑楼梯　　　　　B. 两跑楼梯　　　　　C. 剪刀楼梯　　　　　D. 螺旋形楼梯

7. 常见楼梯的坡度范围为（　　　）。

A. 30°~60°　　　　　B. 20°~45°　　　　　C. 45°~60°　　　　　D. 30°~45°

8. 楼梯平台处的净高不小于多少？（　　　）

A. 2.0m　　　　　　　B. 2.1m　　　　　　　C. 1.9m　　　　　　　D. 2.2m

9. 民用建筑中，楼梯踏步的高度 h，宽 b 正确的公式是（　　　）。

A. $2h+b=450$~600mm　　　　　　　　B. $2h+b=600$~620mm

C. $h+b=500$~600mm　　　　　　　　D. $h+b=350$~450mm

10. 楼梯的连续踏步阶数最少为多少？（　　　）

A. 2阶　　　　　　　　B. 1阶　　　　　　　　C. 4阶　　　　　　　　D. 3阶

二、多选题

楼梯段基础的做法有在楼梯段下设（　　　）等方式。

A. 设砖基础　　　　　B. 设石基础　　　　　C. 设混凝土基础

D.　设地梁　　E.　不设基础

三、简答题

1. 楼梯的功能和设计要求是什么？

2. 简述楼梯的组成与作用。

3. 楼梯平台下作通道时有何要求？可采取哪些方法予以解决？

4. 室外台阶的组成、形式、构造要求及做法如何？

5. 坡道如何进行防滑？

6. 在设计踏步宽度时，当楼梯间深度受到限制，致使踏面宽不足，该如何处理？

任务 9 参考答案

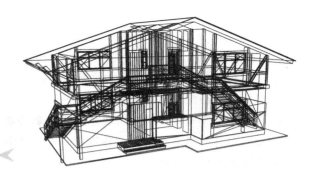

任务 10

屋顶

  能力目标

1. 能正确辨别屋顶类型。
2. 能正确分析屋顶排水组织设计、防水方案。
3. 能正确选择屋顶防水材料、保温隔热材料，进行屋顶及节点详图分析。

知识目标

1. 了解屋顶的类型及设计要求。
2. 掌握平屋顶构造做法和坡屋顶构造做法。
3. 熟练掌握屋顶防水处理。
4. 掌握屋顶的排水组织设计。

  导入案例

分析如图 10-1 所示有阁楼的住宅楼和平顶的住宅楼的不同。

(a)　　　　　　　　　　　　　　　　(b)

图 10-1　有阁楼的住宅楼（a）和平顶的住宅楼（b）

任务布置

1. 分析校园建筑的屋顶类型和排水方案。
2. 观察屋顶的檐口情况，是否有凸出屋面部分？

实践提示

1. 关注屋面情况对建筑造型的影响。
2. 屋面排水方案与防水方案的关联性。

10.1　屋顶的作用、类型和要求

10.1.1　屋顶的作用

屋顶主要有三个作用：承重、围护、装饰建筑立面。

10.1.2　屋顶的类型

按其外形一般可分为平屋顶、坡屋顶、其他形式的屋顶。

平屋顶：屋面排水坡度小于5％的屋顶，常用的坡度为2％～3％。

坡屋顶：指屋面排水坡度在10％以上的屋顶。

曲面屋顶：一般适用于大跨度的公共建筑中。

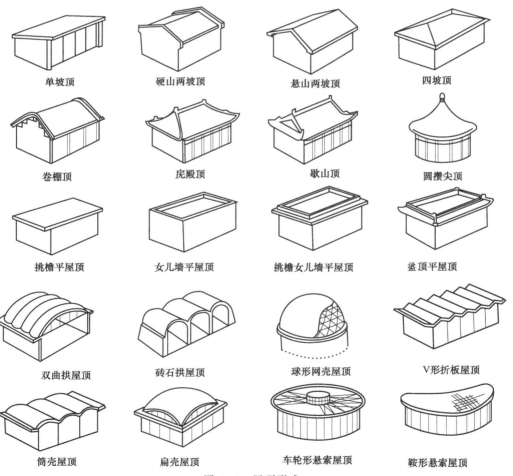

图 10-2　屋顶形式

屋顶形式如图 10-2 所示。

大跨度的空间屋顶如图 10-3 所示。

(a) 拱屋顶

(b) 薄壳屋顶

(c) 悬索屋顶   (d) 折板屋顶

图 10-3   大跨度的空间屋顶

10.1.3 屋顶的设计要求

主要考虑其功能（抵御风、霜、雨、雪的侵袭）、结构、建筑艺术等方面的要求。

（1）强度和刚度要求   应有足够的强度和刚度，以保证房屋的结构安全。以承受作用于其上的各种荷载的作用，防止变形过大导致屋面防水层开裂而渗水。

（2）防水和排水要求   屋顶防水、排水是屋顶构造设计应满足的基本要求。在屋顶的构造设计中主要是依靠"防"和"排"的共同作用来完成防水要求。在《屋面工程技术规范》（GB 50345—2012）中规定的屋面的防水等级和防水要求见表 10-1。

表 10-1   屋面的防水等级和防水要求

防水等级	建筑物类别	设防要求
Ⅰ级	重要建筑和高层建筑	两道防水设防
Ⅱ级	一般建筑	一道防水设防

（3）保温和隔热要求   屋顶作为建筑物最上层的外围护结构，应具有良好的保温隔热的性能。在严寒和寒冷地区，屋顶构造设计应主要满足冬季保温的要求，尽量减少室内热量的散失；在温暖和炎热地区，屋顶构造设计应主要满足夏季隔热的要求，避免室外高温及强烈

的太阳辐射对室内生活和工作的不利影响。

（4）技术与经济要求 屋顶还应满足构造简单、自重轻、取材方便、经济合理的要求。

（5）美观要求 屋顶的形式对建筑的造型极具影响，满足人们对建筑艺术方面的需求。提高建筑物的整体美观效果，是建筑设计中不容忽视的问题。

（6）其他要求 绿化要求——设计屋顶花园；消防扑救和疏散要求——屋盖设置直升飞机停机坪；节能要求——在屋顶安装太阳能集热器等。

10.1.4 屋顶的组成

屋顶的组成主要由屋面面层、承重结构、附加功能层和顶棚等部分组成。如图10-4所示。

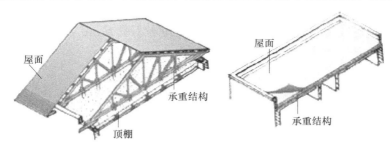

图10-4 屋顶组成

（1）屋顶面层 防止外界自然因素的影响（隔雨、辐射）。

（2）承重结构 平面结构，屋架、板梁结构，薄壳、网架等。

（3）附加功能层 保温隔热等。

（4）顶棚层 天花（同楼面）。

10.1.5 屋顶的坡度

（1）屋顶坡度的表示方法 常用的坡度表示方法有角度法、斜率法和百分数法。坡屋顶多采用斜率法，平屋顶多采用百分比法。如图10-5所示。

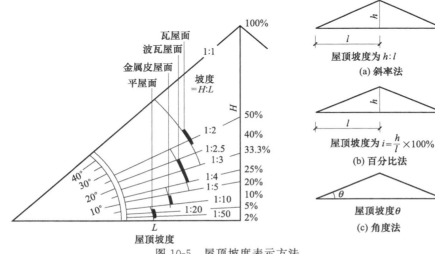

图10-5 屋顶坡度表示方法

（2）影响屋顶坡度的因素

① 防水材料的影响　防水材料的防水性能与尺寸大小有关,若防水材料为小尺寸,那接缝必然就较多,容易产生缝隙渗漏,因而屋面应有较大的排水坡度,以便将屋面积水迅速排除。如果屋面的防水材料覆盖面积大,接缝少而且严密,屋面的排水坡度就可以小一些。

② 年降雨量大小的影响　降雨量大的地区,屋面渗漏的可能性较大,屋顶的排水坡度应适当加大;反之,屋顶排水坡度则宜小一些。

③ 其他因素的影响　其他影响因素包括屋顶的结构形式、建筑造型要求、是否是上人屋面、经济条件等。如:建筑进深较大致使屋面排水路线较长、屋面有上人活动的要求、屋面蓄水等,屋面坡度可小些。

（3）坡度的形成

① 材料找坡　在屋面板上采用轻质材料铺垫而形成屋面坡度。常用找坡材料有水泥炉渣、石灰炉渣等;找坡坡度宜为 2% 左右,最薄处应不小于 30mm 厚。如果屋面有保温要求时,可利用屋面保温层兼作找坡层。

优点:可获得水平室内顶棚面,空间完整,便于直接利用。

缺点:找坡材料增加屋面自重。

② 结构找坡　将屋面板倾斜地搁置在下部的承重墙或屋面梁及屋架上而形成屋面坡度。

优点:屋面荷载小,施工简便,造价经济。

缺点:室内顶棚倾斜,室内设吊顶棚或要求不高的建筑。

10.2　平屋顶的构造分析

10.2.1　平屋顶的构造组成

（1）屋面　是屋顶最上面的表面层次,要承受施工荷载和使用时的维修荷载,以及自然界风吹、日晒、雨淋、大气腐蚀等的长期作用,因此屋面材料应有一定的强度、良好的防水性和耐久性能。

（2）承重结构　承受屋面传来的各种荷载和屋顶自重。

（3）顶棚　顶棚位于屋顶的底部,用来满足室内对顶部的平整度和美观要求。

（4）保温隔热层　当对屋顶有保温隔热要求时,需要在屋顶中设置相应的保温隔热层,以防止外界温度变化对建筑物室内空间带来的影响。

10.2.2　平屋顶的排水

10.2.2.1　排水方式

（1）无组织排水　是指屋面雨水直接从檐口滴落至地面的一种排水方式,因为不用天沟、雨水管等导流雨水,故又称自由落水。一般适用于低层建筑、少雨地区建筑及积灰较多的工业厂房。

（2）有组织排水　是指雨水经由天沟、雨水管等排水装置被引导至地面或地下管沟的一种排水方式。按照雨水管竖管的位置,有组织排水分为外排水和内排水。

① 外排水　屋顶雨水由室外雨水管排到室外的排水方式。按照檐沟在屋顶的位置,外排水的檐口形式有:沿屋面四周设檐沟、沿纵墙设檐沟、女儿墙外设檐沟、女儿墙内设檐沟等。如图 10-6 所示。

②　内排水　屋顶雨水由设在室内的雨水管排到地下排水系统的排水方式。常用于大面积多跨屋面、高层建筑以及严寒地区。如图10-7所示。

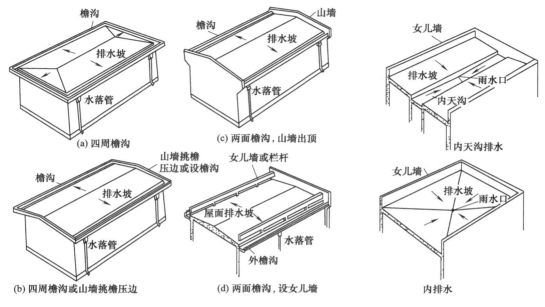

图10-6　平屋顶的外排水

图10-7　平屋顶的内排水

当房屋宽度较大时，可在房屋中间设一纵向天沟形成内排水，这种方案特别适用于内廊式多层或高层建筑。雨水管可布置在走廊内，不影响走廊两旁的房间。在两跨交界处也常需要设置内天沟来汇集低跨屋面的雨水，高低跨可共用一根雨水管。如图10-8所示。

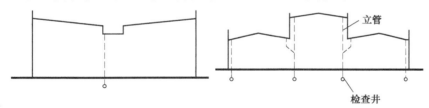

图10-8　内走道建筑和高低屋面的排水示意

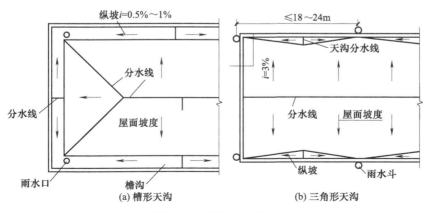

图10-9　天沟沟造形式

10.2.2.2 排水装置

（1）天沟　汇集屋顶雨水的沟槽，有钢筋混凝土槽形天沟和在屋面板上用找坡材料形成的三角形天沟两种。如图 10-9 所示。

（2）雨水口　雨水口是将天沟的雨水汇集至雨水管的连通构件，雨水口有设在檐沟底部的直管式雨水口和设在女儿墙根部的弯管式雨水口两种。如图 10-10 所示。

（3）雨水管　排水竖管。

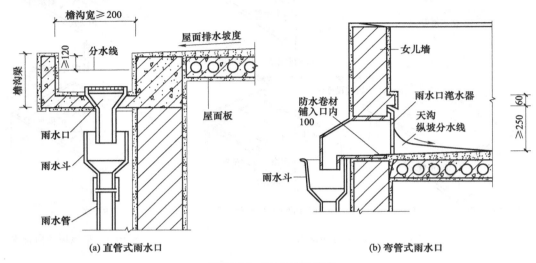

（a）直管式雨水口　　　　　　　　　　（b）弯管式雨水口

图 10-10　雨水口的构造

10.2.2.3 屋面排水组织设计

【小技巧】

屋面排水组织设计的一般步骤：

1. 定屋面排水坡度；

2. 定排水方式；

3. 划分排水区域；

4. 定檐沟的断面形状、尺寸以及坡度；

5. 定雨水管所用材料、口径大小，布置雨水管；

6. 进行檐口、泛水、雨水口等细部节点构造设计；

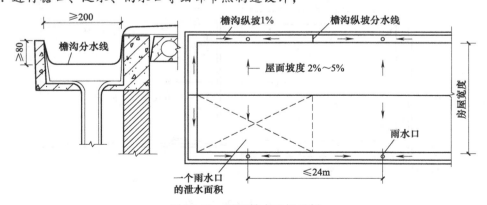

图 10-11　屋面排水组织示例

7. 绘出屋顶平面排水图及各节点详图。

屋面排水组织示例如图 10-11 所示。

【注意】

单坡排水的屋面宽度不宜超过 12m，矩形天沟净宽不宜小于 200mm，分水线处最小深度大于 120mm。落水管的内径不宜小于 75mm，落水管间距一般在 18～24m 之间，每根落水管可排除约 200m² 的屋面雨水。

10.2.3 平屋顶的防水

10.2.3.1 柔性防水屋面

具有良好的延伸性、能较好地适应结构变形和温度变化的材料做防水层的屋面。用防水卷材和胶结材料分层粘贴形成防水层，故也称为卷材防水屋面，具有优良的防水性和耐久性，因而被广泛采用。

卷材防水材料主要是防水卷材和黏结剂。防水卷材包括沥青类防水卷材、高聚物改性沥青类防水卷材、合成高分子类防水卷材。黏结剂包括沥青卷材黏结剂（沥青胶、冷底子油等）、高聚物改性沥青卷材、高分子卷材黏结剂、相应匹配的氯丁胶等。

（1）卷材防水屋面构造 构造层次由下而上：顶棚层—结构层—找坡层（选设）—找平层—结合层—防水层—保护层。如图 10-12 所示。

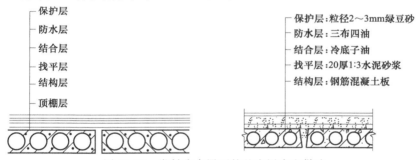

图 10-12 卷材防水屋面的基本层次和做法

（2）细部构造

① 泛水构造 泛水是指屋面防水层与垂直屋面凸出物交接处的防水处理。

突出于屋面之上的女儿墙、烟囱、楼梯间、变形缝、检修孔、立管等的壁面与屋顶的交接处是最容易漏水的地方，必须将屋面防水层延伸到这些垂直面上，形成立铺的防水层。铺贴泛水处的卷材应采取满粘法，即卷材下满涂一层胶结材料；泛水应有足够的高度，迎水面不低于 250mm，非迎水面不低于 180mm，并加铺一层卷材；屋面与立墙交接处应做成弧形（$R=50\sim100\text{mm}$）或 45° 斜面，使卷材紧贴于找平层上，而不致出现空鼓现象；做好泛水的收头固定，当女儿墙较低时，卷材收头可直接铺压在女儿墙压顶下，压顶做好防水处理；当女儿墙为砖墙时，可在砖墙上预留凹槽，卷材收头应压入凹槽内固定密封，凹槽距屋面找平层最低高度不小于 250mm，凹槽上部的墙体应做好防水处理。当女儿墙为混凝土时，卷材收头直接用压条固定于墙上，用金属或合成高分子盖板作挡雨板，并用密封材料封固缝隙，以防雨水渗漏。泛水构造如图 10-13 所示。

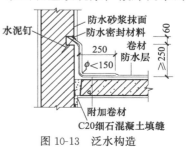

图 10-13 泛水构造

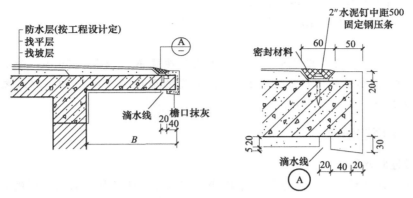

图 10-14　自由落水檐口构造

②　檐口构造　柔性防水屋面的檐口构造有无组织排水（自由落水）挑檐（图 10-14）和有组织排水挑檐（图 10-15）及女儿墙檐口（图 10-16）等多种。无组织排水檐口卷材收头应固定密封，在距檐口卷材收头 800mm 范围内，卷材应采取满粘法；有组织排水在檐沟与屋面交接处应增铺附加层，且附加层宜空铺，空铺宽度应为 200mm，卷材收头应密封固定，同时檐口饰面要做好滴水；女儿墙檐口构造处理的关键是做好泛水的构造处理。女儿墙顶部通常做混凝土压顶，并设有坡度坡向屋面。

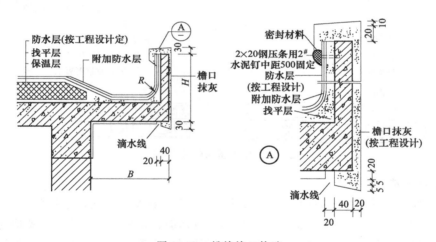

图 10-15　挑檐檐口构造

③　落水口构造　落水口要结合排水口是直管式还是弯管式。在构造上要求排水通畅、防止渗漏水堵塞。直管式水落口为防止其周边漏水，应加铺一层卷材并贴入连接管内 100mm，落水口上用定型铸铁罩或铅丝球盖住，用油膏嵌缝。弯管式落水口穿过女儿墙预留孔洞内，屋面防水层应铺入落水口内壁四周不小于 100mm，并安装铸铁算子以防杂物流入造成堵塞。

落水口处的防水处理如图 10-17 所示。

④　屋面检修孔、屋面出入口构造　如图 10-18 所示。

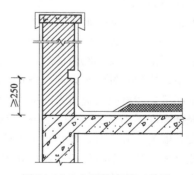

图 10-16　女儿墙内檐口构造

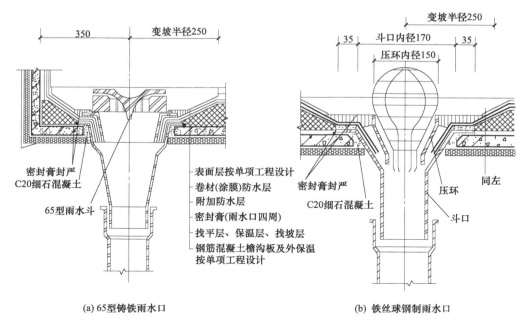

变坡半径250

350

密封膏封严
C20细石混凝土

65型雨水斗

表面层按单项工程设计
卷材(涂膜)防水层
附加防水层
密封膏(雨水口四周)
找平层、保温层、找坡层
钢筋混凝土檐沟板及外保温
按单项工程设计

(a) 65型铸铁雨水口

变坡半径250

35   斗口内径170   35
压环内径150

密封膏封严
C20细石混凝土

压环

斗口

同左

(b) 铁丝球钢制雨水口

图 10-17　落水口处的防水处理

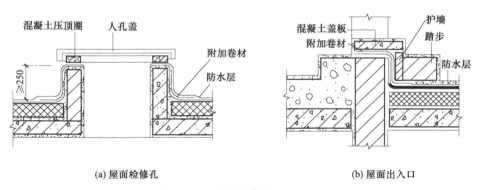

混凝土压顶圈　人孔盖

≥250

附加卷材

防水层

混凝土盖板
附加卷材

护墙
踏步

防水层

(a) 屋面检修孔

(b) 屋面出入口

图 10-18　屋面检修孔和出入口

10.2.3.2　刚性防水屋面

刚性防水屋面是指以刚性材料作为防水层的屋面，如防水砂浆、细石混凝土、配筋细石混凝土防水屋面等。这种屋面具有构造简单、施工方便、造价低廉的优点，但对温度变化和结构变形较敏感，容易产生裂缝而渗水。故多用于我国南方地区的建筑。

（1）刚性防水屋面构造　构造层次：一般由结构层、找平层、隔离层和防水层组成。如图 10-19 所示。

① 结构层　结构层必须具有足够的强度和刚

防水层:40厚C25级细石混凝土内配
φ4双向钢筋网片,间距100～200
隔离层:纸筋灰或干铺油毡,或低标号砂浆
找平层:20厚1:3水泥砂浆
结构层:钢筋混凝土板

图 10-19　刚性防水屋面层次

度，故通常采用现浇或预制的钢筋混凝土屋面板。刚性防水屋面一般为结构找坡，坡度以

3‰～5‰为宜。

② 找平层 为了保证防水层厚薄均匀，通常应在预制钢筋混凝土屋面板上先做一层找平层，找平层的做法一般为 20mm 厚 1:3 水泥砂浆，若屋面板为现浇时可不设此层。

③ 隔离层 先在屋面结构层上用水泥砂浆找平，再铺设沥青、废机油、油毡、油纸、黏土、石灰砂浆、纸筋灰等。有保温层或找坡层的屋面，也可利用它们作隔离层。

④ 防水层 做法有防水砂浆抹面和现浇配筋细石混凝土面层两种。目前，通常采用后一种。具体做法是现浇不小于 40mm 厚的细石混凝土，内配 $\phi4$ 或 $\phi6$，间距为 100～200mm 的双向钢筋网片。由于裂缝容易出现在面层，钢筋应居中偏上，使上面有 15mm 厚的保护层即可。为使细石混凝土更为密实，可在混凝土内掺外加剂，如膨胀剂、减水剂、防水剂等，以提高其抗渗性能。如图10-20所示。

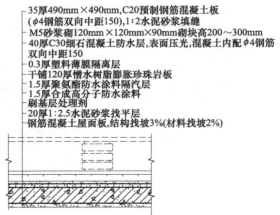

- 35厚490mm×490mm,C20预制钢筋混凝土板
  ($\phi4$钢筋双向中距150),1:2水泥砂浆填缝
- M5砂浆砌120mm×120mm×90mm砌块高200～300mm
- 40厚C30细石混凝土防水层,表面压光,混凝土内配$\phi4$钢筋双向中距150
- 0.3厚塑料薄膜隔离层
- 干铺120厚憎水树脂膨胀珍珠岩板
- 1.5厚聚氨酯防水涂料隔汽层
- 1.5厚合成高分子防水涂料
- 刷基层处理剂
- 20厚1:2.5水泥砂浆找平层
- 钢筋混凝土屋面板,结构找坡3%(材料找坡2%)

图 10-20 细石混凝土防水上人屋面

（2）细部构造

① 分格缝构造 刚性防水屋面的分格缝应设置在屋面温度年温差变形的许可范围内和

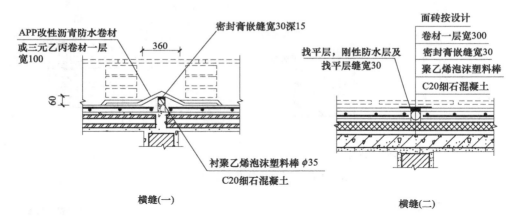

横缝(一)　　　　　　　横缝(二)

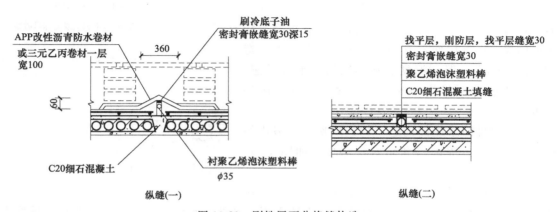

纵缝(一)　　　　　　　纵缝(二)

图 10-21 刚性屋面分格缝构造

结构变形敏感的部位。因此，分格缝的纵横间距一般不宜大于 6m，且应设在屋面板的支承端、屋面转折处、防水层与凸出屋面结构的交接处，并应与屋面板板缝对齐。分格缝宽一般为 20～40mm，为了有利于伸缩，首先应将缝内防水层的钢筋网片断开，然后用弹性材料（如泡沫塑料或沥青麻丝）填底，密封材料嵌填缝上口，最后在密封材料的上部还应铺贴一层防水卷材。如图 10-21 所示。

　　② 泛水构造　刚性防水屋面的泛水构造要点与卷材屋面基本相同。不同的地方是：刚性防水层与屋面突出物（女儿墙、烟囱等）间须留分格缝，即可先预留宽度为 30mm 的缝隙，并且用密封材料嵌填，再铺设一层卷材或涂抹一层涂膜附加层，收头做法与柔性防水屋面泛水做法相同。如图 10-22 所示。

　　③ 檐口构造　檐口形式有自由落水挑檐、有组织挑檐沟外排水及女儿墙外排水檐口。自由落水挑檐可用挑梁铺屋面板，将防水层做到檐口，注意在收口处做滴水线（图 10-23）。挑檐沟有现浇和预制两种，可将屋面防水层直接做到檐沟，并挑出屋面，做出滴水线（图10-24）。女儿墙外排水檐口处常做成矩形断面天沟，做法与前面女儿墙泛水相同，天沟内需铺设纵向排水坡（图 10-25）。

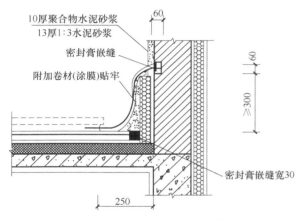

图 10-22　刚性防水屋面泛水构造

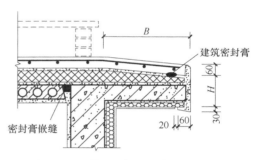

图 10-23　刚性防水自由落水檐口构造

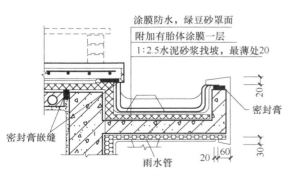

图 10-24　刚性防水挑檐沟构造

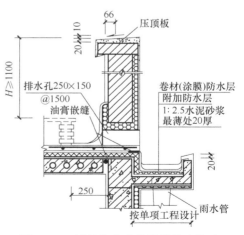

图 10-25　刚性防水女儿墙挑檐沟构造

④ **落水口构造** 刚性防水屋面的雨水口有直管式和弯管式两种做法，直管式一般用于挑檐沟外排水的雨水口，弯管式用于女儿墙外排水的雨水口。如图 10-26 所示。

直管式雨水口：直管式雨水口有多种型号，可根据降雨量和汇水面积加以选择。直管式雨水口为防止雨水从雨水口套管与沟底接缝处渗漏，应在雨水口周边加铺柔性防水层并铺至套管内壁，檐口处浇筑的混凝土防水层应覆盖于附加的柔性防水层之上，并于防水层与雨水口之间用油膏嵌实。

弯管式雨水口：弯管式雨水口一般用铸铁做成弯头。雨水口安装时，在雨水口处的屋面应加铺附加卷材与弯头搭接，其搭接长度不小于 100mm，然后浇筑混凝土防水层，防水层与弯头交接处需用油膏嵌缝。

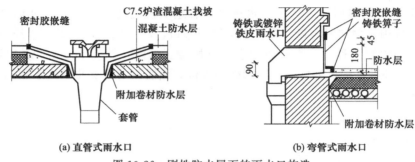

(a) 直管式雨水口　　　　　　　(b) 弯管式雨水口

图 10-26　刚性防水屋面的雨水口构造

10.2.3.3　涂膜防水屋面

涂膜防水屋面是用防水材料涂刷在屋面基层上，利用涂料干燥或固化后不透水的性能来达到防水目的，因其抗老化与变形能力较差，所以主要用于Ⅲ、Ⅳ级的屋面防水，也可用作Ⅰ、Ⅱ级屋面多道防水设防中的一道。

涂膜防水屋面材料主要是涂料和胎体增强材料。

涂料：种类很多，按其溶剂或稀释剂的类型可分为溶剂型、水溶液型、乳液型等；按施工方法可分为热熔型、常温型等。

胎体增强材料：配合涂料，以增强涂层的贴附覆盖能力和抗变形能力，使用较多的胎体增强材料有中性玻璃纤维网格布或中碱玻璃布、聚酯无纺布等。

涂膜防水屋面构造层次：主要有找平层、底涂层、中涂层和面层。如图 10-27、图10-28 所示。

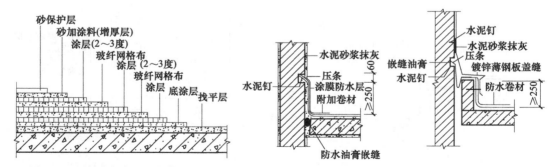

图 10-27　涂膜防水屋面的构造层次　　　图 10-28　涂膜防水屋面的泛水构造

涂膜防水屋面的细部构造要求及做法类同于卷材防水屋面，可参照去做。

10.2.4　平屋顶的保温与隔热

10.2.4.1　平屋顶的保温

（1）保温材料类型　保温材料多为轻质多孔材料，一般可分为以下三种类型：

① 散料类　常用炉渣、矿渣、膨胀蛭石、膨胀珍珠岩等。

② 整体类　是指以散料作骨料，掺入一定量的胶结材料，现场浇筑而成。如水泥炉渣、水泥膨胀蛭石、水泥膨胀珍珠岩及沥青膨胀蛭石和沥青膨胀珍珠岩等。

③ 板块类　是指利用骨料和胶结材料由工厂制作而成的板块状材料，如加气混凝土、泡沫混凝土、膨胀蛭石、膨胀珍珠岩、泡沫塑料等块材或板材等。

（2）平屋顶的保温构造　保温卷材防水屋面与非保温卷材防水屋面的区别是增设了保温层，构造需要相应增加了找平层、结合层和隔汽层。设置隔汽层的目的是防止室内水蒸气渗入保温层，使保温层受潮而降低保温效果。隔汽层的一般做法是在 20mm 厚 1：3 水泥砂浆找平层上刷冷底子油两道作为结合层，结合层上做一布二油或两道热沥青隔汽层。

正铺保温层：即保温层位于结构层与防水层之间。

倒铺保温层：即保温层位于防水层之上。

保温层与结构层结合有三种做法：一是保温层设在槽形板的下面；二是保温层放在槽形板朝上的槽口内；三是将保温层与结构层融为一体。如图 10-29 所示。

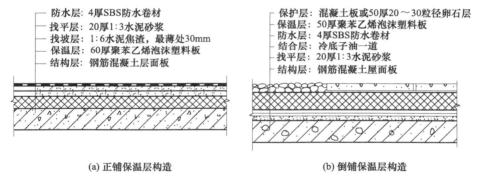

防水层：4厚SBS防水卷材
找平层：20厚1:3水泥砂浆
找坡层：1:6水泥焦渣，最薄处30mm
保温层：60厚聚苯乙烯泡沫塑料板
结构层：钢筋混凝土层面板

保护层：混凝土板或50厚20～30粒径卵石层
保温层：50厚聚苯乙烯泡沫塑料板
防水层：4厚SBS防水卷材
结合层：冷底子油一道
找平层：20厚1:3水泥砂浆
结构层：钢筋混凝土屋面板

(a) 正铺保温层构造　　　　　　　(b) 倒铺保温层构造

图 10-29　保温屋面的做法

10.2.4.2　平屋顶的隔热

（1）通风隔热　在屋顶设置通风的空气间层，利用空气的流动性带走热量。一般分为两种做法：一种是通风层设在结构层下面，做成顶棚通风层；另一种是通风层设在结构层上面，采用大阶砖或预制板的方式。如图 10-30、图 10-31 所示。

（2）实体材料隔热　利用材料的热稳定性使屋顶内表面温度比外表面温度有较大的降低（蓄水屋面、种植屋面），如图 10-32 所示。

（3）反射降温　在屋面铺浅色的砾石或刷浅色涂料等，利用浅色材料的颜色和光滑度对热辐射的反射作用，将屋面的太阳辐射热反射出去，从而达到降温隔热的作用。

（4）遮阳设施　在屋面上设置一些遮阳构件。可以采用遮阳板挡住直射屋顶的阳光。

（5）太阳能屋顶　把光伏技术运用于屋顶，充分收集太阳能，并转化为电能为建筑使用，光伏系统是一种无污染、无噪声的绿色能源系统，目前已经有太阳能瓦屋面，极大改善了屋面的造型和外观，有着很好的应用推广价值。

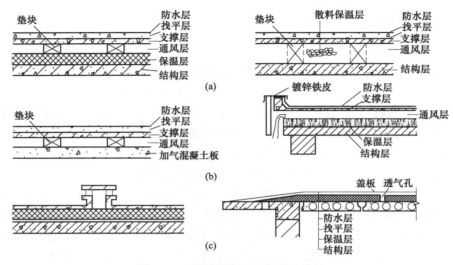

图 10-30 平屋顶保温透气层的设置

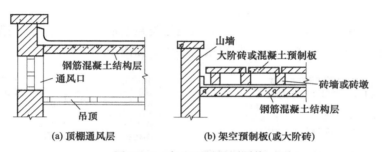

(a) 顶棚通风层　　　　**(b) 架空预制板(或大阶砖)**

图 10-31 架空通风屋顶隔热

(a) 反射屋面

(b) 蓄水屋面

(c) 种植屋面

(d) 遮阳屋顶

(e) 太阳能光电板屋面

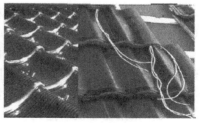

(f) 太阳能光电瓦屋面

图 10-32 各种隔热屋面

10.3　坡屋顶的构造

10.3.1　坡屋顶的组成

坡屋顶由承重结构、屋面、顶棚、保温隔热层组成。

10.3.2　坡屋顶的承重结构

坡屋顶的承重结构方式如图 10-33 所示。

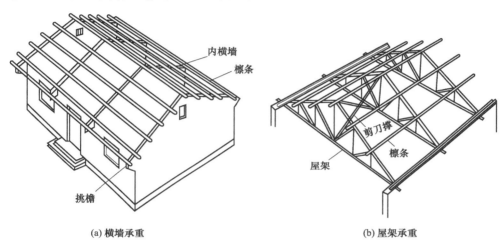

(a) 横墙承重　　　　　　　　　　　(b) 屋架承重

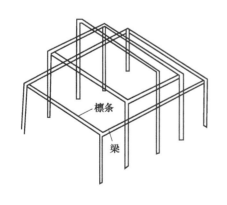

(c) 梁架承重

图 10-33　坡屋顶的承重结构方式

（1）横墙承重　将横墙顶部按屋面坡度大小砌成三角形，在墙上直接搁置檩条或钢筋混凝土屋面板支承屋面传来的荷载，又叫硬山搁檩。有构造简单、施工方便、节约木材，有利于防火和隔声等优点，但房间开间尺寸受限制，适用于住宅、旅馆等开间较小的建筑。

(2) 屋架承重　屋架是由多个杆件组合而成的承重桁架，可用木材、钢材、钢筋混凝土制作，形状有三角形、梯形、拱形、折线形等。屋架支承在纵向外墙或柱上，上面搁置檩条或钢筋混凝土屋面板承受屋面传来的荷载。特点：屋架承重与横墙承重相比，可以省去横墙，使房屋内部有较大的空间，增加了内部空间划分的灵活性。

(3) 梁架承重　采用木梁、木檩构成一个整体骨架，支承荷载。

10.3.3　坡屋顶的屋面构造

(1) 平瓦屋面做法　坡屋顶屋面一般是利用各种瓦材，如平瓦、波形瓦、小青瓦等作为屋面防水材料。近些年来还有不少采用金属瓦屋面、彩色压型钢板屋面等。平瓦屋面根据基层的不同有冷摊瓦屋面、木望板平瓦屋面和钢筋混凝土板瓦屋面三种做法。

① 冷摊瓦屋面（空铺瓦屋面）　是在檩条上固定椽条，再在椽条上直接钉挂瓦条，在挂瓦条上挂瓦。优点：构造简单、造价低、省木材，一般用于临时建筑中。缺点：瓦缝容易渗漏，保温效果差。通常用于南方地区质量要求不高的建筑。

② 木望板平瓦屋面　木望板平瓦屋面是在檩条或椽木上钉木望板，木望板上干铺一层油毡，用顺水条固定后，再钉挂瓦条挂瓦所形成的屋面。这种做法比冷摊瓦屋面的防水、保温、隔热效果好，但耗用木材多、造价高，多用于质量要求较高的建筑物中。

③ 钢筋混凝土板瓦屋面　是以钢筋混凝土板为屋面基层的平瓦屋面。

(2) 平瓦屋面细部构造

① 纵墙檐口

a. 无组织排水檐口：当坡屋顶采用无组织排水时，应将屋面伸出纵墙形成挑檐，挑檐的构造做法有砖挑檐、椽条挑檐、挑檐木挑檐和钢筋混凝土挑板挑檐等。

b. 有组织排水檐口：当坡屋顶采用有组织排水时，一般多采用外排水，需在檐口处设置檐沟，檐沟的构造形式一般有钢筋混凝土挑檐沟和女儿墙内檐沟两种。

坡屋面挑檐板的檐口构造如图 10-34 所示。

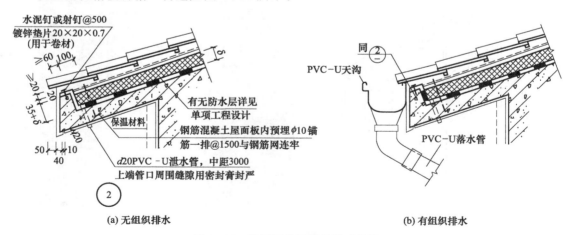

(a) 无组织排水　　　　　　　　　　　　　　(b) 有组织排水

图 10-34　坡屋面挑檐板的檐口构造

坡屋面挑檐沟构造如图 10-35 所示。

② 山墙檐口

a. 硬山：将山墙升起包住檐口，女儿墙与屋面交接处应做泛水，一般用砂浆黏结小青

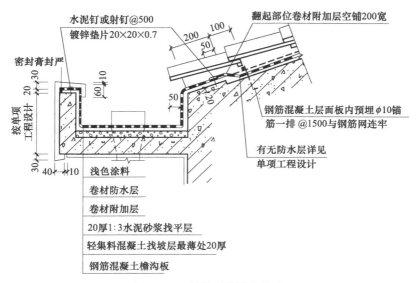

图 10-35 坡屋面挑檐沟构造

瓦或抹水泥石灰麻刀砂浆泛水。

　　b. 悬山：将檩条伸出山墙挑出，上部瓦片用水泥石灰麻刀砂浆抹出披水线，进行封固。坡屋面的山墙檐口构造如图 10-36 所示。

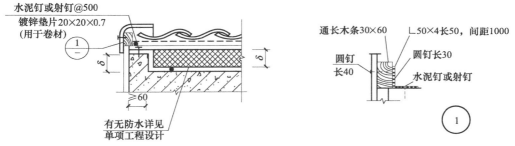

图 10-36 坡屋面的山墙檐口构造

坡屋面泛水构造如图 10-37 所示。

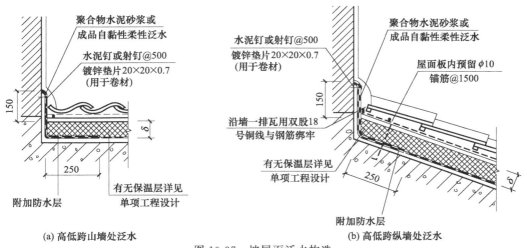

(a) 高低跨山墙处泛水　　　　　　　　(b) 高低跨纵墙处泛水

图 10-37 坡屋面泛水构造

③ 屋脊、天沟和斜沟构造　互为相反的坡面在高处相交形成屋脊，屋脊处应用 V 形脊瓦盖缝；在等高跨和高低跨屋面相交处会形成天沟，两个互相垂直的屋面相交处会形成斜沟。天沟和斜沟应保证有一定的断面尺寸，上口宽度应为 $300\sim500$mm，沟底一般用镀锌铁皮铺于木基层上，镀锌铁皮两边向上压入瓦片下至少 150mm。

坡屋面的构成形式如图 10-38 所示。

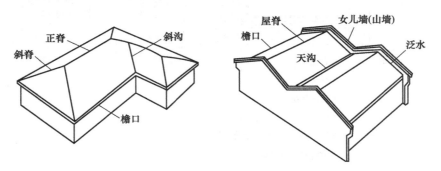

图 10-38　坡屋面的构成形式

坡屋面的屋脊构造如图 10-39 所示。

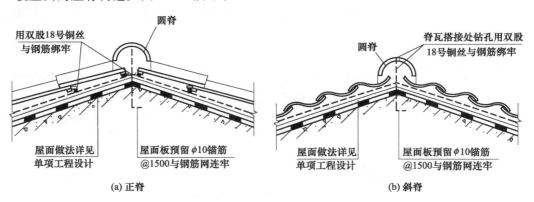

(a) 正脊 　　　　　　　　(b) 斜脊

图 10-39　坡屋面的屋脊构造

坡屋面的天沟构造如图 10-40 所示。

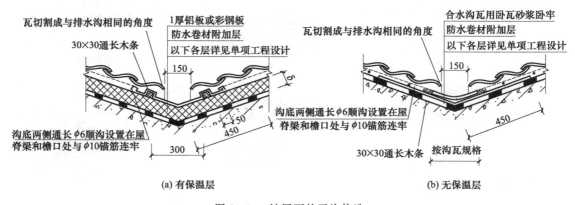

(a) 有保温层 　　　　　　(b) 无保温层

图 10-40　坡屋面的天沟构造

10.3.4　坡屋顶的保温与隔热

（1）坡屋顶的保温构造　坡屋顶的保温层一般布置在瓦材与檩条之间或吊顶棚上面。保温材料可根据工程具体要求选用松散材料、块体材料或板状材料。

① 屋面保温　传统的屋面保温是在屋面铺草秸，将屋面做成麦秸泥青灰顶，或将保温材料设在檩条之间。

② 顶棚保温　在坡屋顶的悬吊顶棚上加铺木板，上面干铺一层油毡做隔汽层，然后在油毡上面铺设轻质保温材料。

（2）坡屋顶的隔热构造　炎热地区在坡屋顶中设进气口和排气口，利用屋顶内外的热压差和迎风面的压力差，组织空气对流，形成屋顶内的自然通风，以减少由屋顶传入室内的辐射热，从而达到隔热降温的目的。进气口一般设在檐墙上、屋檐部位或室内顶棚上；出气口最好设在屋脊处，以增大高差，有利加速空气流通。

① 屋面通风　把屋面做成双层，在檐口设进风口，屋脊设出风口，利用空气流动带走间层的热量，以降低屋顶的温度。

② 吊顶棚通风　利用吊顶棚与坡屋面之间的空间作为通风层，在坡屋顶的歇山、山墙或屋面等位置设进风口。

10.3.5　金属瓦屋面

用镀锌铁皮或铝合金瓦做防水层的一种屋面，金属瓦屋面自重轻、防水性能好、使用年限长，主要用于大跨度建筑的屋面。

金属瓦的厚度很薄（厚度在 1mm 以内），铺设这样薄的瓦材必须用钉子固定在木望板上，木望板则支撑在檩条上，为防止雨水渗漏，瓦材下应干铺一层油毡。所有的金属瓦必须相互连通导电，并与避雷针或避雷带连接。

10.3.6　彩色压型钢板屋面（彩板屋面）

近十多年来在大跨度建筑中广泛采用的高效能屋面，它不仅自重轻、强度高且施工安装方便。彩板的连接主要采用螺栓连接，不受季节气候影响。彩板色彩绚丽，质感好，大大增强了建筑的艺术效果。彩板除用于平直坡面的屋顶外，还可根据造型与结构的形式需要，在曲面屋顶上使用。

小　　结

1. 屋顶的组成、作用、类型、设计要求。
2. 屋顶的排水设计。
3. 平屋顶的防水构造、保温隔热处理。
4. 坡屋顶的构造特点。

拓 展 训 练

一、填空题

1. 屋顶从外部形式看，可分为＿＿＿＿、＿＿＿＿和＿＿＿＿。

2. 屋顶排水设计主要解决好_____，确定_____和_____。

3. 屋顶坡度的形式有两种方式，一是_____，二是_____。

4. 屋顶排水方式可分为_____和_____两类。

5. 平屋顶泛水构造中，泛水高度应不小于_____。

二、选择题

1. 平屋顶是指屋面排水坡度小于或等于5%的屋顶，常用坡度为（　　）。

A. 1%～2%　　　B. 2%～3%　　　C. 3%～4%　　　D. 4%～5%

2. 按照檐沟在屋顶的位置，有组织外排水的屋顶形式没有（　　）等。

A. 沿屋顶四周设檐沟　　　　　　　B. 仅沿山墙设檐沟

C. 女儿墙外设檐沟　　　　　　　　D. 女儿墙内设檐沟

3. 关于屋面泛水构造要点，以下说法错误的是（　　）。

A. 泛水的高度一般不小于250mm

B. 在垂直面与水平面交接处要加铺一层卷材

C. 在垂直面与水平面交接处转圆角或做45°斜面

D. 防水卷材的收头处要留缝以便适应变形

4. 刚性屋面分格缝的间距一般不大于（　　），并应位于结构变形的敏感部位。

A. 3m　　　　　B. 6m　　　　　C. 9m　　　　　D. 12m

5. 关于屋面保温构造，以下（　　）的做法是错误的。

A. 保温层位于防水层之上　　　　B. 保温层位于结构层与防水层之间

C. 保温层与结构层结合　　　　　D. 保温层与防水层结合

6. 屋顶的坡度形成中，材料找坡是指（　　）来形成。

A. 预制板的搁置　　　　　　　　B. 选用轻质材料找坡

C. 利用油毡的厚度　　　　　　　D. 利用结构层

7. 当采用檐沟外排水时，沟底沿长度方向设置的纵向排水坡度一般不应小于（　　）。

A. 0.5%　　　　B.1%　　　　　C. 1.5%　　　　D. 2%

8. 檐沟外排水的天沟净宽应大于（　　）。

A. 150mm　　　B. 200mm　　　C. 250mm　　　D. 300mm

9. 平屋顶坡度小于3%时，卷材宜沿_____屋脊方向铺设。

A. 平行　　　　B. 垂直　　　　C. 30°　　　　D. 45°

10. 混凝土刚性防水屋面中，为减少结构变形对防水层的不利影响，常在防水层与结构层之间设置（　　）。

A. 隔汽层　　　B. 隔离层　　　C. 隔热层　　　D. 隔声层

三、多选题

1. 平屋顶隔热的构造做法主要有（　　）等。

A. 通风隔热　　　　　　　　　　B. 蓄水隔热

C. 洒水隔热　　　　　　　　　　D. 植被隔热

E. 反射降温隔热

2. 屋面有组织排水方式的内排水方式主要用于（　　）。

A. 高层建筑　　　　　　　　　　B. 严寒地区的建筑

C. 屋面宽度过大的建筑　　　　　D. 一般民用建筑

四、简答题

1. 屋顶的排水方式有哪两大类？简述各自的优缺点和适用范围，其中有组织排水又分为哪些？

2. 屋顶的坡度是如何确定的？

3. 什么是柔性防水屋面？其基本构造层次有哪些？各层次的作用是什么？

4. 简述刚性防水屋面的基本构造层次及作用。

5. 通风隔热屋面的隔热原理是什么？设置方式是什么？

6. 炎热地区平屋顶隔热、降温有哪些处理方法？简述其隔热原理。

任务 10 参考答案

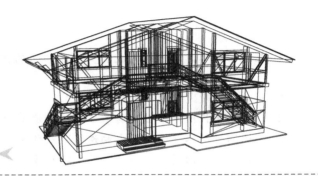

任务11 <<<

门窗

能力目标

1. 能正确区分门窗类型，开启方式。
2. 能正确把握门窗尺度，分析门窗构造特点。
3. 能正确分析遮阳的形式与构造。
4. 能分析木门窗、金属门窗、塑钢门窗、特殊门窗构造的一般做法。

知识目标

1. 掌握门窗的类型和开启方式。
2. 熟悉门窗的构造及特点。
3. 能正确分析遮阳的形式与构造。
4. 熟悉木门窗、金属门窗、塑钢门窗、特殊门窗构造的一般做法。
5. 了解建筑遮阳的形式与构造。

导入案例

窗墙的关系如图 11-1 所示。

图 11-1　窗墙的关系

任务布置

1. 分析教室的窗户是什么材质的？是怎样的开启方式？
2. 分析宿舍的门是什么材质的？是怎样的开启方式？
3. 教室的门框与墙体的对齐位置是什么方式？（内平、外平、居中、内外平）。

实践提示

关注门窗位置、尺度。

11.1 门窗的形式与尺度

11.1.1 门窗的作用

门：主要是交通联系，并兼采光和通风。

窗：主要是采光、通风及眺望。

在不同情况下，门和窗还有分隔、保温、隔声、防火、防辐射、防风沙等要求。

门窗在建筑立面构图中的影响也较大，它的尺度、比例、形状、组合、透光材料的类型等，都影响着建筑的艺术效果。

11.1.2 门窗设计要求

① 满足使用的要求；

② 采光和通风的要求；

③ 防风雨、保温隔热的要求；

④ 建筑视觉效果的要求；

⑤ 适应建筑工业化生产的要求；

⑥ 其他要求：坚固耐久、灵活，便于清洗维修。

11.1.3 门窗常用材料及代号

木门窗（木）——M；钢门窗（钢）——G；铝合金门窗（铝合金）——L；塑料门窗（塑料）——S。

门的代号 M，窗的代号 C。

门窗代号的组合：用途—开启—构造—材料＋门（M）或窗（C）。

例如 SPPMM：防风沙（S），平开（P），拼板（P），木（M），门（M）。

11.1.4 门的形式与尺度

（1）门的形式 开启方式有平开门、弹簧门、推拉门、折叠门、转门等。如图 11-2所示。

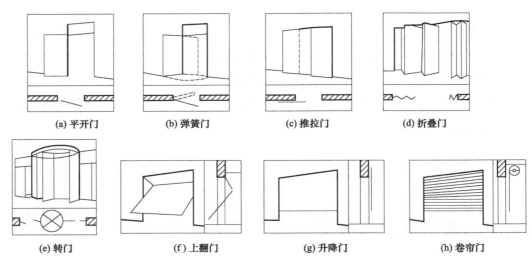

(a) 平开门　　　(b) 弹簧门　　　(c) 推拉门　　　(d) 折叠门

(e) 转门　　　(f) 上翻门　　　(g) 升降门　　　(h) 卷帘门

图 11-2　门的开启方式

【知识链接】　卷帘门

卷帘门主要由帘板、导轨及传动装置组成。工业建筑中的帘板常用页板式，页板可用镀锌钢板或合金铝板轧制而成，页板之间用铆钉连接。页板的下部采用钢板和角钢，用以增强卷帘门的刚度，并便于安设门钮。页板的上部与卷筒连接，开启时，页板沿着门洞两侧的导轨上升，卷在卷筒上。门洞的上部安设传动装置，传动装置分手动和电动两种。

（2）门的尺度　门的尺度是指门洞的高宽尺寸。

① 门的高度　不宜小于 2100mm。如门设有亮子时，亮子高度一般为 300～600mm，则门洞高度为 2400～3000mm。公共建筑大门高度可视需要适当提高。

② 门的宽度　单扇门为 700～1000mm，双扇门为 1200～1800mm。

【知识链接】

当门的宽度在 2100mm 以上时，则做成三扇门、四扇门或双扇带固定扇的门，因为门扇过宽易产生翘曲变形，同时也不利于开启。辅助房间（如浴厕、贮藏室等）门的宽度可窄些，一般为 700～800mm。

11.1.5　窗的形式与尺度

窗形式一般按开启方式定。而窗的开启方式主要取决于窗扇铰链安装的位置和转动方式。

（1）通常窗的开启方式有以下几种：

① 固定窗　无窗扇、不能开启的窗。固定窗的玻璃直接嵌固在窗框上，可供采光和眺望之用。

② 平开窗　铰链安装在窗扇一侧与窗框相连，向外或向内水平开启。有单扇、双扇、多扇，有向内开与向外开之分。其构造简单，开启灵活，制作维修均方便，是民用建筑中采用最广泛的窗。

③ 悬窗　因铰链和转轴的位置不同，可分为上悬窗、中悬窗和下悬窗。上悬窗和中悬窗用于外窗时，通风与防雨效果较好，但也常作为门窗上的气窗形式；下悬窗使用较少。

④ 立转窗 立转旋窗转动轴位于上下冒头的中间部位，窗扇可以立向转动。引导风进入室内效果较好，防雨及密封性较差，多用于单层厂房的低侧窗。因密闭性较差，不宜用于寒冷和多风沙的地区。

⑤ 推拉窗 分垂直推拉窗和水平推拉窗两种。它们不多占使用空间，窗扇受力状态较好，适宜安装较大玻璃，但通风面积受到限制。

⑥ 百叶窗 主要用于遮阳、防雨及通风，但采光差。百叶窗可用金属、木材、钢筋混凝土等制作，有固定式和活动式两种形式。

窗的开启方式如图 11-3 所示。

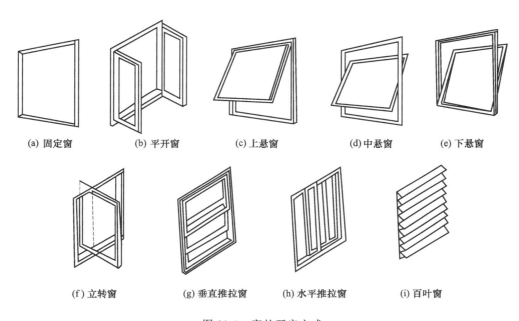

(a) 固定窗　　(b) 平开窗　　(c) 上悬窗　　(d) 中悬窗　　(e) 下悬窗

(f) 立转窗　　(g) 垂直推拉窗　　(h) 水平推拉窗　　(i) 百叶窗

图 11-3　窗的开启方式

（2）窗的尺度　窗的尺度主要取决于房间的采光、通风、构造做法和建筑造型等要求，并要符合现行《建筑模数协调统一标准》的规定。

为使窗坚固耐久，规定：平开木窗的窗扇高度为 800～1200mm，宽度不宜大于500mm；上下悬窗的窗扇高度为 300～600mm；中悬窗窗扇高不宜大于1200mm，宽度不宜大于 1000mm；推拉窗高宽均不宜大于1500mm。

【知识链接】

对一般民用建筑用窗，各地均有通用图，各类窗的高度与宽度尺寸通常采用扩大模数3M 数列作为洞口的标志尺寸，需要时只要按所需类型及尺度大小直接选用。

11.2　木门窗构造

11.2.1　平开门的构造

（1）平开门的组成　如图 11-4 所示。

① 门框　是门扇、亮子与墙的联系构件。

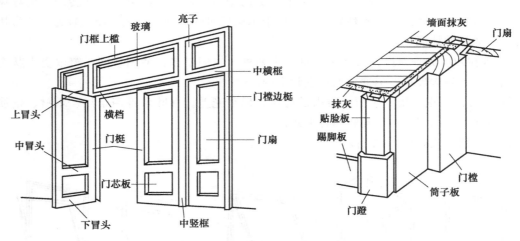

图 11-4 平开门的组成

② 门扇 有镶板门、夹板门、拼板门、玻璃门和纱门等类型。

③ 亮子 又称腰头窗，在门上方，为辅助采光和通风之用，有平开、固定及上、中、下悬几种。

④ 五金零件 有铰链、插销、门锁、拉手、门碰头等。

⑤ 附件 有贴脸板、筒子板等。

（2）门框 由两根竖直的边框和上框组成。当门带有亮子时，还有中横框，多扇门则还有中竖框。

门框断面形式与门的类型、层数有关，同时应利于门的安装，并应具有一定的密闭性。如图 11-5 所示。

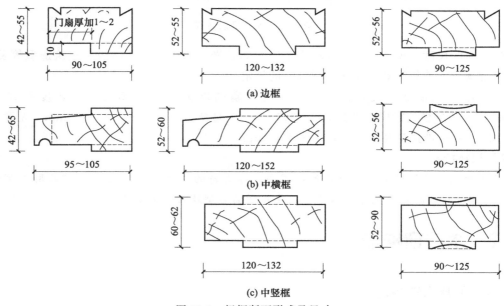

图 11-5 门框断面形式及尺寸

门框安装根据施工方式分先立口和后塞口两种。先立口指在砌筑墙体之前先将门窗框立好，在砌筑的同时将门窗框的连接件砌在墙体中，没有缝隙；后塞口是指在砌墙时留出洞口，一般比门框的实际尺寸大出 2～3cm，待门框的连接件固定好，需对缝隙进行二次填塞。如图 11-6 所示。

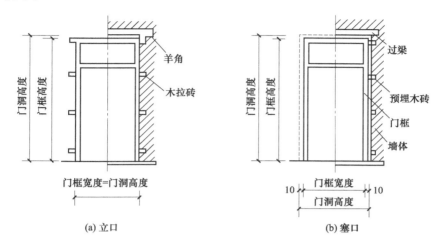

图 11-6　门框的安装方法

门框在墙中的位置，可在墙的中间或与墙的一边平。一般多与开启方向一侧平齐，尽可能使门扇开启时贴近墙面。如图 11-7 所示。

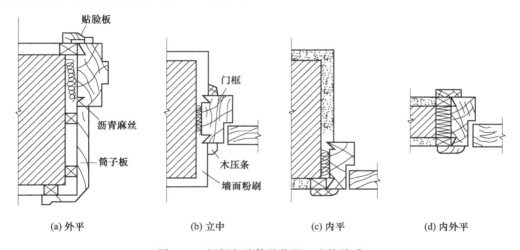

图 11-7　门框与墙体的位置、连接关系

（3）门扇　常用的木门门扇有镶板门（包括玻璃门、纱门）、夹板门和拼板门等。

① 镶板门　是广泛使用的一种门，门扇由边梃、上冒头、中冒头（可作数根）和下冒头组成骨架，内装门芯板而构成。构造简单，加工制作方便，适于一般民用建筑作内门和外门。如图 11-8 所示。

② 夹板门　是用断面较小的方木做成骨架，两面粘贴面板而成。门扇面板可用胶合板、塑料面板和硬质纤维板，面板不再是骨架的负担，而是和骨架形成一个整体，共同抵抗变形。夹板门的形式可以是全夹板门、带玻璃或带百叶夹板门。如图 11-9 所示。

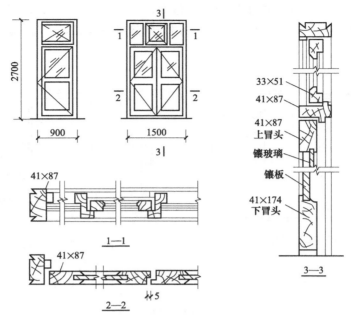

图 11-8　镶板门的构造

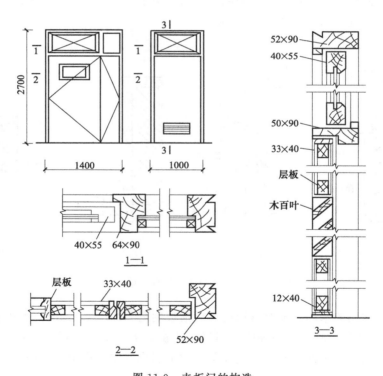

图 11-9　夹板门的构造

③ 拼板门　门扇由骨架和条板组成。有骨架的拼板门称为拼板门，而无骨架的拼板门称为实拼门；有骨架的拼板门又分为单面直拼门、单面横拼门和双面保温拼板门三种。如图11-10 所示。

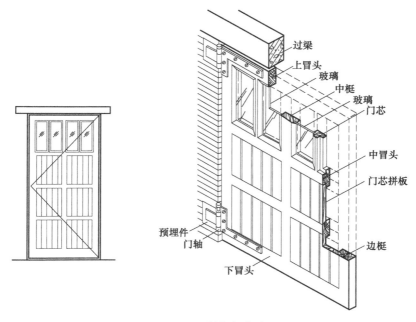

图 11-10　拼板门构造

11.2.2　推拉门的构造

推拉门由门扇、门轨、地槽、滑轮及门框组成。门扇可采用钢木门、钢板门、空腹薄壁钢门等，每个门扇宽度不大于 1.8m。推拉门的支承方式分为上挂式和下滑式两种，当门扇高度小于 4m 时，用上挂式，即门扇通过滑轮挂在门洞上方的导轨上。当门扇高度大于 4m 时，多用下滑式，在门洞上下均设导轨，门扇沿上下导轨推拉，下面的导轨承受门扇的重量。推拉门位于墙外时，门上方需设雨篷。

11.2.3　平开窗的构造

平开窗的组成如图 11-11 所示。

（1）窗框安装　窗框与门框一样，在构造上应有裁口及背槽处理，裁口亦有单裁口与双裁口之分。窗框的安装与门框一样，分后塞口与先立口两种。塞口时洞口的高、宽尺寸应比窗框尺寸大 10～20mm。

（2）窗框在墙中的位置　一般是与墙内表面平，安装时窗框突出砖面 20mm，以便墙面粉刷后与抹灰面平。框与抹灰面交接处，应用贴脸板搭盖，以阻止由于抹灰干缩形成缝隙后风透入室内，同时可增加美观。贴脸板的形状及尺寸与门的贴脸板相同。

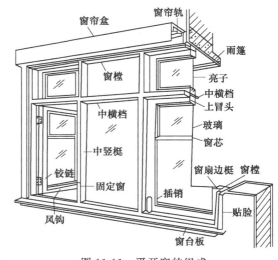

图 11-11　平开窗的组成

当窗框立于墙中时，应内设窗台板，外设窗台。窗框外平时，靠室内一面设窗台板。

11.3 金属门窗构造

11.3.1 钢门窗

钢门窗是用型钢或薄壁空腹型钢在工厂制作而成。它符合工业化、定型化与标准化的要求。在强度、刚度、防火、密闭等均优于木门窗，但在潮湿环境下易锈蚀，耐久性差。

（1）钢门窗材料

① 实腹式　是最常用的一种，有各种断面形状和规格。一般门可选用 32 及 40 料，窗可选用 25 及 32 料（25、32、40 等表示断面高为 25mm、32mm、40mm）。

② 空腹式　与实腹式窗料比较，具有更大的刚度，外形美观，自重轻，可节约钢材 40%左右。但由于壁薄，耐腐蚀性差，不宜用于湿度大、腐蚀性强的环境。

（2）基本钢门窗　为了使用、运输方便，通常将钢门窗在工厂制作成标准化的门窗单元。这些标准化的单元，即是组成一扇门或窗的最小基本单元。设计者可根据需要，直接选用基本钢门窗，或用这些基本钢门窗组合出所需大小和形式的门窗。

钢门窗框的安装方法常采用塞框法。门窗框与洞口四周的连接方法主要有两种：①在砖墙洞口两侧预留孔洞，将钢门窗的燕尾形铁脚埋入洞中，用砂浆窝牢；②在钢筋混凝土过梁或混凝土墙体内则先预埋铁件，将钢窗的 Z 形铁脚焊在预埋钢板上。如图 11-12所示。

（3）组合式钢门窗　当钢门窗的高、宽超过基本钢门窗尺寸时，就要用拼料将门窗进行组合。拼料起横梁与立柱的作用，承受门窗的水平荷载。

拼料与基本门窗之间一般用螺栓或焊接相连。当钢门窗很大时，特别是水平方向很长时，为避免大的伸缩变形引起门窗损坏，必须预留伸缩缝，一般是用两根 L56×36×4 的角钢用螺栓组成拼件，角钢上穿螺栓的孔为椭圆形，使螺栓有伸缩余地。

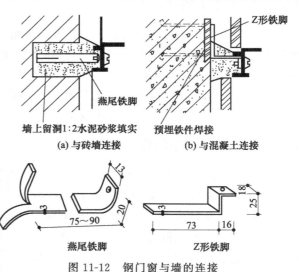

墙上留洞1:2水泥砂浆填实　　预埋铁件焊接
(a) 与砖墙连接　　　　(b) 与混凝土连接

燕尾铁脚　　　　Z形铁脚

图 11-12　钢门窗与墙的连接

11.3.2 彩板门窗

彩板钢门窗是以彩色镀锌钢板经机械加工而成的门窗。它具有自重轻、硬度高、采光面积大、防尘、隔声、保温密封性好、造型美观、色彩绚丽、耐腐蚀等特点。

彩板平开窗目前有两种类型，即带副框和不带副框的两种。当外墙面为花岗石、大理石等贴面材料时，常采用带副框的门窗。当外墙装修为普通粉刷时，常用不带副框的做法。如图 11-13、图 11-14 所示。

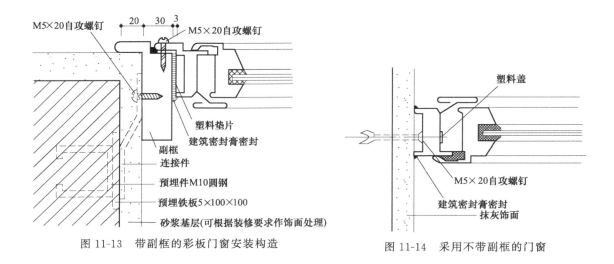

图 11-13 带副框的彩板门窗安装构造   图 11-14 采用不带副框的门窗

11.3.3 铝合金门窗

（1）铝合金门窗的特点

① 自重轻 铝合金门窗用料省、自重轻，较钢门窗轻 50％左右。

② 性能好 密封性好，气密性、水密性、隔声性、隔热性都较钢、木门窗有显著提高。

③ 耐腐蚀、坚固耐用 铝合金门窗不需要涂涂料，氧化层不褪色、不脱落，表面不需要维修。铝合金门窗强度高，刚性好，坚固耐用，开闭轻便灵活，无噪声，安装速度快。

④ 色泽美观 铝合金门窗框料型材表面经过氧化着色处理后，既可保持铝材的银白色，又可以制成各种柔和的颜色或带色的花纹，如古铜色、暗红色、黑色等。

（2）铝合金门窗的设计要求

① 应根据使用和安全要求确定铝合金门窗的风压强度性能、雨水渗漏性能、空气渗透性能综合指标。

② 组合门窗设计宜采用定型产品门窗作为组合单元。非定型产品的设计应考虑洞口最大尺寸和开启扇最大尺寸的选择和控制。

③ 外墙门窗的安装高度应有限制。

（3）铝合金门窗框料系列 系列名称是以铝合金门窗框的厚度构造尺寸来区别各种铝合金门窗的称谓，如：平开门门框厚度构造尺寸为 50mm 宽，即称为 50 系列铝合金平开门；推拉窗窗框厚度构造尺寸 90mm 宽，即称为 90 系列铝合金推拉窗等。实际工程中，通常根据不同地区、不同性质的建筑物的使用要求选用相适应的门窗框。

（4）铝合金门窗安装 铝合金门窗是表面处理过的铝材经下料、打孔、铣槽、攻丝等加工，制作成门窗框料的构件，然后与连接件、密封件、开闭五金件一起组合装配成门窗。

门窗安装时，将门、窗框在抹灰前立于门窗洞处，与墙内预埋件对正，然后用木楔将三边固定。经检验确定门、窗框水平、垂直、无翘曲后，用连接件将铝合金框固定在墙（柱、梁）上，连接件固定可采用焊接、膨胀螺栓或射钉等方法。

门窗框与墙体等的连接固定点，每边不得少于两点，且间距不得大于 0.7m；在基本风压大于等于 0.7kPa 的地区，不得大于 0.5m。边框端部的第一固定点距端部的距离不得大于 0.2m。如图 11-15 所示。

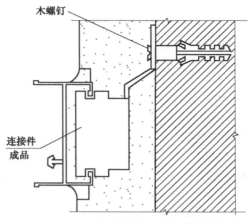

图 11-15　铝合金窗与墙体的连接

11.4　塑料门窗

塑料门窗是以聚氯乙烯（PVC）、改性聚氯乙烯或其他树脂为主要原料，以轻质碳酸钙为填料，添加适量助剂和改性剂，经挤压机挤出各种截面的空腹门窗异型材，再根据不同的品种规格选用不同的截面异型材料组装而成。

塑料门窗特点：质量轻；性能好；具有一定的防火性能；耐久性及维护性好；装饰性强。

塑料门窗的型材系列的含义同铝合金门窗。塑料门窗设计通常采用定型的型材，可根据不同地区、不同气候、不同环境、不同建筑物和不同的使用要求，选用不同的门窗系列。主要有 60、66 平开系列，62、73、77、80、85、88 和 95 推拉系列等多腹腔异型材组装的单框单玻、单框双玻、单框三玻固定窗，平开窗，推拉窗，平开门，推拉门，地弹簧门等门窗。

塑料门窗是将型材通过下料、打孔、攻丝等一系列工序加工成为门窗框及门窗扇，然后与连接件、密封件、五金件一起组合装配成门窗。

11.5　塑钢门窗

塑钢门窗是以改性硬质聚氯乙烯（简称 UPVC）为主要原料，加上一定比例的稳定剂、着色剂、填充剂、紫外线吸收剂等辅助剂，经挤出机挤出成型为各种断面的中空异型材。经切割后，在其内腔衬以型钢加强筋，用热熔焊接机焊接成型为门窗框扇，配装上橡胶密封条、压条、五金件等附件而制成的门窗即所谓的塑钢门窗。具有如下优点：

① 强度好、耐冲击；

② 保温隔热、节约能源；

③ 隔声好；

④ 气密性、水密性好；

⑤ 耐腐蚀性强；

⑥ 防火；

⑦ 耐老化、使用寿命长；

⑧ 外观精美、清洗容易。

塑钢窗的连接构造如图 11-16 所示。

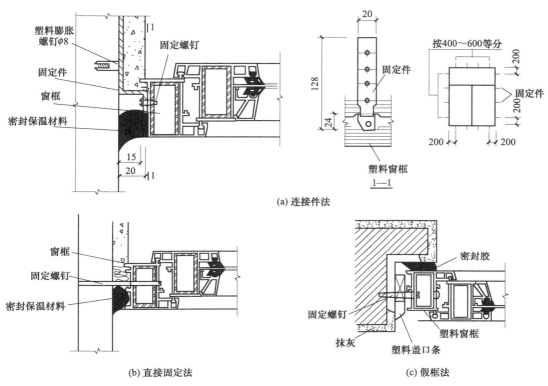

(a) 连接件法

(b) 直接固定法

(c) 假框法

图 11-16　塑钢窗的连接构造

11.6　特殊门窗

门窗除了基本功能外，还有保温、隔热、隔声、防水、防火、防尘、防爆及防盗等功能。如为了保温隔热或建筑节能设计的需要而设保温门窗；在录音室、播音室或其他隔声要求较高的房间，为避免噪声对其产生干扰与影响，需设隔声门；在防火及疏散安全要求较高的场所则必须设置防火门；还有防风沙门、防盗门、防毒密闭门、防辐射门等。

11.6.1　特殊要求的门

（1）防火门　防火门用于加工易燃品的车间或仓库。根据车间对防火门耐火等级的要求，门扇可以采用钢板、木板外贴石棉板再包以镀锌铁皮或木板外直接包镀锌铁皮等构造措施。考虑到木材受高温会炭化而放出大量气体，应在门扇上设泄气孔。防火门常采用自重下滑关闭门，它是将门上导轨做成 5%～8% 的坡度，火灾发生时，易熔合金片熔断后，重锤落地，门扇依靠自重下滑关闭。当洞口尺寸较大时，可做成两个门扇相对下滑。如图 11-17 所示。

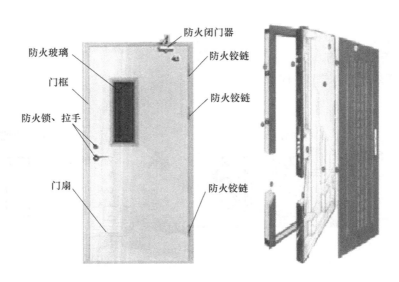

图 11-17　防火门

（2）保温门、隔声门　保温门要求门扇具有一定热阻值和门缝密闭处理，故常在门扇两层面板间填以轻质、疏松的材料（如玻璃棉、矿棉等）。隔声门的隔声效果与门扇的材料及门缝的密闭有关，隔声门常采用多层复合结构，即在两层面板之间填吸声材料，如玻璃棉、玻璃纤维板等。

一般保温门和隔声门的面板常采用整体板材（如五层胶合板、硬质木纤维板等），不易发生变形。门缝密闭处理对门的隔声、保温以及防尘有很大影响，通常采用的措施是在门缝内粘贴填缝材料，如橡胶管、海绵橡胶条、泡沫塑料条等。还应注意裁口形式，斜面裁口比较容易关闭紧密，可避免由于门扇胀缩而引起的缝隙不密合。如图 11-18 所示。

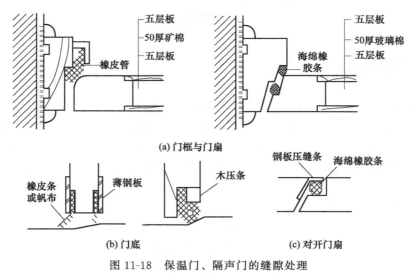

图 11-18　保温门、隔声门的缝隙处理

11.6.2　特殊要求的窗

（1）固定式通风高侧窗　我国南方地区，结合气候特点，可设置多种形式的通风高侧

窗。特点是：能采光，能防雨，能常年进行通风，不需设开关器，构造较简单，管理和维修方便，多在工业建筑中采用。

（2）防火窗　必须采用钢窗或塑钢窗，镶嵌铅丝玻璃以免破裂后掉下，防止火焰蹿入室内或窗外。

（3）保温窗、隔声窗　保温窗常采用双层窗及双层玻璃的单层窗两种。双层窗可内外开或内开、外开。双层玻璃单层窗又分为：

① 双层中空玻璃窗，双层玻璃之间的距离为 5mm，窗扇的上下冒头应设透气孔。

② 双层密闭玻璃窗，两层玻璃之间为封闭式空气间层，其厚度一般为 4~12mm，充以干燥空气或惰性气体，玻璃四周密封。这样可增大热阻、减少空气渗透，避免空气间层内产生凝结水。

若采用双层窗隔声，应采用不同厚度的玻璃，以减少吻合效应的影响。厚玻璃应位于声源一侧，玻璃间的距离一般为 80~100mm。

11.7　建筑遮阳

建筑遮阳是为了避免阳光直射室内，防止建筑物的外围护结构被阳光过分加热，从而防止局部过热和眩光的产生，以及保护室内各种物品而采取的一种必要的措施。它的合理设计是改善夏季室内热舒适状况和降低建筑物能耗的重要因素。

阳光透过窗口的热辐射是夏季的主导，遮阳就是要阻断热源扩散，降低建筑能耗，提高室内居住舒适性。建筑遮阳主要有：窗口遮阳、屋面遮阳、墙面遮阳、绿化遮阳等形式。但窗口无疑是最重要的。

遮阳形式有以下几种：

（1）固定外遮阳　有水平遮阳、垂直遮阳、挡板遮阳三种基本形式。

① 水平遮阳　能够遮挡从窗口上方射来的阳光。适用于南向外窗。

② 垂直遮阳　能够遮挡从窗口两侧射来的阳光。

③ 挡板遮阳　能够遮挡平射到窗口的阳光。适用于接近东西向外窗。

另外还有综合遮阳、固定百叶遮阳、花格遮阳等。如图 11-19 所示。

（2）活动窗口外遮阳　固定遮阳不可避免地会带来与采光、自然通风、冬季采暖、视野等方面的矛盾。而活动遮阳可以根据使用者根据环境变化和个人喜欢，自由地控制遮阳系统的工作状况。主要形式有遮阳卷帘、活动百叶遮阳、遮阳篷、遮阳纱幕等。

① 遮阳卷帘　窗外遮阳卷帘是一种有效的遮阳措施，适用于各个朝向的窗户。当卷帘完全放下的时候，能够遮挡住几乎所有的太阳辐射，这时候进入外窗的热量只有卷帘吸收的太阳辐射能量向内传递的部分。这时候，如果采用导热系数小的玻璃，则进入窗户的太阳热量非常少。此外也可以适当拉开遮阳卷帘与窗户玻璃之间的距离，利用自然通风带走卷帘上的热量，也能有效地减少卷帘上的热量向室内传递。

② 活动百叶遮阳　有升降式百叶帘和百叶护窗等形式。百叶帘既可以升降，也可调节角度，在遮阳和采光、通风之间达到了平衡，因而在办公楼宇及民用住宅上得到了很大的应用。以材料的不同，分为铝百叶帘、木百叶帘和塑料百叶帘。百叶护窗的功能类似于外卷帘，在构造上更为简单，一般为推拉的形式或者外开的形式，在国外得到大量的应用。如图 11-20 所示。

③ 遮阳篷 可以随时打开，随时合拢，使用方便，就是各自安装太显杂乱。

④ 遮阳纱幕 既能遮挡阳光辐射，又能根据材料选择控制可见光的进入量，防止紫外线，并能避免眩光的干扰，是一种适合于炎热地区的外遮阳方式。纱幕的材料主要是玻璃纤维，具有耐火防腐、坚固耐久的优点。

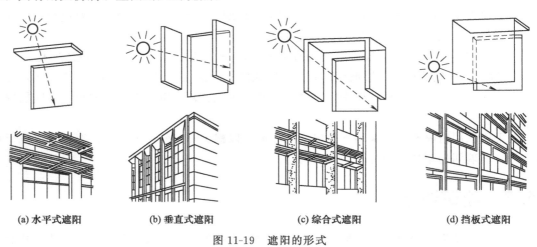

(a) 水平式遮阳   (b) 垂直式遮阳   (c) 综合式遮阳   (d) 挡板式遮阳

图 11-19 遮阳的形式

图 11-20 可活动的遮阳板

小　结

1. 门窗作用、类型、要求。

2. 门窗材料、开启方式、尺度。

3. 建筑遮阳。

拓 展 训 练

一、单选题

1. 下列有关钢门窗框固定方式中，正确的是（   ）。

A. 门窗固定在砖墙洞口内，用高强度等级水泥砂浆卡住

B. 直接用射钉与砖墙固定

C. 墙上预埋铁件与筐料焊接

D. 墙上预埋铁件与钢门窗框的铁脚焊接

2. 下列窗扇的抗风能力最差的是（   ）。

A. 铝合金推拉窗　　　　　　　　　B. 铝合金外开平开窗

C. 塑钢推拉窗　　　　　　　　　　D. 塑钢外开平开窗

3. 塞口法安装时，门窗洞口与门窗实际尺寸之间的预留缝隙大小主要取决于（   ）。

A. 门窗本身幅面大小　　　　　　　B. 外墙抹灰或铁面材料种类

C. 有无假框　　　　　　　　　　　D. 门框种类（木门框、钢门框或铝合金门窗）

4. 防火门、防火卷帘门等特殊用途的门，最常用的可靠材料为（   ）。

A. 高强铝合金材　　　　　　　　　B. 特殊处理木质

C. 钢质板材类　　　　　　　　　　D. 新型塑钢料

5. 关于外门的表述，哪一条错误？（   ）

A. 采暖建筑中人流最多的外门应设门斗或用旋转门代替门斗

B. 旋转门可以作为消防疏散出入口

C. 残疾人通行的外门不得采用旋转门

D. 双向弹簧的门扇应双面装推手

6. 木窗洞口的宽度和高度均采用（   ）mm 的模数。

A. 100　　　　　　B. 300　　　　　　C. 50　　　　　　D. 600

二、简答题

1. 门与窗在建筑中的作用是什么？

2. 门窗的构造设计应满足哪些要求？

3. 木门窗框的安装有哪两种方法？各有何优缺点？

4. 木门由哪几部分组成？

5. 特殊门窗有哪些？

任务 11 参考答案

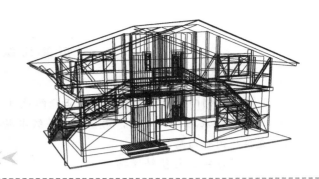

任务**12** ◂◂◂

变形缝

 能力目标

1. 能识别建筑变形缝类型。
2. 能确定建筑中设置伸缩缝、沉降缝、防震缝的具体情况。
3. 熟悉变形缝的类型、作用、设置要求。
4. 能确定各种位置各类变形缝的构造处理方法。
5. 能确定变形缝的各自特点及相互替代作用。

 知识目标

1. 了解建筑变形缝的概念，熟悉变形缝的类型、作用、设置原则及设置要求。
2. 熟练掌握在建筑物各种位置的各类变形缝的构造处理方法。
3. 了解建筑变形缝处的结构布置。

 导入案例

寻找校园建筑物中的各类变形缝。

 任务布置

1. 寻找建筑中的变形缝。了解其类型、特点、构造处理方法等。
2. 详细分析各变形缝的做法、材料、尺寸等。了解其在墙面、楼地面、屋面等不同位置的盖缝构造等。了解缝两侧的结构布置情况。

 实践提示

1. 建筑变形缝的类型如何？为什么要求设置变形缝？
2. 建筑伸缩缝的设置位置、设置宽度如何？
3. 伸缩缝在建筑外墙、楼地面、屋面等位置时如何进行构造处理？
4. 建筑沉降缝的设置位置、设置宽度如何？
5. 沉降缝在建筑外墙、楼地面、屋面等位置时如何进行构造处理？

我国对伸缩缝的设置有具体的规定，表 12-1、表 12-2 给出了具体的数据。

表 12-1　砌体房屋伸缩缝的最大间距　　　　　　　　　　单位：m

屋盖或楼盖类别		间距
整体式或装配整体式钢筋混凝土结构	有保温层或隔热层的屋盖、楼盖	50
	无保温层或隔热层的屋盖	40
装配式无檩体系钢筋混凝土结构	有保温层或隔热层的屋盖、楼盖	60
	无保温层或隔热层的屋盖	50
装配式有檩体系钢筋混凝土结构	有保温层或隔热层的屋盖	75
	无保温层或隔热层的屋盖	60
瓦材屋盖、木屋盖或楼盖、轻钢屋盖		100

注：1. 本表摘自《砌体结构设计规范》（GB 50003—2011）第 6.5.1 条。

2. 对烧结普通砖、多孔砖、配筋砌块砌体房屋取表中数值；对石砌体、蒸压灰砂砖、蒸压粉煤灰砖和混凝土砌块房屋取表数值乘以 0.8 的系数。当墙体有可靠外保温措施时，其间距可取本表规定。

3. 在钢筋混凝土屋面上挂瓦的屋盖应按钢筋混凝土屋盖采用。

4. 层高大于 5m 的烧结普通砖、多孔砖、配筋砌块砌体结构单层房屋，其伸缩缝间距可按表中数值乘以 1.3。

5. 温差较大且变化频繁地区和严寒地区不采暖的房屋及构筑物墙体的伸缩缝的最大间距，应按表中数值予以适当减小。

6. 墙体的伸缩缝应与结构的其他变形缝相重合，在进行立面处理时，必须保证缝隙的伸缩作用。

表 12-2　钢筋混凝土结构伸缩缝的最大间距　　　　　　　单位：m

结构类别		室内或土中	露天
排架结构	装配式	100	70
框架结构	装配式	75	50
	现浇式	55	35
剪力墙结构	装配式	65	40
	现浇式	45	30
挡土墙、地下室墙壁等类结构	装配式	40	30
	现浇式	30	20

注：1. 本表摘自《混凝土结构设计规范》（GB 50010—2010）第 8.1.1 条。

2. 装配整体式结构房屋的伸缩缝间距宜按表中现浇式的数据取用。

3. 框架-剪力墙结构或框架-核心筒结构房屋的伸缩缝间距，可根据结构的具体布置情况取表中框架结构与剪力墙结构之间的数值。

4. 当屋面无保温或隔热措施时，框架结构、剪力墙结构的伸缩缝间距宜按表中露天栏的数值取用。

5. 现浇挑槽、雨罩等外露结构的伸缩缝间距不宜大于 12m。

12.2.2　沉降缝设置的要求

沉降缝是为了防止由于不均匀沉降引起的变形对建筑带来的破坏作用而设置的。如图 12-2 所示，导致建筑发生不均匀沉降的因素主要有地基的土质及承载力不均匀、建筑的层数（高度）相差较大、建筑各部位的荷载差异较大、建筑的结构形式不同以及同一幢建筑的施工时间相隔较长等。不均匀沉降的存在，将会在建筑构件的内部产生剪切应力，当这种剪切应力大于建筑构件的抵抗能力时，会在不均匀沉降发生的界面产生裂缝，并对建筑的正常使用安全带来影响。在适当的部位设置沉降缝，可以有效地避免建筑不均匀沉降对建筑带来的破坏作用。

12.2.2.1　沉降缝的设置原则

主要有以下几点：

① 建筑下部的地基条件差异较大或基础形式不同时；

② 同一幢建筑相邻部分高差或荷载差异较大时；

③ 同一幢建筑采用不同的结构形式时；

④ 同一幢建筑的施工时期间隔较长时；

⑤ 建筑的长度较大或体型复杂，而且连接部位又比较单薄时。

12.2.2.2 沉降缝与伸缩缝构造的区别

由于沉降缝主要是为了解决建筑的竖向沉降问题，因此要用沉降缝把建筑分成在结构和构造上完全独立的若干个单元。除了屋顶、楼板、墙体和梁柱在结构与构造上要完全独立之外，基础也要完全独立，这也是沉降缝与伸缩缝在构造上最根本的区别之一。由于沉降缝在构造上已经完全具备了伸缩缝的特点，因此沉降缝可以代替伸缩缝发挥作用，反之则不行。

12.2.3 防震缝设置的要求

地震与火灾一起，构成了对建筑产生破坏作用的主要自然因素之一。从地质的角度看，我国有许多地域属于地震活动活跃的地质构造带，因此建筑的防震就显得十分必要。地震对建筑产生直接影响的是地震的烈度，我国把地震的设防烈度分成1~12度，其中设防烈度为1~5度地区的建筑不必考虑地震的影响，6~9度地区的建筑要有相应的防震措施，10度以上地区不适宜建造建筑或制定专门的抗震方案之后才能进行建筑的设计和施工。

防震缝是为了提高建筑的抗震能力，避免或减少地震对建筑的破坏作用而设置的一种构造措施，也是目前行之有效的建筑防震措施之一。

地震设防烈度为8~9度的地区，有下列情况之一时建筑要设置防震缝，防震缝的设置原则主要有以下几点：

① 建筑平面体型复杂，有较长的突出部分，应用防震缝将其分开，使其形成几个简单规整的独立单元；

② 同一幢或毗邻建筑的立面高差在6cm以上时；

③ 建筑的内部有错层，而且错层的楼板高差较大时；

④ 建筑相邻各部分的结构刚度、质量差异较大时。

由于设置防震缝会给建筑的造价、构造和使用带来相当的麻烦，因此应当通过对建筑的布局和结构方案的调整和选择，使建筑的各个部位形成简单、质量和刚度相对均匀的独立单元，提高建筑的抗震能力，尽量不设置防震缝。

12.2.4 变形缝的比较

三种不同的变形缝的设置情况以及缝宽的比较见表12-3。在抗震设防地区，无论需要设置哪种变形缝，其宽度都应该按照抗震缝的宽度来设置。这是为了避免在震灾发生时，由于缝宽不够而造成建筑物相邻的分段相互碰撞，造成破坏。

表 12-3 几种变形缝的比较

变形缝类别	对应变形原因	设置依据	断开部位	缝　　宽
伸缩缝	昼夜温差引起热胀冷缩	按建筑物的长度、结构类型与屋盖刚度	除基础外沿全高断开	20~30mm

续表

变形缝类别	对应变形原因	设置依据	断开部位	缝宽		
沉降缝	建筑物相邻部分高度悬殊、结构形式变化大、基础埋深差别大、地基不均匀等引起的不均匀沉降	地基情况和建筑物的高度	从基础到屋顶沿全高断开	一般地基 建筑物高<5m，缝宽30mm 5~10m　　50mm 10~15m　　70mm		
				软弱地基 建筑物2~3层　缝宽50~80mm 4~5层　　80~120mm >6层　　>120mm		
				沉陷性黄土　　缝宽≥30~70mm		
抗震缝	地震作用	设防烈度、结构类型和建筑物高度。 8度和9度设防且房屋立面高度相差在6m以上，或错层楼板高度相差1/3层高或者1m，毗邻部分各段刚度、质量、结构形式均不同时设缝	沿建筑物全高设缝，基础可不分开，也可分开	多层砌体建筑　　缝宽50~100mm		
				框架框剪 建筑物高≤15m　缝宽70mm >15m 　　6度　　　　　　　5m 　　7度设防,建筑物每增高4m,缝宽加大20mm 　　8度　　　　　　　3m 　　9度　　　　　　　2m		

12.3 变形缝的构造

12.3.1 伸缩缝构造

（1）墙体伸缩缝的构造　墙体伸缩缝构造主要是解决伸缩部位的密闭和热工问题，对防水的要求不高，伸缩缝的缝型主要有平缝、错口缝和企口缝三种。平缝适应四季温差不大的地区，错口缝和企口缝适应温差较大的地区。如图12-3所示。

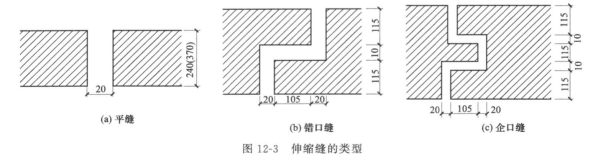

(a) 平缝　　　　　(b) 错口缝　　　　　(c) 企口缝

图 12-3　伸缩缝的类型

为了提高伸缩缝的密闭和美观程度，通常在缝口填塞保温及防水性能好的弹性材料（沥青麻丝、木丝板、橡胶条、聚苯板和油膏）。外墙外面的缝口一般要用薄金属板或油膏进行盖缝处理，内墙的缝口一般要用装饰效果较好的木条或金属条盖缝。目前市场上有厂家生产的由压型钢板或塑料型材制成的盖缝条，具有良好的装饰效果。图12-4是墙体伸缩缝构造举例。

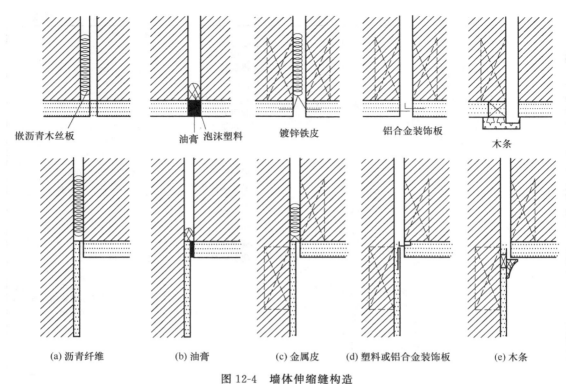

嵌沥青木丝板　　油膏　泡沫塑料　　镀锌铁皮　　铝合金装饰板　　木条

(a) 沥青纤维　　(b) 油膏　　(c) 金属皮　　(d) 塑料或铝合金装饰板　　(e) 木条

图 12-4　墙体伸缩缝构造

(a)、(b)、(c) 为外墙伸缩缝构造；(d)、(e) 为内墙伸缩缝构造

（2）楼地面伸缩缝的构造　伸缩缝在楼地面处的构造主要是解决地面防水和顶棚的装饰问题，缝内也要采用弹性材料做嵌固处理。地面的缝口一般应当用金属、橡胶或塑料压条盖

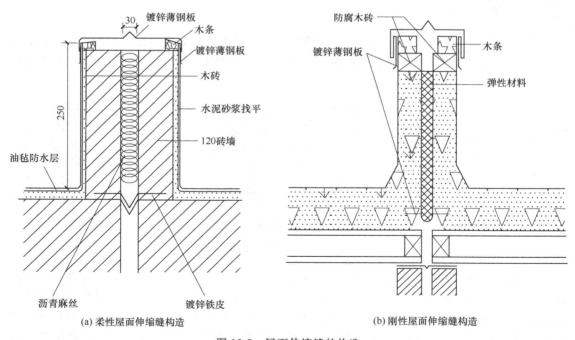

(a) 柔性屋面伸缩缝构造　　(b) 刚性屋面伸缩缝构造

图 12-5　屋面伸缩缝的构造

缝，顶棚的缝口一般要用木条、金属压条或塑料压条盖缝。由于伸缩缝处的楼地面也要保证平整、顺畅，因此伸缩缝应当尽量避免开在使用时地面可能有水的房间。

（3）屋面伸缩缝的构造　伸缩缝在屋面构造主要是解决防水和保温的问题，对美观的要求较低。屋面的伸缩缝宜设在屋面标高相同的部位或建筑的高低错层之处，以便于防水的处理。伸缩缝在屋面的构造重点要解决好防水和泛水，其构造与屋面的防水构造类似。如图 12-5 所示。

12.3.2　沉降缝构造

沉降缝的宽度与地基的性质，建筑预期沉降量的大小以及建筑高低分界处的共同高度（即沉降缝的高度）有关。地基越软弱，建筑的预期沉降量越大，沉降缝的宽度也就越大，一般不小于 30mm。如图 12-6 所示。

（1）沉降缝的构造　沉降缝嵌缝材料的选择及施工方式与伸缩缝的构造基本相同，盖缝材料也与伸缩缝相同。但由于沉降缝主要是为了解决建筑的竖向变形问题，因此在盖缝材料固定方面与伸缩缝有较大的不同，要为沉降缝两侧建筑的沉降留有足够的自由度，还要考虑维修的需要。具体如图 12-7、图 12-8 外墙沉降缝和楼地面沉降缝构造的举例。

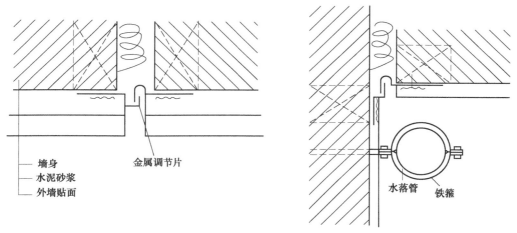

图 12-6　沉降缝的构造

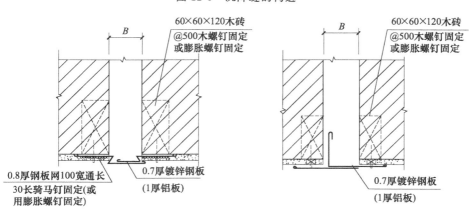

图 12-7　外墙沉降缝构造

（2）基础沉降缝的处理　由于沉降缝的基础必须要断开，处理好基础的构造是沉降缝重点要解决的问题。目前常用的处理方式有以下三种：

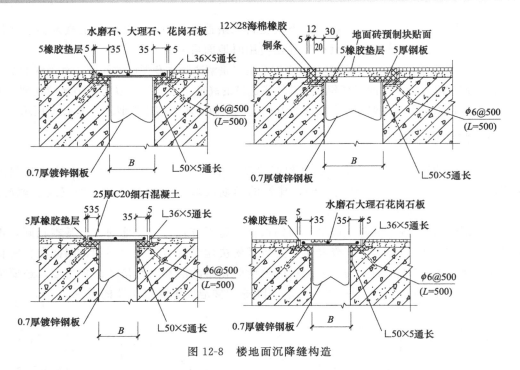

图 12-8 楼地面沉降缝构造

① 双墙偏心基础〔图 12-9(a)〕 这种处理方式是把沉降缝两侧双墙下的基础大放脚断开并留垂直缝隙,以解决建筑的沉降问题。具有施工简单的优点,但基础处于偏心受压的状态,地基的受力不均匀,可能会发生偏心倾斜的现象,对建筑的正常使用不利。这种基础只适用于低层、质量等级较低或地基情况较好的建筑。

② 双墙交叉排列基础〔图 12-9(b)〕 这种处理方式是在沉降缝两侧双墙底部设置基础墙梁,墙下基础断续布置,并把大放脚分别伸入另侧墙体的基础墙梁下面,以保证沉降缝两侧墙下的基础独立沉降缝,互不干扰。这种做法可以保证基础是轴心受压,地基的受力比较均衡,但施工难度大,造价高,目前应用的较少。

③ 挑梁基础〔图 12-9(c)〕 这种处理方式是把沉降缝一侧的基础按正常的方法设计和施工,而另一侧的墙体由基础墙梁支承,基础墙梁由纵向的挑梁支承,挑梁由纵墙下面的基础承担。为了减轻挑梁的负担,应当尽量减轻挑梁一侧墙体的自重。还要把纵墙基础的端部的断面放大,以保证纵墙稳定性。建筑的平面布局要为沉降缝的设置提供良好的技术条件,要尽量使挑梁一侧纵墙的间距不要过大,这样可以使基础墙梁的跨度小一些,有利于承担墙体的荷载。这种做法的综合优点较多,是一种在工程上经常采用的施工方案。

12.3.3 防震缝构造

在地震发生时,建筑顶部受到地震的影响较大,而建筑的底部受地震的影响较小,因此防震缝的基础一般不需要断开。在实际工程中,往往把防震缝与沉降缝、伸缩缝统一布置,以使结构和构造的问题一并解决。防震缝的宽度能与地震烈度、场地类别、建筑的功能等因素有关。

由于防震缝的缝宽较大,构造处理相当复杂,要充分考虑各种不利因素,确保盖缝条的牢固性以及对变形的适应能力。如图 12-10～图 12-12 所示。

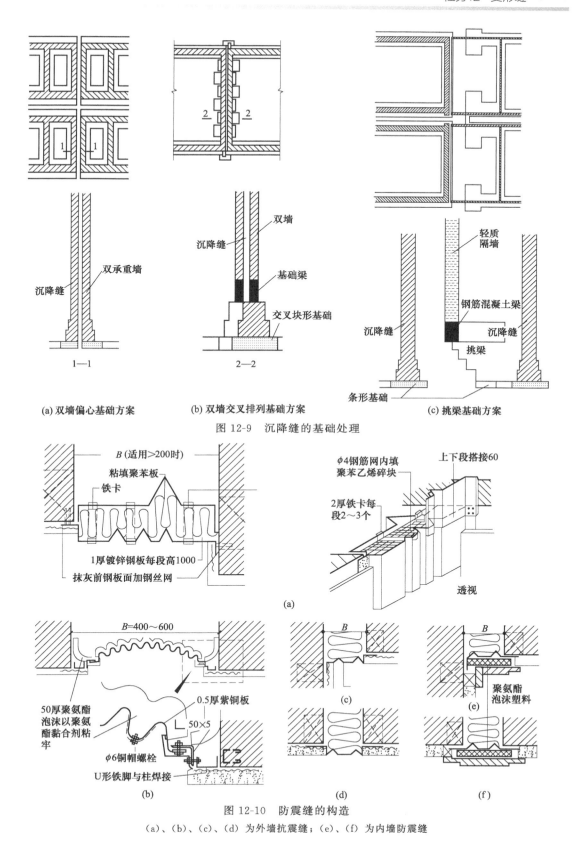

图 12-9　沉降缝的基础处理

(a) 双墙偏心基础方案　　(b) 双墙交叉排列基础方案　　(c) 挑梁基础方案

图 12-10　防震缝的构造

（a）、（b）、（c）、（d）为外墙抗震缝；（e）、（f）为内墙防震缝

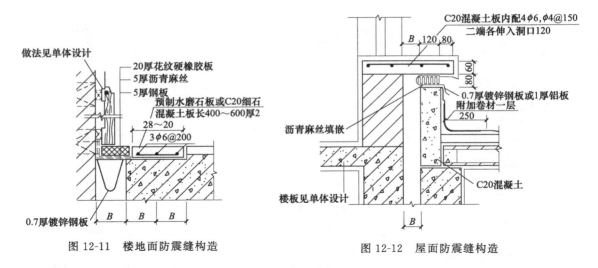

图 12-11　楼地面防震缝构造

图 12-12　屋面防震缝构造

12.3.4　变形缝盖缝的构造节点

变形缝盖缝主要结合具体建筑部位，考虑耐久性能，结合装修构造，同时必须满足于各自所在建筑主体的自由变形，具体见图 12-13～图 12-15 处理。

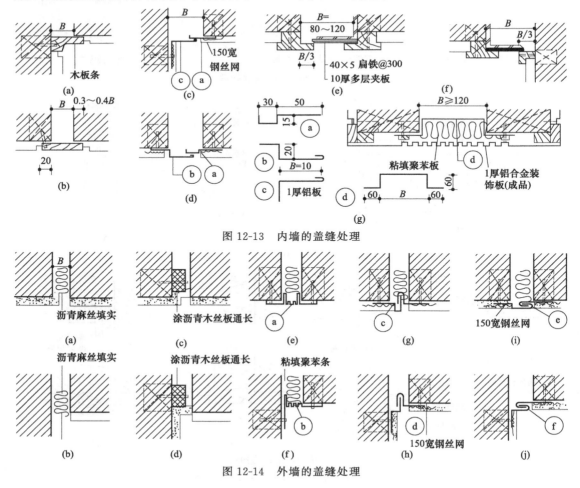

图 12-13　内墙的盖缝处理

图 12-14　外墙的盖缝处理

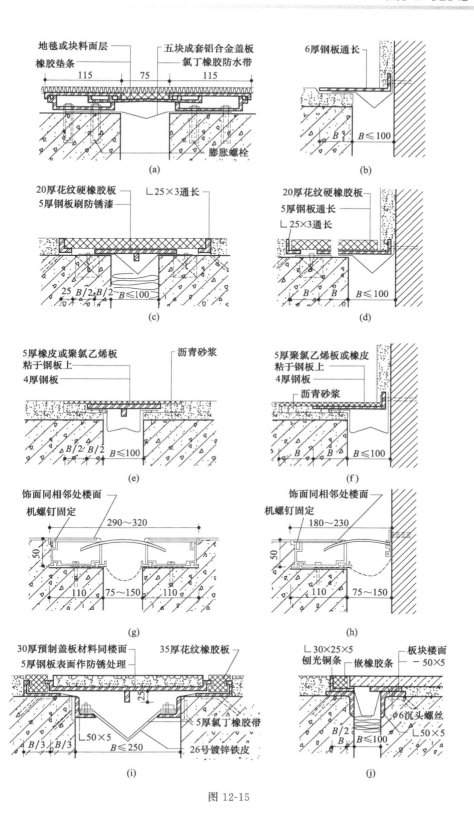

图 12-15

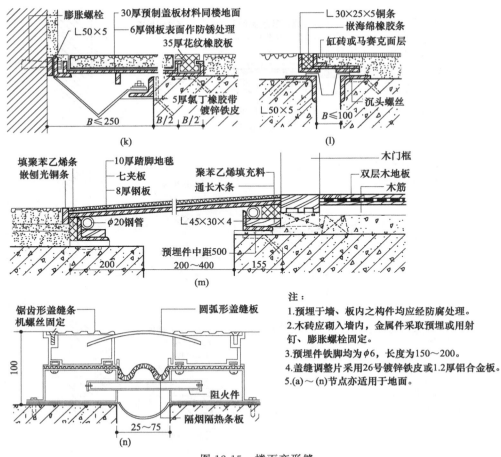

图 12-15 楼面变形缝

注：
1.预埋于墙、板内之构件均应经防腐处理。
2.木砖应砌入墙内，金属件采取预埋或用射钉、膨胀螺栓固定。
3.预埋件铁脚均为$\phi 6$，长度为150~200。
4.盖缝调整片采用26号镀锌铁皮或1.2厚铝合金板。
5.(a)~(n)节点亦适用于地面。

小　结

1. 变形缝可分为伸缩缝、沉降缝和防震缝。

2. 伸缩缝要求建筑物的墙体、楼板层、屋顶等地面以上构件全部断开，基础可不断开。

3. 设置沉降缝的建筑物从基础到屋顶都要断开，沉降缝两侧应各有基础和墙体，以满足沉降和伸缩的双重要求。

4. 防震缝应沿建筑物的全高设置，一般基础可不断开，但平面较复杂或结构需要时也可断开。防震缝一般应与伸缩缝、沉降缝协调布置，但当地震设防地区需要设置伸缩缝和防震缝时，须按防震缝要求处理。

拓　展　训　练

一、填空题

1. 伸缩缝要求将建筑物从＿＿＿＿＿＿＿至＿＿＿＿＿＿＿分开；沉降缝要求建筑物从＿＿＿＿＿＿＿＿＿＿至＿＿＿＿＿＿＿分开。当既设伸缩缝又设防震缝时，缝宽按照＿＿＿＿＿＿＿处理。

2. 变形缝有＿＿＿＿＿＿＿＿、＿＿＿＿＿＿＿＿＿和防震缝三种。其中

_____必须从基础到屋面全部断开。

3. 伸缩缝的缝宽一般为_____；沉降缝的缝宽一般为_____；防震缝的缝宽一般取_____。

4. 沉降缝在基础处的处理方案有_____、_____和_____等几种。

5. 防震缝应与_____和_____统一布置。

二、选择题

1. 为防止建筑物在外界因素影响下产生变形和开裂导致结构破坏而设置的缝叫（　　）。

A. 构造缝　　　　　　B. 分仓缝　　　　　　C. 通缝　　　　　　D. 变形缝

2. 伸缩缝是为了预防（　　）对建筑的不利影响而设置的。

A. 温度变化　　　　　　　　　　　　B. 地基不均匀沉降

C. 地震　　　　　　　　　　　　　　D. 建筑平面过于复杂

3. 沉降缝的设置是为了（　　）。

A. 建筑物过长，防止由于温度变化，致使材料产生变形和开裂

B. 防止整个建筑物荷载大而沉降也大

C. 由于建筑物过高防止由于温度变化致使材料产生变形和开裂

D. 防止建筑物各部分荷载及地基承载力不同而产生的不均匀沉降

4. 在8度设防地区多层钢筋混凝土框架建筑中，建筑高度在18m时，防震缝的宽度为（　　）。

A. 50mm　　　　　B. 70mm　　　　　C. 90mm　　　　　D. 110mm

5. 防震缝缝宽不得小于（　　）。

A. 50mm　　　　　B. 70mm　　　　　C. 100mm　　　　　D. 20mm

6. 抗震设防烈度为（　　）地区应考虑设置防震缝。

A. 6度　　　　　B. 6度以下　　　　　C. 7～9度　　　　　D. 9度以上

三、简答题

1. 变形缝有哪几种形式？在设置时各有什么要求？

2. 何种情况时应考虑设置沉降缝？沉降缝与伸缩缝有什么区别？

3. 设防烈度为8度和9度地区的防震缝有何要求？

4. 变形缝设置宽度有何要求？施工过程中应注意什么？

任务12参考答案

参 考 文 献

［1］ 房屋建筑建筑制图统一标准 GB/T 50001—2010.

［2］ 建筑制图标准 GB/T 50104—2010.

［3］ 城市道路和建筑物无障碍设计规范 JGJ 50—2001.

［4］ 屋面工程技术规范 GB 50345—2012.

［5］ 舒秋华. 房屋建筑学. 第 4 版. 武汉：武汉理工大学出版社，2011.

［6］ 王卓. 房屋建筑学. 北京：清华大学出版社，2012.

［7］ 吴学清. 建筑识图与构造. 第 2 版. 北京：化学工业出版社，2015.

［8］ 徐秀香. 建筑构造与识图. 第 2 版. 北京：化学工业出版社，2015.